PLANTES QUI GUÉRISSENT

D'APRÈS

LES MÉDECINS LES PLUS CÉLÈBRES

DES TEMPS ANCIENS ET MODERNES

NOTICES, PAR ORDRE ALPHABÉTIQUE, SUR 450 ESPÈCES

INDIGÈNES ET EXOTIQUES

UTILISÉES EN MÉDECINE, DANS L'ART VÉTÉRINAIRE,

L'INDUSTRIE, LE COMMERCE, L'AGRICULTURE, ETC.

SUIVIES

1° D'UN MÉMORIAL THÉRAPEUTIQUE ET D'UN VOCABULAIRE DES MALADIES
AVEC RENVOI AUX PLANTES EN USAGE POUR LEUR TRAITEMENT
2° D'UNE TABLE DES NOMS DIVERS DE CES PLANTES
3° D'UNE TABLE DES MATIÈRES ET PRODUITS QUI SONT DU RESSORT
DE LA BOTANIQUE

CLERMONT-FERRAND

J.-B. ROUSSEAU, ÉDITEUR

PARIS : LES LIBRAIRES ASSOCIÉS, RUE DE BUCI, 13
PROVINCE ET ÉTRANGER : TOUS LES LIBRAIRES

1898

LES

PLANTES QUI GUÉRISSENT

LES
PLANTES QUI GUÉRISSENT

D'APRÈS

LES MÉDECINS LES PLUS CÉLÈBRES

DES TEMPS ANCIENS ET MODERNES

NOTICES, PAR ORDRE ALPHABÉTIQUE, SUR 450 ESPÈCES
INDIGÉNES ET EXOTIQUES

UTILISÉES EN MÉDECINE, DANS L'ART VÉTÉRINAIRE,
L'INDUSTRIE, LE COMMERCE, L'AGRICULTURE, ETC:

SUIVIES

1º D'UN MÉMORIAL THÉRAPEUTIQUE ET D'UN VOCABULAIRE DES MALADIES
AVEC RENVOI AUX PLANTES EN USAGE POUR LEUR TRAITEMENT
2º D'UNE TABLE DES NOMS DIVERS DE CES PLANTES
3º D'UNE TABLE DES MATIÈRES ET PRODUITS QUI SONT DU RESSORT
DE LA BOTANIQUE

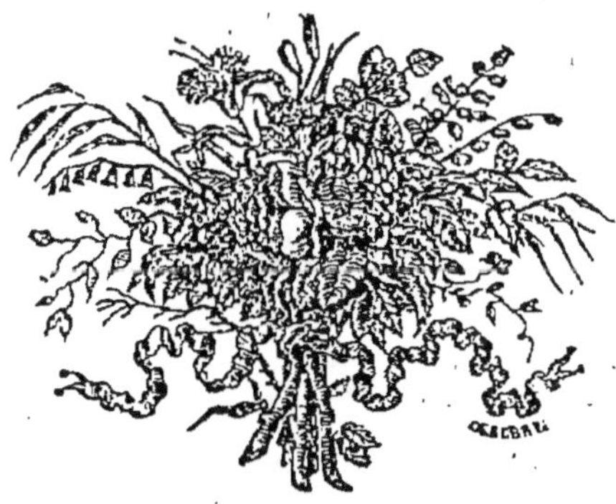

CLERMONT-FERRAND

J.-B. ROUSSEAU, ÉDITEUR

PARIS : LES LIBRAIRES ASSOCIÉS, RUE DE BUCI, 13
PROVINCE ET ÉTRANGER : TOUS LES LIBRAIRES

1898

A LA MÉMOIRE DE MON PÈRE

*Souvenir affectueux, reconnaissant
et respectueux.*

J.-B. ROUSSEAU

Ancien Libraire-Editeur
Ex Vice-Président du Tribunal de Commerce
de Clermont-Ferrand.

PRÉFACE

—

La botanique, science aimable, offre sous tous les rapports, à celui qui la cultive, une carrière semée de fleurs. La botanique réunit au degré le plus éminent l'utile à l'agréable. Dans cette foule immense de végétaux répandus avec profusion à la surface du globe, les uns nous donnent des racines, des feuilles, des fruits, propres à assouvir notre faim, à étancher notre soif, à cicatriser nos blessures, à calmer nos souffrances ; les autres nous fournissent un abri tutélaire contre les intempéries des saisons ; ceux-ci charment notre vue par les fleurs brillantes dont ils sont ornés ; ceux-là exhalent un parfum délicieux. Quelques-uns, imprégnés de sucs corrosifs, laissent échapper des miasmes empoisonnés. Ce n'est donc pas seulement la curiosité qui nous attire vers les plantes ; l'intérêt de notre conservation nous impose la loi de les connaître.

Plusieurs savants se sont occupés des plantes alimentaires et de celles qui sont employées dans les arts ; d'autres ont fixé particulièrement notre attention sur celles qui peuvent communiquer aux étoffes une teinture solide. Bulliard a signalé les plantes vénéneuses, de Candolle a publié des observations et des expériences pleines d'intérêt sur les substances médicamenteuses que le règne végétal fournit à l'art de guérir.

Les plantes ont, de tous temps, été recherchées et, avec raison, employées pour différentes infirmités corporelles. Les herbes, dont les sucs ont été les agents souverains de la primitive médecine naturelle et pour lesquelles les anciens avaient une juste considération, ne sont pas oubliées complètement, mais elles sont regardées, sinon par les campagnards ou du moins par les habitants des villes, et cela bien à tort, comme remèdes de bonne femme.

Nous avons, dans cet ouvrage, apprécié les qualités physiques de ces plantes, assigné leurs propriétés médicales, indiqué leurs principaux usages dans l'industrie, le commerce, l'agriculture, etc. Puissent ces notices être lues avec intérêt et rendre quelques services aux malades pour lesquels ce livre surtout est publié!

N. B. — Les doses, formules, varient selon
l'âge, le tempérament, l'état général des sujets.

—

Voir, pour l'explication des termes de médecine, à la Table des maladies.

—

*Prière de vouloir bien joindre à toute demande
de renseignements, soixante et quinze centimes
pour la réponse et frais divers.*

—

*Nous prions les personnes qui auraient des
communications intéressantes à nous faire, qui
pourraient être utilisées pour les éditions ultérieu-
res, de vouloir bien écrire à M. J.-B. Rousseau,
éditeur, à Clermont-Ferrand.*

LES

PLANTES QUI GUERISSENT

NOTICES

—

ABSINTHE

Grande absinthe, Absinthe pontique ou petite absinthe, Absin menu, Aluine, Aluine, Armoise amère, Herbe aux vers, Herbe sainte, Sanguenitte.

Les feuilles et les sommités sont employées fraîches de préférence. Elles sont généralement connues comme toniques, fébrifuges, anthelminti-ques, vulnéraires et emménagogues. On en fait aussi usage contre la jaunisse, la leuchorrée, l'anasarque.

La liqueur d'Absinthe, prise à dose modérée, mélangée avec de l'eau, rafraîchit, excite l'action de l'estomac. C'est un excellent apéritif. L'abus qu'on en fait trop souvent affaiblit la vue et l'in-telligence. Cette liqueur ne convient pas aux tem-péraments bilieux et sanguins.

Le vin préparé avec l'Absinthe et l'écorce de saule blanc remplace, avec avantage, dans les campagnes, le vin de quinquina.

A l'extérieur, l'Absinthe est employée comme détersive; sa décoction, additionnée de sel marin, est un excellent antiseptique des plaies et des ulcères.

La plante broyée et mélangée à l'huile a, dit-on, la propriété d'arrêter la chute des cheveux.

Elle relève la saveur des vins faibles et préserve ceux qui sont prêts à pousser. Substituée ou jointe au houblon, elle modère la fermentation de la bière et empêche qu'elle ne devienne acéteuse.

Son odeur est si forte et si pénétrante qu'elle se transmet aux chairs et au lait des animaux qui en font usage.

L'Absinthe maritime croît en abondance dans les marais de la Saintonge ; elle est très usitée dans les campagnes de l'Ouest, comme vermifuge ; c'est le semen-contra indigène, sous le nom de sanguenitte. Sa saveur se rapproche de celle de la mélisse. On la donne à la dose de 10 gr. dans de l'eau ou du lait.

Le bois d'Absinthe, employé en médecine, d'une saveur très amère, croît à l'île Bourbon.

Vin d'absinthe : Absinthe, 40 gr. ; eau-de-vie, 60 gr. ; vin blanc, 1 litre. Un petit verre avant les repas pour exciter l'appétit.

Tisane ; 10 gr. de sommités sèches ; eau bouillante, 1 litre. Un verre tous les matins, tiède et sucrée, contre les vers intestinaux.

Bière : Absinthe, 15 gr. ; bière, 1 litre. Un à quatre verres par jour, comme tonique amer.

Infusion : Feuilles et sommités, 25 gr. par litre d'eau, comme tonique, vermifuge et fébrifuge.

ACACIA

Faux acacia, Robinier.

L'arbre vulgairement connu sous le nom d'Acacia est le Robinier ou pseudo acacia. On le rencontre partout au bord des routes, sur les talus de chemins de fer.

Il est imprudent de dormir ou de séjourner longtemps sous un robinier en fleurs dont l'odeur forte finit par donner des nausées et des vertiges. On peut sans inconvénient manger les grappes de ces fleurs trempées dans de la pâte et frites à l'huile.

Son bois, très dur, jaune marbré, sert à de nombreux usages. Ses fleurs sont utilisées pour la parfumerie.

L'Acacia d'Egypte ou gommifère est le vrai acacia. Il sert comme arbre d'ornement dans les jardins. La gomme arabique, dont les usages sont si variés et si importants, est un produit de cet acacia.

La propriété astringente qui domine dans l'écorce et le bois est utilisée dans la dysenterie.

Ils renferment également une quantité considérable de tannin; aussi sont-ils employés pour le tannage.

Ses superbes fleurs fournissent aux Chinois le beau jaune dont ils teignent leurs soies, leurs étoffes et dont ils colorent leur papier.

On exprime de ses gouttes un suc dont les Egyptiens se servent avec beaucoup de succès dans les maladies des yeux.

ACANTHE

Brancursine, Branche ursine, Inérine.

Une des cinq plantes émollientes que les médecins prescrivent en cataplasmes, en fomentations, en lavements, pour calmer les irritations inflammatoires ou nerveuses.

Sa racine a beaucoup d'analogie avec celle de consoude et l'on s'en servait également à titre de mucilagineux et de léger astringent, dans l'hémoptysie, les diarrhées, la dysenterie, la ménorrhagie.

La beauté de ses feuilles a fait comprendre cette plante dans l'art ornemental.

ACHE

Céleri sauvage, Céleri des marais, Céleri odorant,
Persil des marais.

La racine, une des cinq racines apéritives majeures, est utile pour combattre les obstructions viscérales et stimuler les organes urinaires.

Les feuilles pilées et appliquées sur les contusions agissent comme résolutives; elles sont employées avec succès pour diminuer ou dissiper le lait qui gonfle ou engorge les mamelles. On conseille de prendre 150 gr. du suc de ses feuilles au début du frisson des fièvres intermittentes qui disparaissent, souvent sans retour, à l'aide de ce remède simple et économique. Il est recommandé aussi pour déterger et améliorer les ulcères scorbutiques, cacoèthes, carcinomateux.

Les anciens, qui ont connu ses propriétés fondantes et apéritives, l'accusaient de produire la stérilité.

Ce végétal qui, à l'état sauvage, affecte désagréablement l'odorat et le goût, est converti par la puissante et utile influence de la culture en céleri; il acquiert une saveur excellente et devient une de nos plus précieuses plantes potagères.

ACONIT NAPEL

Casque de Vénus, Napel, Tue-loup, Pistolets, Madriélet, Coqueluchon, Capuchon de moine, Madriettes. Fève de loup, Thore.

Très vénéneuse, la racine de cette plante, dont les propriétés médicales sont bien connues, doit être utilisée avec la plus grande prudence. Cette racine, qui exhale une très légère odeur vineuse, simule d'abord la douceur du navet, comme elle en imite la forme. Mais à cette douceur fallacieuse succède bientôt l'engourdissement, puis l'ardeur de la langue, des lèvres, des gencives, du palais. Ces accidents s'aggravent de vomissements, de vertiges, de syncope et d'autres symptômes effrayants, qui se terminent par la mort.

Le suc de ses feuilles résout les tumeurs, les engorgements lymphatiques ; on lui attribue quelques succès dans la syphilis, la gale, l'arthrocace, l'amaurose, l'ankylose, le rhumatisme, la goutte, les fièvres intermittentes, les névralgies faciales, la céphalalgie nerveuse, la sciatique, l'angine. Les chanteurs s'en servent avec succès pour combattre l'enrouement.

On en retire : 1° L'aconitine, cet alcaloïde est un des poisons les plus violents ; 2° La napelline, moins actif que le précédent.

La médecine homéopathique, contrairement à la médecine allopathique, en fait un fréquent usage.

ACTÉE

Herbe de Saint-Christophe, Faux ellébore noir,
Herbe aux poux, Ellébore noir d'Auvergne.

La racine fraîche est un violent purgatif. Administrée à forte dose, elle est toxique et agit à la manière des poisons nartico-âcres.

Elle est surtout utilisée dans la médecine vétérinaire. La poudre et la décoction de la plante tuent les poux et guérissent la gale.

L'Actée à grappes ou cimifuga (herbe aux punaises), est une plante de l'Amérique du Nord ; elle a la propriété de chasser les punaises, en raison de son odeur très forte.

AGARIC DU MÉLÈZE

Agaric blanc, Bolet officinal.

Ce champignon se fixe sur les vieux mélèzes.

On l'a supposé vulnéraire, fébrifuge, alexitère ; on le croyait propre à guérir la goutte, la dysenterie, la chlorose, l'hystérie, l'épilepsie et la consomption. Les habitants des montagnes du Piémont l'associent au poivre et se servent inconsidérément de ce mélange dans presque toutes les maladies.

Il est employé de nos jours avec avantage contre les sueurs nocturnes des phthisiques. C'est un purgatif drastique.

Les vétérinaires le recommandent dans les affections catarrhales, la dysurie et dans l'immobilité.

L'Agaric du mélèze était quelquefois employé par les teinturiers pour colorer la soie en noir.

AGARIC AMADOUVIER

Agaric des chirurgiens, Bolet amadouvier,
Agaric de chêne, Polypore amadouvier.

Ce champignon végète sur le tronc du chêne, du hêtre, du tilleul, du bouleau, du noyer, etc. C'est lui qui fournit l'amadou.

L'amadou sert journellement pour arrêter le

sang des sangsues, étancher le sang des coupures, des plaies légères et, introduit dans le nez, contre l'épistaxis. Il est utilisé en poudre, pour combattre la transpiration fétide des pieds.

On l'applique comme moxa dans les affections rhumatismales et goutteuses.

Pour exciter une transpiration favorable, on entoure d'amadou les membres affectés de douleurs rhumatismales, goutteuses, névralgiques, et on recouvre ensuite de flanelle.

Dans la chirurgie vétérinaire, les parties nitreuses dont est imbu l'Agaric amadouvier, le rend propre à réprimer les hémorragies. Si c'est un bon styptique, c'est aussi un bon dessiccatif; quelques ulcères du garot et du pied se sont séchés promptement à l'aide de ce topique.

AGNUS CASTUS ou AGNEAU CHASTE

Gattelier, Gattillier, Petit poivre, Poivre de moine, Poivre sauvage.

Cet arbrisseau, emblème de la chasteté, avait, dit-on, une vertu *antiaphrodisiaque*. Les feuilles étaient aussi employées comme vulnéraires, résolutives.

On préparait avec ses baies une essence, un sirop, pour émousser l'aiguillon de la chair qui souvent se fait sentir chez l'homme qui s'impose l'obligation de combattre le plus doux et le plus utile penchant de la nature.

AGRIPAUME

*Cardiaque, Herbe aux tonneliers, Cardiaire,
Patte de sorcier.*

Cette plante est vulgairement employée pour guérir les palpitations chez les enfants, quand on attribue à la présence des vers la cause de cette affection.

AIGREMOINE

Agrimoine, Herbe d'eupatoire, Eupatoire des Grecs.

Les anciens l'ont beaucoup vantée comme le remède par excellence des maladies du foie. On l'emploie dans les hémorragies passives, les ulcères de la gorge, les engorgements des amygdales, dans les gargarismes détersifs, les coliques néphrétiques, la dysenterie, l'ozène ou nez punais.

Cette herbe est employée sous forme d'infusion, en gargarisme et en fomentations. 30 gr. pour 500 gr. d'eau.

Les vétérinaires lui attribuent des propriétés antipsoriques (contre la gale); ils le recommandent pour déterger les ulcères sanieux et farcineux, le mal de taupe, celui du garot.

Une forte décoction d'aigremoine donne une couleur d'or très solide aux étoffes de laine, en y ajoutant, comme mordant, une solution légère de bismuth.

AIL

C'est un des assaisonnements les plus recherchés ; il est la thériaque des paysans et des ouvriers.

Quelques bulbes mangées préviennent le retour des fièvres intermittentes. C'est un fébrifuge efficace. Son emploi à l'époque des épidémies contagieuses, la peste notamment, est bien justifié.

Il entre dans la composition du fameux vinaigre des quatre voleurs, autrement dit des quatre pharmaciens.

Cuit dans du lait, il est administré avec succès dans le catarrhe pulmonaire apyrétique, la dyspnée, la toux pituiteuse, l'asthme humide. Il exerce sur l'appareil urinaire une action très énergique ; il calme souvent les douleurs néphrétiques, favorise la sortie des petits graviers, dissipe les hydropisies et guérit le scorbut.

Sa vertu anthelmintique (tue-vers), est des mieux constatée.

On l'administre à l'intérieur, en décoction : 10 à 15 gr. par 500 gr. de lait.

Employé comme topique, l'ail est un rubéfiant des plus utiles. Pilé avec de l'huile d'olive, il forme un onguent extemporané qui détermine la résolution des tumeurs scrofuleuses ; on l'applique aussi sur les brûlures, les parties attaquées de goutte ; on en frotte la peau couverte de boutons galeux ; enfin, on en met quelquefois sous la plante des pieds, à titre de révulsif.

La ténacité du suc d'ail est telle qu'on s'en sert pour lutter, pour recoller les fragments de faïence fine et de porcelaine. Mélangé à la colle de farine, ce suc lui donne plus de force adhésive.

AIRELLE

Airelle myrtille, Airelle anguleuse, Raisin des bois, Gueule de lion noir, Moret, Brembollier, Brimbelle, Cousinier, Aradeih, Vaciet.

Les fruits de l'Airelle sont de petites baies d'une saveur acide agréable ; les habitants de nos campagnes les mangent pour se rafraîchir. Les peuples du nord de la France et de l'Angleterre en sont très friands ; ils les mêlent à la crème, au lait, dont ils font des tartes.

Leur emploi est avantageux dans les affections scorbutiques, diarrhéiques et dysentériques. Ces fruits desséchés et pulvérisés, à la dose de 20 à 25 gr., répriment les flux immodérés. Des diarrhées chroniques très graves ont été guéries par l'administration intérieure de 30 gr. de baies d'airelle.

Ecrasées, avec du sel marin, elles font un cataplasme antilaiteux qu'on applique sur les seins des femmes en couche.

Ces baies soumises à la fermentation, avec une certaine dose de sucre, fournissent une très bonne liqueur vineuse.

Les aubergistes s'en servent pour colorer, allonger et même fabriquer des vins qu'ils débitent comme naturels.

On peut employer au tannage des cuirs la tige et les feuilles.

Ces dernières, desséchées, sont un excellent succédané du thé.

ALCANNA OU ALKANNA

Henné, Mindi.

Cet abrisseau, qui croît spontanément aux Indes orientales, en Perse, en Egypte, est aussi cultivé dans plusieurs jardins de la France et de l'Angleterre.

Toutes les parties du Henné recèlent une matière colorante rougeâtre. Les Orientaux, les femmes surtout, se teignent les ongles, le bout des mains et des pieds, quelquefois les cheveux et certaines parties du visage avec cette substance. Cette couleur est si tenace qu'elle ne se dissipe qu'avec le renouvellement de l'épiderme. Aussi la retrouve-t-on sur les momies conservées depuis des siècles.

On en fait usage pour colorer les corps gras, les liquides.

Le Henné est très employé dans la médecine arabe. Ses fleurs sont recherchées pour leur parfum; ses fruits sont considérés comme emménagogues.

C'est un aphrodisiaque très renommé chez les musulmans.

C'est un topique excellent contre les ulcères et contre la sueur fétide des pieds.

Il donne aux étoffes une belle couleur vermeille, mais peu solide.

ALCÉE

Passe-rose, Rose trémière, Rose d'outre-mer,
Mauve rose, Bâton de Jacob, Herbe de Siméon.

Ses feuilles sont émollientes et adoucissantes. La racine, arrachée au printemps, donne une farine vraiment nourrissante et sucrée.

Les fleurs, par leur qualité mucilagineuse, agissent de la même manière que celles de la mauve et de la guimauve.

La rose trémière sert à colorer les boissons factices et les vins trop clairs. Pour ces derniers, on fait fondre 50 gr. d'acide tartrique ; on verse de l'eau bouillante sur les roses pour enlever le principe colorant et on met le tout dans le vin auquel on désire une belle couleur rouge. Environ 250 gr. de roses trémières pour un hectolitre de vin. Ce colorant est inoffensif.

ALCHIMILLE

Pied de lion, Manteau des dames,
Ladies mantle des Anglais.

On regardait autrefois l'Alchimille comme capable de remédier au relâchement, à la flaccidité du scrotum, des seins et même de la vulve ; de rendre la fermeté, la fraîcheur à des organes flétris par l'âge, la maladie ou les jouissances immodérées. On n'a pas craint d'assurer que la virginité, cette fleur délicate qu'un instant fane et détruit pour toujours, renaissait moyennant quelques lotions avec le suc de cette plante.

Ses qualités astringentes et vulnéraires l'ont fait employer dans certains cas d'ulcères internes, de leucorrhées. L'Alchimille se donne en décoction, 50 gr. pour 1,000 gr. d'eau. Elle entre dans la composition des vulnéraires suisses.

Elle est considérée comme un excellent fourrage.

ALISIER

Aigrelier, Alouchier.

Les baies d'Alisier ou Alises, parfaitement mûres, sont assez bonnes à manger.

Elles servent à la nourriture de plusieurs espèces d'oiseaux; les poules et les autres volailles de basse-cour ne sont pas moins friandes de ces baies.

Les fruits de cet arbre sont astringents, on les emploie dans la dysenterie, la diarrhée, la colique.

On en retire, par la fermentation, une liqueur spiritueuse usitée dans le Nord comme boisson.

La blancheur et la dureté de son bois le rendent précieux dans les arts : on en fait des poutres, des chevrons, des essieux, des fuseaux; les tourneurs et les menuisiers le préfèrent pour la monture de leurs outils.

L'Alisier greffé sur le poirier réussit à merveille.

ALKÉKENGE

Coqueret, Coquerelle, Cerises de juifs, Physiale,
Halicacabum, Herbe à cloques.

Ses baies, désignées sous les noms de Pommes d'amour et de Cerises d'hiver, ont une saveur aigre-lette ; elles peuvent déterminer un flux abondant de l'urine, sans trop stimuler les organes destinés à la sécrétion de ce liquide, ce qui les rend pré-cieuses dans les affections des reins et de la vessie. Dose : 15 ou 20 baies.

Les tiges, les feuilles et les baies ont été em-ployées comme fébrifuges : 10 à 50 grammes de baies par kilogramme d'eau.

On les ordonnait dans l'ictère et dans l'ischurie, contre l'épilepsie. Huit baies de coqueret, prises chaque semaine, ont suffi pour prévenir les accès d'une goutte opiniâtre, et plusieurs hydropiques ont été guéris en suivant cette méthode.

Ses feuilles peuvent servir en cataplasmes sur les érysipèles de mauvais caractère.

Son fruit entre dans la préparation du sirop de chicorée composée.

Dans certains pays, on a l'habitude de colorer le beurre avec le suc de ses baies.

ALLIAIRE

Herbe aux aulx, Julienne, Erysimum alliaire.

Toutes ses parties ont l'odeur de l'ail. Cette

2

odeur se communique au lait des vaches, des chèvres, dont l'Alliaire excite l'appétit.

Ses propriétés antiscorbutiques et dépuratives sont bien connues. Infusion : 50 grammes environ par kilogramme d'eau. Ses feuilles contuses, ou le suc, appliquées sur des ulcères sordides, gangreneux, carcinomateux, ont déterminé tantôt une suppuration de bonne nature, tantôt une amélioration très sensible et parfois une guérison complète. Ses graines pulvérisées peuvent remplacer la moutarde, comme sinapisme.

ALOÈS

Le suc jaune verdâtre, désigné en pharmacie sous le nom d'Aloès, est le produit de plusieurs espèces du genre Aloé. Ce sont de grandes et belles plantes qui croissent dans les contrées chaudes de l'Asie, de l'Afrique, de l'Amérique, en Espagne, en Sicile. Ce suc gommo-résineux exhale une odeur particulière, pénétrante. Sa saveur est d'une amertume proverbiale ; on dit amer comme chicotin par corruption de succotin, du nom de l'île de Socotora (Arabie).

Il agit comme purgatif, avec autant de promptitude que d'énergie, sur le canal intestinal. On l'emploie chez les sujets menacés de congestion cérébrale, dans les constipations opiniâtres. Il est aussi anthelmintique et emménagogue. A ce dernier titre, il favorise le flux menstruel dans le cas de dysménorrhée. A petite dose, il relève les fonctions languissantes de l'estomac, dans la dyspepsie; il provoque l'évacuation de la bile et un écoulement sanguin par l'anus.

L'Aloès entre dans la composition de l'élixir de longue vie et dans une foule de préparations pharmaceutiques. Il jouit d'une grande estime et d'une sorte de culte chez les mahométans et surtout chez les Egyptiens, qui le font servir dans leurs cérémonies religieuses. Il est un des ingrédients les plus utiles pour l'embaumement des cadavres.

Le suc d'Aloès, épaissi convenablement, offre au peintre en miniature une belle couleur transparente.

L'Aloès communique à la soie, sans le secours des mordants, une couleur violette très solide. On obtient une belle couleur brune par la simple immersion d'une étoffe de laine dans une décoction d'Aloès. On prépare un vernis aloétique, qui met à l'abri des insectes, les meubles, les lits, les collections d'histoire naturelle, et préserve les vaisseaux, ainsi que les digues, du redoutable taret.

AMBROISIE

Chénopode ambroisie, Thé du Mexique ou d'Espagne, Thé des Jésuites, Chêne de Jérusalem, Ansérine du Mexique, Botrys du Mexique, Herbe de Sainte-Marie, Parote.

Les feuilles de cette plante, originaire du Nouveau-Monde, ont une odeur forte et agréable, une saveur âcre et aromatique. Elles sont usitées en médecine comme antispasmodique, emménagogue, stomachique, anthelmintique. On les emploie avec succès en infusions théiformes, associées à la menthe poivrée, dans les affections nerveuses, surtout dans la chorée.

On s'en sert aussi pour aromatiser les liqueurs.

Infusion des feuilles ou des sommités : 25 grammes pour 1 kilogramme d'eau bouillante.

AMANDIER

La partie éminemment utile de cet arbre est son fruit. Dans le commerce, on désigne les amandes, selon qu'elles sont grosses, moyennes ou petites, sous les noms de gros flots, flots et en sortes. Les meilleures amandes douces sont celles qui sont grosses, bien entières, non vermoulues, à cassure blanche et sans odeur.

Les amandes douces sont la base des émulsions, des loochs ou lait d'amandes et, concurremment avec les amandes amères, du sirop d'orgeat.

L'huile d'amandes douces, nommée huile vierge, administrée à l'intérieur, tantôt seule, tantôt unie au sucre, au jaune d'œuf, à des substances mucilagineuses, a souvent allégé des toux violentes, dissipé des coliques cruelles et calmé les symptômes affreux de l'empoisonnement.

La coquille bouillie avec du lait donne une lotion qui calme aussi la toux.

On fait, avec 12 grammes d'huile d'amandes douces ou amères et 18 grammes d'eau de chaux, un liniment très usité contre les brûlures.

Les amandes douces sont servies vertes et sèches sur nos tables. On en fait des gâteaux, des biscuits, des massepains, des macarons, des dragées, des pralines, du nougat et autres sucreries.

Les amandes amères sont nuisibles et même mortelles pour plusieurs quadrupèdes et pour la plupart des oiseaux domestiques.

On a prétendu que pour se préserver de l'ivresse, il suffisait de manger préalablement cinq ou six amandes amères.

Les feuilles de l'Amandier sont mangées avec plaisir par tous les bestiaux; elles sont pour eux une excellente nourriture. Pilées et macérées avec un peu d'eau-de-vie, elles détergent les ulcères sanieux, ichoreux des animaux.

Quoique le bois d'Amandier soit dur et parfois teint d'assez belles couleurs, il est rarement employé.

La pâte d'amande doit être rangée dans le nombre des cosmétiques les plus employés.

Les taches de rousseur du visage et des mains disparaissent par des frictions d'amandes douces et amères pilées ensemble.

AMMI

Ammi des boutiques, Ammi inodore, Fenouil du Portugal.

Les anciens attribuaient à ses fruits le don de rendre la fécondité aux femmes stériles.

Les semences aromatiques, analogues au cumin, sont carminatives, stomachiques; elles sont aussi utilisées contre les fleurs blanches.

L'Ammi visnago est désigné sous le nom d'herbe aux cure-dents, parce que les rayons de ses ombelles servent aux Turcs à faire des brosses à dents.

AMOME GINGEMBRE

Gingembre, Amome des Indes.

Le Gingembre est un stimulant très énergique qui peut remédier à la faiblesse des organes digestifs. Il est utile surtout dans les affections catarrhales, soit en poudre avec du sucre, soit en infusion, soit enfin à titre de masticatoire.

Il est très usité chez les Anglais, qui le font bouillir dans la bière pour la rendre beaucoup plus tonique.

Les Arabes emploient sa décoction concentrée en gargarisme contre l'aphonie.

Les anciens l'employaient pour embaumer les corps et les dames romaines pour parfumer leur chevelure.

ANACARDIER, ANACARDE OCCIDENTALE

Ce bel arbre croît dans l'Inde, où il s'élève à une hauteur considérable. Son fruit imite assez bien la figure d'un cœur. Le suc qui pénètre les cellules de l'écorce de la noix d'Anacardier ou fève de Malac, est tellement corrosif qu'on l'emploie pour ronger les condylomes, les verrues, les excroissances, pour mondifier les ulcères fongueux de l'homme et des animaux. Appliqué sur une dent douloureuse et gâtée, il cautérise le nerf à la manière de l'huile volatile de girofle; mêlé à la chaux vive, il imprime sur le linge des caractères indélébiles.

On prépare une très bonne encre avec le fruit vert, auquel on ajoute de la lessive et du vinaigre.

L'Anacardier occidental, acajou à pommes, fournit un bois blanc qui est employé dans les ouvrages de menuiserie. La pomme d'acajou contient une substance spongieuse succulente. La noix d'acajou recèle dans son enveloppe une huile pénétrante, inflammable et caustique. La violente âcreté de cette huile justifie son emploi dans les ulcères sordides, fongueux, et même dans certaines affections dartreuses.

ANAGYRE

Anagyris; Bois puant, Putier.

Toutes ses parties ont une saveur amère très prononcée, elles exhalent une odeur fétide qui a valu à cet arbuste la dénomination de bois puant. Ses feuilles, à la dose de 15 à 20 grammes en infusion dans un véhicule aqueux, avec une quantité suffisante de sucre, donnent un excellent purgatif. On conseille d'appliquer ces feuilles pilées sur les tumeurs froides, et de préférer les graines comme émétiques et emménagogues.

Le bois d'Anagyre est très dur et résiste longtemps aux injures atmosphériques ; on en prépare les arcs les plus solides et les meilleurs échalas.

ANANAS.

Cette belle plante est originaire de l'Amérique ; les naturels du Brésil lui donnent le nom de Nana, dont les Portugais ont fait Ananas.

La chair de ses fruits, blanche ou jaunâtre, selon les variétés, est d'un goût exquis. Ils se mangent saupoudrés de sucre ou en salade avec du rhum ou du kirsch. On en fait des conserves. Leur suc fournit une limonade excellente et, par la fermentation, un vin de qualité supérieure.

Les propriétés alimentaires et médicamenteuses de l'Ananas l'ont fait regarder comme un remède souverain contre les faiblesses de l'estomac, et dans les maladies des voies urinaires, l'ictère et l'hydropisie. Son suc est considéré comme le meilleur des gargarismes détersifs.

ANCOLIE

*Aiglantine, Colombine, Gants de Notre-Dame,
Bonne femme.*

Les médecins préfèrent l'emploi des semences
de l'Ancolie en infusion de 5 à 8 grammes dans
un demi-litre d'eau bouillante, pour favoriser l'é-
ruption des pustules varioleuses et morbilleuses.
A la dose de 2 grammes, prise en infusion, elle
diminue l'irritation des bronches et calme la toux.
L'ictère ne résiste pas à son usage, et sa vertu
antiscorbutique est incontestable.

Les vétérinaires prescrivent la racine en poudre,
à la dose de 35 grammes, pour faciliter la sortie
du claveau.

Les brebis et les chèvres broutent l'Ancolie,
que les autres bestiaux négligent. Les abeilles
percent le tube des pétales pour en extraire le suc
mielleux, dont elles sont très avides.

ANÉMONE DES BOIS

*Bassinet, Pulsatille, Coquelourde, Sylvie, Fleur de Pâques,
des Dames ou du Vent, Renoncule des bois, Coquerille.*

Ses propriétés disparaissent en partie par la
dessiccation ; on doit l'employer à l'état frais, conservée dans de l'alcool à 60° ou macérée dans le
vinaigre (une poignée dans un kilo de vinaigre).

Ce vinaigre, employé en lotions, guérit la gale.

Sous les diverses formes de poudre, d'infusion,

d'eau distillée, l'Anémone figure dans le traitement de la paralysie, de l'aménorrhée, de la syphilis, de diverses maladies des yeux, la coqueluche. Elle doit être administrée avec la plus grande prudence.

Les feuilles et les racines sont appliquées sur diverses parties du corps à titre de révulsifs, dans la céphalée (mal de tête), le rhumatisme, la sciatique. On la substitue avec avantage aux sinapismes et aux vésicatoires ; son application à nu sur la peau produit en peu de temps les effets d'un cautère. On l'a conseillée en lotions pour faire disparaître les éphélides et taches de rousseur.

La plante pilée et appliquée autour du poignet, sur le pouls, guérit les fièvres intermittentes.

Elle est surtout en faveur auprès des médecins homéopathes.

En Angleterre, le vinaigre d'Anémone est d'un usage très répandu contre le coryza.

On fabrique avec ses feuilles une encre verte, et on se sert de ses fleurs pour teindre les œufs de Pâques.

Sa poudre est un bon sternutatoire.

Plusieurs espèces et variétés d'Anémones font l'ornement des jardins et les délices des amateurs.

ANETH

Anet, Fenouil bâtard, Fenouil puant.

Il exerce sur nos organes une action très prononcée ; ses propriétés médicales sont constatées par de nombreuses observations. Il est recommandé pour augmenter la sécrétion du lait des nourrices. Ses fruits sont carminatifs ; ils calment les coliques venteuses.

L'huile grasse des fleurs d'Aneth dissipe le frisson des fièvres intermittentes, soulage les douleurs sciatiques et rhumatismales.

L'infusion aqueuse édulcorée stimule doucement et agréablement le système digestif, diminue et quelquefois arrête le hoquet et le vomissement.

On en exprime une huile qui avait la réputation d'assouplir et de fortifier les membres des gladiateurs.

Les feuilles, les fleurs et les semences sont un assaisonnement utile qui rend plus savoureux la viande et les légumes. Cuit avec le poisson, l'Aneth lui donne un goût agréable et en facilite la digestion.

ANGÉLIQUE

Angélique des jardins ou de Bohême, Racine ou Herbe du Saint-Esprit, Archangélique.

Elle intéresse par la beauté de son port, par l'odeur suave qu'elle exhale, par l'utilité qu'on en retire. Ses qualités physiques sont plus développées et par suite les propriétés médicales bien plus prononcées dans la racine que dans le reste de la plante. L'infusion, 30 à 40 grammes de racine pour

1 litre d'eau, est un stimulant des plus utiles pendant les convalescences. Cette racine, pulvérisée, est administrée avec succès dans les fièvres intermittentes, l'anorexie, la paralysie, la chlorose, l'aménorrhée, les cachexies, les dyspepsies, les affections muqueuses et catarrhales, la gastralgie, la leucorrhée. Dose : environ 10 grammes de poudre dans un bol de vin ou dans un véhicule quelconque.

Elle peut être substituée à la racine de serpentaire de Virginie et à celle de contrayerva. Elle entre dans un grand nombre de compositions pharmaceutiques.

Nos confiseurs préparent, avec les tiges encore tendres de l'Angélique, des sucreries qui flattent également le goût et l'odorat. Elle entre dans la composition du vespetro.

Les bestiaux recherchent avidement cette plante.

L'Angélique sauvage ou des prés est loin de posséder au même degré que la précédente les propriétés alimentaires et médicamenteuses. On l'administre souvent en Suède pour combattre les affections hystériques ; elle est prescrite contre l'épilepsie.

On se sert de sa graine pulvérisée pour détruire les poux.

Les tanneurs et les mégissiers lui reconnaissent des propriétés analogues à celles de l'écorce de chêne.

Les abeilles puisent dans ses fleurs un miel balsamique.

Avec les feuilles, on prépare une teinture qui imprègne les étoffes de laine d'une belle couleur d'or, en ajoutant une solution de bismuth à titre de mordant.

ANGUSTURE

Cuspurée, Cuspiric.

On connaît deux sortes : l'Angusture vraie ou cuspurie, fébrifuge, et la fausse Angusture qui est un poison violent.

L'écorce de la première est un puissant tonique, un antiseptique assuré, un fébrifuge. On l'administre dans le traitement de la fièvre jaune, la fièvre tierce, la diarrhée chronique, la dysenterie adynamique.

Les docteurs anglais la préfèrent au quinquina.

ANIS

Anis vert, Boucage anis, Pimpinelle anis.

On distingue dans le commerce plusieurs variétés d'Anis : 1° Celui d'Albi, qui est blanc et aromatique; 2° celui d'Espagne et de Malte; 3° celui de Touraine; 4° celui de Russie.

L'Anis occupe une place distinguée dans la matière médicale; c'est une des quatre semences chaudes majeures. Il est diurétique, excitant, carminatif, galactopoétique, aphrodisiaque; il calme la céphalalgie, modère les fleurs blanches, étanche la soif des hydropiques, corrige la mauvaise haleine.

Les graines entrent dans une foule de médicaments composés : leur saveur piquante, agréable, l'odeur suave qu'elles exhalent, justifient la célébrité dont elles jouissent et l'immense consommation qui s'en fait. Dans certains pays du Nord, elles entrent dans la fabrication du pain ; dans d'autres, l'on se contente de les semer à la surface ; chez nous ce sont principalement les confiseurs qui s'emparent de l'anis, avec lequel ils font des dragées (anis de Verdun) et des liqueurs excellentes, telle que la fameuse anisette de Bordeaux.

ANIS ÉTOILÉ

Badian, Badiane, Badanier de la Chine.

Cet arbrisseau, originaire de la Chine et du Japon, est regardée par les habitants de ces pays comme une plante sacrée.

La badiane possède toutes les propriétés de l'anis vert, auquel on la substitue souvent. Elle passe comme un antidote de plusieurs poissons vénéneux, contre les moules vénéneuses et les effets des œufs de barbeau, de brochet, etc.

On emploie l'Anis étoilé contre les flatulences, le delirium tremens des buveurs, les embarras gastriques. Il contient une grande quantité d'huile volatile avec laquelle les distillateurs préparent la meilleure anisette de Bordeaux, l'excellente liqueur connue sous le titre d'Eau de badiane et le ratafia de Bologne ; elle entre aussi en grande proportion dans l'absinthe des liquoristes.

ANSÉRINE ANTHELMINTIQUE

Ansérine vermifuge, Graine aux vers, Chêne de Jérusalem.

Cette plante vivace, indigène de l'Amérique du Nord, est cultivée dans nos jardins. Ses graines pulvérisées, sont données, depuis 2 à 4 grammes, tantôt étendues sur des tartines de beurre, tantôt mêlées avec une marmelade quelconque ou incorporées dans le miel. Il faut avoir soin de diviser la dose en plusieurs prises pour ne point occasionner de dégoût. C'est un vermifuge excellent et même un tœnifuge en quelque sorte infaillible.

ANTHYLLIDE

Vulnéraire, Triolet jaune.

Elle est employée en cataplasmes comme résolutive dans les contusions et pour cicatriser les plaies. L'Anthyllide est le vulnéraire des paysans. Elle entre dans la composition du thé suisse. C'est une excellente plante fourragère.

ARACHIDE

Pistache de terre, Pois de terre, Noix de terre.

Cet arbre, originaire de l'Asie, est aujourd'hui naturalisé dans le midi de la France.

Ses fruits qui portent le nom de cacahouet, après avoir été légèrement rôtis, sont convertis en dragées, en massepains et autres sucreries. Ils entrent dans la fabrication du chocolat. Les Arabes les regardent comme un excellent aphrodisiaque. Le produit le plus important de ces graines est l'huile excellente dont elles fournissent la moitié de leur poids. Les épiciers s'en servaient autrefois pour falsifier l'huile d'olive; aujourd'hui ils lui préfèrent l'huile de coton qui a moins de goût. Cette huile sert à l'assaisonnement des mets et des salades. Elle mérite la préférence pour le service des lampes, car elle donne une lumière vive, claire, durable, presque sans fumée. Mêlée à la lessive des savonniers, elle forme un savon très blanc, sec et sans odeur.

Le marc qui reste après l'extraction de l'huile est mangée avidement par les cochons; les feuilles de l'arachide sont un des fourrages les plus recherchés par les bestiaux.

AREC

Ce palmier croît dans l'Inde et en Chine. La noix de l'Arec est pour les Indiens une vraie friandise. Ils la coupent en petits morceaux qu'ils font macérer dans de l'eau de rose avec du cachou broyé, et qu'ils dessèchent ensuite au soleil. Ces fragments, portés au delà des mers, sont jugés propres à raffermir les gencives et à procurer une haleine agréable.

Le palmiste franc ou arec d'Amérique est un des plus grands palmiers du nouveau monde. Sa tige droite et nue s'élève à la hauteur de cinquante pieds. Le chou de ce palmier a un goût délicat ; les Américains en sont très friands.

ARGENTINE

Potentille, Bec d'oie, Herbe aux oies, Aigremoine sauvage.

C'est un astringent précieux. Elle modère les fleurs blanches, les diarrhées, les dysenteries, les hémorragies internes. Une poignée pour un litre d'eau.

Le suc de ses feuilles appliqué sur le front arrête l'hémorragie du nez.

C'est aussi un précieux vulnéraire.

La racine, qui contient du tanin et de l'amidon a le goût du panais. Les cochons sont friands de cette racine et la plante est recherchée par les oies.

ARGUEL

Cynanque à feuilles d'olivier.

Ses feuilles ont une saveur âcre, amère et nauséabonde ; elles purgent avec violence et peuvent donner des coliques atroces. C'est le séné des Egyptiens.

Ces feuilles sont employées au Caire pour falsifier le séné de la Palthe.

ARISTOLOCHES

Les espèces d'aristoloche sont assez nombreuses; il suffira de signaler les plus connues :

1° L'Aristoloche longue.— Les médecins de l'antiquité ont fait un éloge pompeux de sa racine ; ils exaltent sa vertu alexipharmaque ; ils recommandent de l'administrer à l'intérieur et de l'appliquer à l'extérieur pour faciliter le flux menstruel, la sortie du fœtus et l'écoulement des lochies. C'est à cette dernière propriété, confirmée par les modernes dans certains cas d'atonie, que l'aristoloche doit son nom. C'est un remède précieux et qui s'emploie en infusion édulcorée (15 grammes pour un litre d'eau) à titre de diurétique et d'emménagogue. On prescrit la poudre dans le vin (5 grammes), contre la chlorose, la leucophlegmasie, les fièvres intermittentes, l'asthme humide, l'anorexie glaireuse. Elle mondifie les ulcères sordides.

2° **L'Aristoloche ronde.**— Elle a les mêmes propriétés que l'aristoloche longue ; on l'a dit même plus active. C'est elle qui constitue le principal ingrédient de la fameuse poudre antiarthritique du prince de la Mirandole, ou du duc de Portland, poudre renouvelée des Grecs et des Arabes, qui, parfois, calme les douleurs de la goutte, mais cause quelquefois aussi des accidents funestes.

3° **L'Aristoloche clématite** ou aristoloche commune, nommée aussi sarrasine, est indigène et ne le cède point en vertus aux deux espèces précédentes.

4° **L'Aristoloche anguicide** s'élève en grimpant autour des arbres. Comme son nom l'indique, son suc a la propriété de tuer les serpents et sa racine possède la faculté de les éloigner.

Les mêmes propriétés appartiennent à l'Aristoloche odorante, à l'Aristoloche trilobée et à l'Aristoloche serpentaire. Toutefois, comme celle-ci est en outre un médicament utilement et fréquemment employé, nous lui consacrons un article particulier, sous le titre de Serpentaire.

ARMOISE

Herbe, Fleur, Ceinture ou Couronne de Saint-Jean,
Herbe de feu.

Elle exhale une odeur aromatique assez agréable. Elle provoque l'éruption des menstrues. Sa propriété emménagogue, préconisée par les médecins de l'antiquité, est confirmée par les praticiens de. nos jours. Elle calme les vomissements spasmodiques. Les feuilles s'emploient en infusion, en lavement et en fermentation. En infusion, environ 25 grammes pour un litre d'eau bouillante ou de vin blanc.

La racine d'armoise pulvérisée et prise dans une boisson un peu chaude, à la dose de 5 grammes, possède une propriété anti-épileptique très énergique.

Avec le sommet de la tige et les feuilles desséchées, pilées, on prépare un moxa que l'on brûle sur les articulations malades.

La semence qui est employée principalement comme vermifuge est la fleur desséchée, non épanouie, et non la graine d'une sorte d'armoise qui croît en Asie-Mineure.

On en farcit la volaille, notamment les oies dont elle rend la chair plus tendre et plus savoureuse. Il est une espèce d'armoise fort connue dans les cuisines, c'est l'estragon qui est un des meilleurs assaisonnements de la salade.

ARNIQUE, ARNICA

*Bétoine des montagnes, Tabac des Vosges, Tabac des Sa-
voyards, Tabac des montagnes, Souci et plantain
des Alpes, Herbe aux chutes, Herbe aux prêcheurs,
Doronic d'Allemagne, Herbe à éternuer, Quinquina
des pauvres.*

L'Arnique croît dans toutes les hautes montagnes. On la confond souvent avec le Doronic.

Ses feuilles et sa racine infusées dans le vin ou
dans l'eau, sont antiseptiques.

Appliquées en cataplasmes sur des tumeurs douloureuses, · elles en favorisent la résolution. Ses
fleurs sont surtout préconisées dans les fièvres muqueuses, adynamiques, putrides, pétéchiales. C'est
le quinquina des pauvres. Elle est employée
dans l'ischurie, la dysenterie, la goutte, le rhumatisme, l'asthme, le catarrhe pulmonaire et
contre l'amaurose. Les médecins homœopathes
en font un usage fréquent dans les pneumonies,
le rhumatisme aigu, l'apoplexie, etc.

L'odeur de la racine provoque l'éternuement.
Elle entre dans la composition du vulnéraire
suisse. L'eau de Notre-Dame des Neiges est une
alcoolature à base d'arnica.

Ses propriétés vulnéraires sont très connues.

L'eau d'Arnica est un remède populaire contre
les coups à la tête ; ses effets se manifestent rapidement dans les contusions, les blessures. On
peut même dire que l'Arnica, employé sous toutes

les formes et en particulier en compresses à l'extérieur, est d'un usage journalier. On l'emploie aussi à l'intérieur, à la dose de quelques gouttes dans de l'eau sucrée.

ARRÊTE-BŒUF

*Bugrane, Bougrane, Bugravé, Chaupoint, Tenon,
Herbe aux ânes.*

Sa racine, par son extrême ténacité, retarde quelquefois la marche de la charrue ; c'est de là que lui vient le nom d'arrête-bœuf.

Cette racine est diurétique et lithontriptique ; c'est une des cinq racines apéritives. On l'administre dans la dysurie, contre le calcul des reins et de la vessie ; elle a une action puissante sur les organes génito-urinaires. On a vu des dysuries calculeuses, des sarcocèles, des hydrocèles, des hydrosarcocèles, dissipés ou diminués par son emploi. Elle est recommandée dans les obstructions viscérales et glanduleuses, dans les cachexies, la chlorose. On s'en sert, avec succès, pour les maux de gorge, pour gargariser les gencives et laver les ulcères scorbutiques ; elle a même été utile dans les ulcères vénériens.

Les Hongrois, pour apaiser le délire de la fièvre maligne, fomentent la tête avec la décoction vineuse de cette plante.

Les jeunes pousses marinées sont un assaisonnement très agréable.

ARTICHAUT

Très commun et très renommé dans les cuisines, l'Artichaut tient à peine une place dans les pharmacies.

Ses racines sont diurétiques et apéritives. On peut manger les feuilles bouillies dans l'eau et assaisonnées ; leur suc, mêlé à d'excellent vin, a, dit-on, guéri des hydropisies contre lesquelles avaient échoué les remèdes les plus vantés dans ces maladies, généralement si opiniâtres. Toutefois, l'Artichaut doit à sa tête la réputation dont il jouit et les soins que l'on prend pour le multiplier. Les seules parties que l'on mange sont la substance charnue qui forme la base des écailles du calice et le réceptacle appelé communément cul d'artichaut.

Les Artichauts, encore jeunes et tendres, ont une saveur agréable, qui devient âpre à mesure que la maturité s'avance. L'Artichaut ne peut plus alors être mangé cru à la poivrade ; mais, par la cuisson, il perd son âpreté, sa consistance trop solide ; et préparé de diverses manières, il devient un aliment fort recherché. Il est d'une digestion facile et nourrit assez bien. Il stimule les organes génito-urinaires. Les feuilles et les tiges d'Artichaut sont employées depuis longtemps en Italie et en Allemagne, comme anti-rhumatismales.

L'infusion des fleurs d'Artichaut dans l'eau froide, à laquelle on ajoute un peu de sel, coagule le lait; aussi les Arabes s'en servent-ils pour faire leurs fromages.

Les feuilles préparées avec le bismuth donnent à la laine une couleur d'or fine et durable.

On peut, à l'aide d'une demi-cuisson dans l'eau, conserver les artichauts, de manière à en avoir toujours au besoin une certaine provision.

ARUM

Gouet, Pied de veau, Pied de lièvre, Vaquette, Langue de bœuf, Herbe à pain, Colocase, Gouet serpentaire, Gouet gobe-mouche, Picotin, Girou, Racine amidonnière, Herbe dragone.

Les feuilles pilées et appliquées sur une peau délicate, l'irritent, l'enflamment, la corrodent et peuvent ainsi devenir un rubéfiant, un épispastique très utile. Elles détergent les ulcères sanieux; infusées dans le vin, elles sont regardées comme antiscorbutiques.

La racine fraîche est sans odeur, paraît insipide quand on commence à la mâcher; mais bientôt une saveur âcre et brûlante se développe, l'intérieur de la bouche semble piqué par des milliers d'épingles. La douleur, rebelle à tous les autres liquides, ne se calme que par les boissons huileuses.

Les médecins prescrivent la racine dans les

affections cachectiques, l'asthme pituiteux, la phti-sie pulmonaire, les fièvres intermittentes, les céphalées gastriques rebelles à tous les autres re-mèdes.

La dessiccation lui fait perdre presque toutes ses propriétés médicinales.

Plusieurs espèces de Gouet méritent d'être si-gnalées, soit par la singularité de leur forme, soit par les phénomènes curieux qu'elles présentent, soit par l'utilité qu'on en retire :

1° Le Gouet serpentaire offre des propriétés ana-logues à celles du pied-de-veau, mais plus faibles ;

2° La Colocase, arum colocasia, variété du Gouet comestible, croît naturellement en Egypte dans les lieux humides. On la cultive aux Indes-Orien-tales, en Amérique et dans quelques contrées de l'Europe. Sa racine acquiert par la cuisson une saveur douce et fournit, ainsi que les feuilles, une nourriture agréable, saine et abondante. Sa fleur fait partie de la coiffure d'Isis et d'Osiris ; elle se trouve aussi sur la tête d'Harpocrate, dans les mo-numents anciens ;

3° Le Gouet gobe-mouche, dont les fleurs exha-lent une odeur cadavéreuse qui attire les mou-ches : elles se précipitent au fond de la spathe, en écartant les poils qui en forment l'orifice ; mais ces poils se rapprochent aussitôt et opposent une bar-rière insurmontable à l'insecte, qui périt dans le piège ;

4º Le Gouet d'Italie, variété du pied-de-veau commun. Le spadice de ce Gouet s'échauffe au moment de la fécondation jusqu'à devenir presque brûlant pendant plusieurs heures. Par cette faculté calorifique, le Gouet semble participer de la nature des animaux, dont il se rapproche encore par les émanations putrides que répandent plusieurs espèces.

ASA-FŒTIDA

Férule de Perse, Férule fétide, Merde de Diable.

Toutes les parties de cette plante contiennent des proportions très inégales d'un suc extrêmement fétide et tellement diffusible qu'il affecte au loin l'atmosphère. Le suc, disséminé dans la tige, dans les feuilles, même dans les graines, est en quelque sorte accumulé dans la racine.

L'Asa-fœtida est une vraie gomme-résine. Sa saveur repoussante pour les Européens, fait les délices des Orientaux ; il sert de condiment dans les Indes.

Elle guérit les fièvres intermittentes ; elle combat avec succès les affections si variées et singulièrement intéressantes, connues sous le nom de névroses, telles que l'hystérie, etc. C'est un antispasmodique par excellence, d'un usage fréquent dans les maladies nerveuses, l'asthme convulsif, les catarrhes suffocants et la coqueluche. Elle dissipe les redoutables accès de l'épilepsie et allège les cruelles douleurs de la goutte et de la sciatique. Elle est aussi employée comme anthelmintique, emménagogue, comme sédative et calmant les palpitations du cœur. L'Asa-fœtida est un spécifique de la carie et des exostoses syphilitiques. Elle constitue la base d'un grand nombre de formules pharmaceutiques.

Pour préserver les chevaux des mouches, oignez-les de la solution suivante : 60 gr. d'asa fœtida, infusée dans un plein verre de vinaigre, auquel on ajoute deux verres d'eau. Les attelages n'auront plus de ces emportements causés par l'insupportable insecte ailé et beaucoup d'accidents pourront être ainsi facilement évités.

ASARET

Cabaret, Herbe des cabarets, Oreille d'homme, Rondelle, Nard sauvage, Oreillette, Asarine d'Europe, Roussin, Girard.

C'est un émétique excellent, tout au moins égal à l'ipécacuanha dont il est le congénère. Il est aussi purgatif. Administré soit en poudre (15 à 20 centigrammes), soit infusé dans l'eau ou du vin blanc (80 centigr. environ), il peut guérir les fièvres intermittentes, les obstructions du foie, de la rate, du mésentère ; des hydropisies ont cédé à son action. C'est un des plus sûrs remèdes contre les affections cutanées.

Les feuilles et les fleurs ont une efficacité bien supérieure à celle de la racine.

Les femmes mettent de la poudre de racine d'asaret dans le vin des ivrognes pour les corriger de ce funeste défaut.

On prescrit, à l'extérieur, la racine et les feuilles en qualité de sialagogue et de sternutatoire. Les vétérinaires regardent l'Asaret comme un bon cathartique propre à guérir le farcin, à chasser les vers et à combattre diverses autres maladies.

L'Asaret teint les étoffes de laine préparées avec le bismuth à titre de mordant, en vert-pomme, qui par une ébullition prolongée devient brun-clair.

ASCLÉPIADE BLANCHE

Dompte-venin.

Sa racine, fraîche, exhale une odeur nauséabonde. Elle est utile dans les dartres, les anasarques, les écrouelles, la chlorose, la suppression des règles ; elle augmente le cours des urines, déterge les ulcères et arrête les progrès du virus scrofuleux ; c'est un alexipharmaque reconnu. Dose : 25 grammes par kilogramme d'eau.

On prend les feuilles infusées dans un verre d'eau, 1 à 2 grammes, comme vomitif.

Les fleurs ont une disposition tellement bizarre qu'elles désespèrent les jeunes botanistes.

Le duvet soyeux attaché en aigrettes aux graines de l'Asclépiade blanche est propre à ouater les coussins et les matelas ; ses tiges, préparées comme celles du chanvre et du lin, donnent une filasse assez bonne.

ASPERGE

Les asperges servies sur nos tables sont les jeunes pousses ou jets écailleux qui lèvent avec une rapidité surprenante, et que l'on cueille peu de temps après leur sortie de terre. Elles occupent, à juste titre, le premier rang parmi nos plantes potagères.

Elles ont une action puissante sur les organes uropoétiques ; on leur accorde généralement la propriété de ralentir les palpitations du cœur. La fétidité singulière que contracte l'urine est fortement diminuée en versant dans le vase destiné à recevoir le fluide, un peu de fort vinaigre ou de l'acide muriatique étendue d'eau.

Les asperges contiennent une fécule verte, une cire végétale, de l'albumine, divers phosphates et acétates, une matière sucrée analogue à la manne et un principe cristallin auquel on donne le nom d'asparagine.

L'asperge ne convient pas à tous les tempéraments, à toutes les idiosyncrasies. On ne doit pas en manger si on est disposé à avoir la gravelle. Elle fatigue l'estomac débile des hypocondriaques et des hystériques ; elle accélère les paroxymes de la goutte, de l'hémoptysie, aggrave les symptômes de la phthisie et cause parfois l'hématurie.

Les jeunes pousses de fougères et les jeunes tiges du Bon-Henri, peuvent être mangées comme celles des asperges.

ASPÉRULE

Herbe à l'esquinancie, Petite garance, Muguet des bois ou aspérule odorante, Hépatique ou Reine des bois, Rubiole, Apérinette, Aspérule des champs, Aspérule des teinturiers.

Il est reconnu aujourd'hui que cette plante a usurpé sa réputation et son titre d'herbe à l'esquinancie et qu'elle est loin de guérir l'angine, propriété qu'on lui attribuait jadis.

L'Aspérule odorante ou Muguet des bois exhale une odeur suave. Elle rend plus abondant et plus savoureux le lait des vaches qui aiment à s'en nourrir; les chevaux, les moutons, les chèvres n'en sont pas moins friands.

En infusion théiforme elle fournit une boisson tonique, qui stimule l'appareil digestif et convient au traitement de la dyspepsie, de la chlorose, de l'ictère. Elle contient de la commarine et entre dans la composition du vinum maïle, boisson agréable aux Allemands.

La racine de la plupart des Aspérules possède la faculté de teindre la laine en rouge.

Quelques espèces portent un fruit hérissé ou velu, d'autres ont une tige ou des feuilles âpres au toucher, d'où la dénomination imposée au genre entier.

ASTRAGALE

Réglisse sauvage, Réglisse bâtarde.

Cette plante est prescrite avec succès contre les dartres, les stranguries, les coliques; elle est manifestement stimulante et sudorifique. Ses vertus antivénériennes ont été fort exaltées, cependant diverses observations prouveraient que des syphilis anciennes qui avaient résisté à plusieurs traitements ont été guéries en peu de temps par l'usage de la racine de l'astragale sans tige.

L'astragale de Crète fournit la gomme adragante qui entre dans une foule de préparations pharmaceutiques. Les teinturiers en soie, les gaziers, les enlumineurs s'en servent pour donner de la consistance et du lustre à leurs ouvrages.

L'astragale est un fourrage savoureux, très nourrissant et qui augmente le lait des vaches; on pourrait en former d'excellentes prairies artificielles.

AUBÉPINE

Epine blanche, Bois de mai.

Cet arbrisseau épineux forme des haies impénétrables, réjouit la vue et charme l'odorat par la beauté de ses fleurs qui répandent un parfum pénétrant et extrêmement suave.

Ses fruits, légèrement astringents, ne sont guère mangés que par les enfants et les oiseaux. Son bois est très dur.

AUNÉE

Grande aunée, Œil de cheval, Enule, Inule, Hélénine, Lionne, Laser de Chiron, Héléniaire, Herbe de Saint-Roch.

De toutes les parties de cette plante, la racine est la seule qui possède une utilité réelle ; fraîche, elle exhale une odeur forte, pénétrante, qui, par la dessiccation, devient analogue au parfum de la violette. Elle exerce une utile influence sur l'organe utérin, sur les voies urinaires et sur l'appareil respiratoire ; elle a des propriétés toniques, stimulantes, béchiques, emménagogues ; elle favorise l'expectoration, les sueurs froides ou le cours des urines. Elle fait la base de diverses compositions pharmaceutiques. L'infusion de 25 grammes de cette racine par litre d'eau est employée aussi avec avantage dans la faiblesse des organes digestifs, les catarrhes, l'asthme, dans les cas de débilité générale. Son efficacité contre la leucorrhée et les maladies scrofuleuses n'est pas moins démontrée. On mêle cette infusion à de l'eau rouillée quand il y a appauvrissement du sang, dans l'anémie, la chlorose, etc. On l'administre tantôt en poudre, tantôt infusée dans l'eau, dans le vin, dans un looch. On fomente avec la décoction vineuse des feuilles les membres affectés de douleurs sciatiques.

L'onguent et la décoction d'aunée guérissent la gale de l'homme et des animaux.

Confites dans le sucre, les tranches de racine d'aunée sont un stomachique utile et agréable.

Elle entre dans la composition de l'absinthe des cafetiers.

L'art tinctorial tire aussi parti de sa racine pour communiquer aux étoffes une couleur bleue.

Deux autres espèces d'inule ont des propriétés médicinales analogues à celles de l'aunée ; la première est l'inule odorante, qui se plaît dans les climats chauds ; la seconde est l'énule des prés, décorée à tort d'inula dysenterica ; elle est désignée dans les pharmacies sous le nom de conyza ou conyza media.

AURONE

Armoise mâle, Armoise des jardins, Citronnelle, Armoise citronnelle, Garde-robe, Ivrogne.

Ses feuilles, légèrement froissées, développent une odeur forte, aromatique, camphrée et de citron.

L'Aurone est regardée comme stimulante, sudorifique et vermifuge. Son infusion d'un goût agréable est utile contre les vents et donne du ton à l'estomac.

On nomme aurone femelle, la santoline.

AVOINE

L'avoine sert principalement à la nourriture des chevaux ; elle augmente considérablement le lait des vaches.

On fait avec la graine dépouillée de sa pellicule un excellent gruau qui, diversement préparé, fournit un aliment agréable, substantiel, propre aux estomacs faibles ou débilités par de longues maladies.

L'eau ou tisane de gruau qu'on obtient par la décoction de 25 grammes pour 1,250 grammes réduits à 1,000, est très usitée dans les affections de poitrine.

La tisane d'avoine est un des antiphlogistiques les plus efficaces.

L'eau aigrie sur la farine d'avoine forme, avec le sucre et une petite dose de bon vin blanc, une limonade antiseptique et stimulante qui a le précieux avantage d'arrêter les progrès du scorbut.

La farine d'avoine frite avec du vinaigre est un épithème utile pour calmer les douleurs de la colique et de la pleurésie ; on en fait aussi des cataplasmes résolutifs qui, appliqués chaudement dans les rhumatismes, procurent un grand soulagement.

L'abbé Kneipp dit que la farine d'avoine bouillie avec le lait donne aux enfants et aux hommes des saines et robustes constitutions.

En Ecosse, on prépare avec l'avoine une eau-de-vie particulière, le gin ou whisky.

Les balles d'avoine forment de très bonnes paillasses pour coucher les enfants et d'excellents coussinets que les médecins emploient dans une foule de circonstances.

Il reste à mentionner quelques autres espèces d'avoine, soit pour faire connaître leur utilité, soit pour signaler leurs inconvénients.

1° L'avoine crue ; elle se rapproche beaucoup de la cultivée. On la préfère quelquefois pour le gruau, bien que son grain soit plus petit ;

2° L'avoine élevée, le fromental, le ray-grass de France. C'est un fourrage très estimé ; on en fait des prairies artificielles qui durent longtemps et qui peuvent se faucher deux ou trois fois par an avant la fleur ;

3° L'avoine folle ou avron. Elle étouffe les graines utiles au milieu desquelles elle croît, sa précocité lui donnant de l'avance sur eux. Quand elle s'empare d'un terrain, elle s'y perpétue et s'y multiplie aux dépens de tout ce qu'on y sème, ce qui a fait dire que les blés se changeaient en avron. Dès que cette herbe a germé, ses graines, armées de leurs barbes, peuvent servir d'hygromètre. Elles rampent dans les granges jusqu'aux murs.

AZÉDARACH

Lilas des Indes, Margousier, Faux Sycomore, Arbre saint, Arbre à chapelet.

Ce grand et bel arbre, originaire des Indes, prospère dans tous les climats chauds, tels que le Portugal, l'Espagne et même dans le midi de la France.

Ses fruits ont des propriétés anthelmintiques ;

ces propriétés se trouvent surtout dans la racine, que l'on administre en décoction ou dont on exprime le suc.

On attribue aux feuilles, aux fleurs et même à l'écorce d'Azédarach, des qualités apéritives, emménagogues, calmantes, qualités auxquelles certains pharmaciens joignent encore celles de tuer les poux et de faire croître les cheveux.

On peut extraire de ses fruits une huile bonne à brûler et surtout une cire propre à faire des bougies qui donnent beaucoup de lumière et ne répandent aucune mauvaise odeur.

Les noyaux servent à faire des chapelets, d'où sa dénomination de saint-bois ou arbre à chapelet.

L'azédarach ailé ou penné, margousier à feuilles de frêne, porte des fruits, semblables à de petites olives, dont on extrait une huile regardée comme un précieux vulnéraire.

BAGUENAUDIER

Colutier, Faux Séné, Séné d'Europe, Arbre à vessie.

Ce joli arbrisseau croît spontanément sur les montagnes d'Italie, de la Suisse, dans les provinces méridionales de la France, en Auvergne et même en Bourgogne.

On attribue à ses feuilles ou plutôt à ses folioles, qui ressemblent assez bien à celles du Séné, une vertu légèrement purgative. Elles ont une amertume considérable. Toute la plante est riche en tannin,

Le faux Baguenaudier ou Coronille est cultivé dans les jardins. Ses folioles purgent, mais en augmentant la dose, comme le Séné.

Les feuilles du Baguenaudier fumées provoquent une grande quantité de sérosités nasales.

Les enfants et les oisifs font claquer ses gousses vésiculeuses pour s'amuser, d'où le mot de baguenauder, d'après certains étymologistes.

BALISIER

Canne de l'Inde.

Il fait l'ornement des jardins par l'étalage de ses vastes feuilles, par le nombre, la grandeur et l'éclat de ses belles fleurs rouges. Sa racine est tellement mucilagineuse, qu'elle sécrète une sorte de gomme qui se ramasse au collet, en consistance de gelée ; aussi la regarde-t-on avec raison comme partageant les propriétés de la racine de guimauve. On en fait des cataplasmes qu'on applique sur les abcès et les tumeurs comme émollient.

Les fleurs remplacent, à l'Ile-de-France, le safran, ce qui leur a valu le nom de Safran marron.

Les Indiens se servaient des graines rondes et dures en guise de balles de mousquets, tandis que dans certains pays catholiques on en fait des chapelets. Ces graines donnent en outre une belle couleur pourpre, mais que l'art de la teinture n'a pu réussir encore à fixer convenablement.

BALLOTE

Marrube noir, Marrube puant, Marrube fétide.

La Ballote est âcre et amère; elle possède les mêmes qualités que le Marrube blanc, mais elle est moins souvent employée, à cause de sa mauvaise odeur. C'est un vermifuge très actif. Elle passe pour antispasmodique; aussi est-elle employée dans le traitement des névroses en général et particulièrement dans l'hystérie.

Tournefort conseille, pour se garantir de la goutte, de boire trois ou quatre verres par jour d'une infusion préparée avec trois litres d'eau, une poignée de ballote, avec une égale quantité de marrube blanc et de bétoine. Elle était jadis très employée contre la teigne, les hémorroïdes, etc. On doit la détruire quand elle vient dans les pâturages.

La ballote épineuse est considérée comme céphalique et vulnéraire.

BALSAMITE

Coq, Baume des jardins, Menthe-coq, Menthe romaine ou Notre-Dame, Grand Baume, Herbe au coq, Pasté, Herbe à omelette.

Elle est vermifuge, emménagogue, antispasmodique. Les campagnards font encore usage de l'huile de baume, dans les plaies et contusions, en faisant macérer les feuilles dans l'huile.

Dans quelques contrées du Nord, ses feuilles sont employées, à titre de condiment, dans la préparation des gâteaux et autres aliments.

On se sert de la menthe-coq pour aromatiser des liqueurs.

BALSAMIER DE LA MECQUE

Balsamier de Judée, Balsamier blanc, Baumier,
Amyride.

Le tronc et les rameaux du Balsamier distillent un suc résineux, d'une odeur très suave, que l'on désigne sous les noms variés de baume de La Mecque, baume de Judée, baume d'Egypte, baume blanc.

Le vrai baume de La Mecque, rare dans le commerce, est d'un prix très élevé. C'est aux yeux des Turcs un antidote infaillible, le meilleur remède prophylactique et curatif de la peste, un sudorifique dans les fièvres putrides. Les petites branches sont brûlées dans les temples et dans les palais des riches, en guise d'encens. C'est le baume de l'Ancien Testament. Il entre dans la composition de la thériaque.

BANANIER

Figuier d'Adam, Plantain des Indes.

Son fruit, d'un goût exquis, offre une saveur

mélangée de celles de la poire de bon chrétien et de la pomme de reinette. Il convient également aux enfants et aux vieillards. Il est aphrodisiaque, très propre à stimuler les organes génitaux, comme l'orchis. C'est aussi une plante textile..

Appelé par les Juifs, arbre de la science, son fruit aurait servi au serpent tentateur pour séduire notre mère Eve; ses larges feuilles auraient ensuite servi à nos premiers parents pour couvrir leur nudité, d'où le nom de Figuier d'Adam.

Le Bananier seul donne à l'homme de quoi le nourrir, le loger, le meubler, l'habiller et l'ensevelir (B. de Saint-Pierre).

BAOBAB

Le Baobab, appelé aussi Adansonie, est le géant de la végétation. Il croît en Afrique, depuis le Sénégal jusqu'en Abyssinie. Sa longévité est aussi surprenante que sa grosseur, car on prétend qu'il ne faut pas moins de six mille ans pour atteindre son complet développement. Son tronc ne s'élève guère qu'à la hauteur de quatre mètres, mais sa circonférence acquiert plus de vingt-quatre mètres. Ce tronc immense est couronné d'un grand nombre de branches, remarquables par leur grosseur et encore plus par leur longueur, qui est quelquefois de vingt mètres. Les fleurs du Baobab surpasent en dimension toutes les fleurs connues; elles ont près d'un mètre de diamètre.

Les fruits sont recherchés par les singes, d'où leur nom de pain de singe. La chair fongueuse fournit aux naturels de l'Afrique un aliment estimé.

On retrouve le caractère mucilagineux, les propriétés émollientes des malvacées dans le Baobab, surtout dans son écorce et dans ses feuilles. Celles-ci, desséchées et pulvérisées, constituent le luto des nègres, qu'ils mêlent à leurs aliments. Bouillies dans l'eau, elles forment une tisane dont l'illustre Adanson préconise la vertu calmante. Cette tisane est prise, matin et soir, pendant les mois de septembre et d'octobre, époque à laquelle des fièvres ardentes, des diarrhées rebelles, des ardeurs d'urine, tourmentent les naturels du Sénégal et plus encore les Européens.

L'écorce ligneuse du fruit, lorsque celui-ci est gâté, sert aux nègres à faire un excellent savon, en tirant la lessive de ses cendres et en la mêlant à l'huile de palmier qui commence à rancir.

Les nègres font encore un usage bien singulier du Baobab. Ils déposent dans les cavités du tronc de cet arbre monstrueux, les cadavres des individus qu'ils jugent indignes des honneurs de la sépulture. Homère raconte qu'Ulysse s'était fait à Ithaque un bois de lit complet d'un tronc d'olivier. Si ce prince avait eu dans l'enceinte de son palais un Baobab, il aurait pu se procurer la chambre et tous les meubles taillés dans la même pièce de bois.

BARBARÉE

Herbe de Sainte-Barbe, Herbe de Saint-Julien, Herbe aux charpentiers, Roudotte, Cresson de terre, Roquette des marais.

Cette plante pousse sur le bord des fossés, dans les prés humides. Elle a la saveur amère du cresson et se mange comme lui. Elle est employée en médecine comme antiscorbutique. La semence, âcre et chaude, est donnée comme diurétique, en poudre, à la dose de quatre grammes dans le vin blanc.

L'huile d'olive, dans laquelle on a fait macérer l'herbe aux charpentiers, est un excellent baume pour les blessures.

Cultivée dans les jardins pour ses fleurs jaunes d'or, elle donne une variété à fleurs doubles appelées girarde.

BARDANE

Glouteron, Herbe aux teigneux, Dogue, Napolier, Herbe aux pouilleux, Grateron, Grippe, Peignerolle, Poire de vallée.

Divers médecins assignent à la Bardane la prééminence sur la squine, la croient supérieure à la salsepareille, la substituent au gaïac. Ils lui attribuent la propriété de guérir la syphilis. La décoction des racines ou des feuilles, préparée avec 50 grammes de plante par kilogramme d'eau, est employée journellement dans la goutte, le catarrhe pulmonaire, le rhumatisme, les maladies de la peau et les éruptions de mauvaise nature, l'ischurie. On la regarde comme emménagogue, sudorifique, diurétique et antipsorique.

On applique les feuilles du glouteron sur les tumeurs, les ulcères ; sous forme de cataplasme, sur les articulations douloureuses et dans les adénites ou inflammations des glandes. La plupart des ulcères variqueux si opiniâtres aux jambes, guérissent très facilement, en les recouvrant d'un tampon de charpie trempé dans l'onguent de Percy et pardessus une feuille de bardane ; il est rare de les voir résister à ce puissant topique. On prépare cet onguent avec un demi-verre de suc de feuilles de bardane non clarifié et autant d'huile ; on agite à froid, avec plusieurs balles de plomb ; il en résulte une pommade verte, contenant un peu d'oxyde de plomb, qui ajoute encore aux propriétés du suc. Enfin, cet onguent est appliqué avec succès sur les tumeurs scrofuleuses ouvertes, les croûtes de lait et même sur des cancers dont il a ralenti la marche et calmé les douleurs.

Dans les maladies des voies respiratoires, les maladies de poitrine, on applique sur la poitrine et entre les épaules les feuilles du côté duveteux et glutineux ; elles causent sur la partie couverte une exhalation analogue à celle produite par un emplâtre de poix de Bourgogne.

Les têtes de fleurs du glouteron, dont chaque calice se termine par une pointe acérée, recourbée en hameçon, s'accrochent aux vêtements des passants, aux toisons des troupeaux.

De la bardane on extrait de la potasse, que toutes les parties de la plante fournissent en quantité par incinération. La racine donne de l'amidon et, comme la saponaire, peut servir à nettoyer le linge. On fabrique avec l'écorce de la tige un papier blanc verdâtre.

La racine se mange comme les salsifis, les scorsonères, et les jeunes pousses, cueillies au printemps, se mangent comme les artichauts, les cardons et les asperges.

BASILIC

Herbe royale, Plante royale, Oranger des savetiers.

La saveur forte, piquante, agréable et comme anisée du Basilic lui assigne un rang parmi nos meilleures épices.

Cette plante a la vertu diurétique. Ses feuilles fournissent une grande quantité d'huile volatile vantée comme céphalique et nervine, et utilisée comme telles dans les névroses, la paralysie et la goutte-sereine. Desséchées et pulvérisées, ses feuilles deviennent un sternutatoire employé avec succès dans la perte de l'odorat causée par l'épaississement de la morve.

Le Basilic partage les propriétés toniques, stimulantes de la plupart des labiées, telles que la sauge, la romaine, la mélisse, le thym, le serpolet, la lavande. Il contient un camphre particulier.

Les Arabes emploient la décoction concentrée en gargarisme contre les aphtes.

Le petit Basilic, élevé communément dans des pots, pour parfumer nos appartements, répand une odeur encore plus aromatisée que le Basilic ordinaire.

BAUMIER DU PÉROU

Le Baumier du Pérou fournit deux espèces de baumes, ainsi dénommés dans le commerce selon leur couleur : 1° le baume du Pérou blanc, le plus pur, le plus précieux, le plus rare. Il exhale une odeur suave. Plus limpide et moins consistant que la térébenthine, il s'épaissit, se durcit et constitue alors le baume en coque; 2° le baume du Pérou noir ou plutôt brun, plus épais que le blanc, inflammable comme lui et d'une odeur analogue à celle de la vanille.

Le baume du Pérou est employé dans les catarrhes chroniques et les maladies des voies urinaires. Il entre dans un grand nombre de préparations pharmaceutiques, telles que le sirop balsamique d'Hofmann, la pommade Dupuytren, etc., etc.

Le baumier-myrrhe est utilisé, en teinture, dans le pansement de la carie des os, des ulcères. Il entre dans la composition du baume de Fioraventi, l'élixir de Garus, l'emplâtre de Vigo.

BECCABUNGA

Véronique aquatique, Véronique cressonnée.

Cette plante agit comme antiscorbutique ; elle est utilisée dans la phtisie pulmonaire et dans les engorgements des viscères abdominaux. On la recommande, pilée, pour mondifier les ulcères de mauvaise nature, dissiper les engorgements hémorroïdaux, guérir les panaris et les brûlures.

Intérieurement, on administre le suc exprimé à la dose de 100 grammes environ, mêlé au lait ou au petit lait.

Le petit Beccabunga, véronique anayallis, mouron d'eau, possède les mêmes propriétés.

BELLADONE

Belle-dame, Morelle furieuse, Mandragore baccifère, Permenton, Guigne de côte, Herbe empoisonnée.

C'est un poison violent pour l'homme ; il cause une excitation générale, des nausées, un délire furieux, des spasmes et la mort. Certains animaux la mangent avec plaisir et sans inconvénient. Le principe très vénéneux de la Belladone devient un remède utile entre les mains d'un habile médecin. C'est à l'atropine qu'elle doit ses propriétés énergiques et toxiques. Elle est efficace contre la coqueluche. On l'emploie aussi avec succès dans la paralysie, les convulsions, l'ataxie locomotrice, les névralgies, les spasmes, les toux nerveuses. Lorsque la névralgie est superficielle, il suffit d'appliquer sur le siège de la douleur un cataplasme de feuilles fraîches contuses ou mieux de racine écrasée. C'est un prophylactique de la scarlatine. On a constaté ses bons effets dans la gastralgie, la colique de plomb, la colique sèche. C'est le meilleur remède contre le tétanos. Comme relâchant musculaire, elle est employée dans l'incontinence d'urine, les constrictions de l'utérus, de l'anus, de l'urètre; l'angine de poitrine et les vomissements incoercibles des femmes enceintes. Elle a aussi la propriété de guérir l'épilepsie. Appliquée sur les paupières, elle détermine la dilatation de la pupille et prépare ainsi les yeux à l'opération de la cataracte. On a presque renoncé à l'usage des baies; les racines et les feuilles sont aujourd'hui les seules parties employées.

Les Italiennes se servent de l'eau distillée de cette plante pour entretenir la blancheur et l'éclat de leur teint.

Les peintres en miniature préparent un fort beau vert avec le suc des baies; ce suc empreint, paraît-il, le papier d'une jolie couleur pourpre.

La racine de belladone est quelquefois employée, mais à tort, dans certaines brasseries, comme succédané du houblon.

BELLE-DE-NUIT

Nyctage, Faux jalap, Jalap indigène, Merveille du Pérou.

La Belle-de-nuit est originaire du Pérou, mais elle est cultivée dans nos jardins. Ses fleurs ne s'épanouissent guère qu'après le coucher du soleil.

Sa racine peut avantageusement remplacer le Jalap du Pérou, comme purgatif et vermifuge ; elle produit les meilleurs effets chez les enfants et les personnes délicates. On l'administre, en poudre, à la dose de 4 grammes, dans un verre d'eau miellée ou sucrée. A la dose de 8 grammes, elle peut chasser le ver solitaire. On a obtenu de bons résultats de son emploi dans l'hydropisie, le rhumatisme, l'œdème et plusieurs maladies de la peau.

BEN

Ben oléifère, Moringa, Moringou, Mouringou.

Cet arbre se plaît sur le sol sablonneux et brûlant de l'Egypte, au Malabar et dans l'île de Ceylan.

L'usage continu et modéré de la décoction de la racine de Ben préserve les marins du scorbut et des diverses autres cachexies particulières aux marins. Les feuilles chaudes sont regardées par les Malais comme propres à résoudre les tumeurs, même syphilitiques du testicule ; leur suc est, suivant eux, mondificatif et antipsorique.

Les pigeons aiment beaucoup les fleurs de Ben,

qui exhalent, surtout au coucher du soleil, une odeur très agréable.

L'huile qu'on retire de la noix de Ben, est abandonnée par les médecins; mais, en revanche, elle est très recherchée par les parfumeurs qui lui trouvent les précieux avantages d'être douce, inodore et de ne pas rancir en vieillissant, ce qui la rend propre à extraire et à conserver l'arome des fleurs, dont elle n'altère point le parfum.

BENOITE

Herbe de Saint-Benoît, Galiote, Gariot, Récise, Herbe bénite, Sanicle des montagnes.

La racine de Benoîte est propre à calmer et à guérir les fièvres intermittentes; elle est un succédané du quinquina; elle est pareillement efficace vers la fin des dysenteries, dans les diarrhées et dans la plupart des autres flux asthéniques. Elle se rapproche singulièrement de celle d'angélique par son action thérapeutique.

On la prescrit, en décoction : 30 grammes de racine pour un litre d'eau ou de vin. Elle possède une odeur analogue à celle de girofle, qu'elle perd par la dessiccation ; aussi, il vaut mieux l'employer fraîche. On peut la substituer ou la joindre au houblon, dans la fabrication de la bière, qu'elle rend plus agréable et qu'elle empêche d'aigrir.

Elle est d'un bon fourrage pour les chevaux, les bœufs, les cochons, les chèvres et surtout pour les moutons qui en sont très friands. Les jeunes feuilles se mangent en salade. Les abeilles vont puiser le suc de ses feuilles. La racine est propre à tanner les cuirs ; elle communique aux laines une belle couleur musc-doré très solide, et la plante entière leur donne une jolie teinte noisette.

On trouve, aux mois de juin et de juillet, sur les racines de Benoîte, l'insecte qui fournit la cochenille de Pologne.

BERBERIS

Epine-vinette, Vinettier.

L'écorce de la racine de cet arbuste, qui est jaune et amère, purge légèrement ; on l'utilise dans les embarras du foie et de la rate. La décoction acidulée des feuilles donne une bonne tisane rafraîchissante, qui a réussi dans le scorbut et dans quelques espèces de dysenteries. Sa décoction miellée est préconisée dans les fièvres inflammatoires, bilieuses, intermittentes, muqueuses et typhoïdes.

Plus commune en Allemagne qu'en France, l'Épine-vinette y est aussi plus fréquemment employée. Les médecins la prescrivent avec succès dans les fièvres inflammatoires, bilieuses et putrides. Les Egyptiens préfèrent la limonade de Berberis à tout autre remède pour calmer et même dissiper leur fièvre pestilentielle, dont le symptôme dominant est une diarrhée bilieuse. On prépare, avec les fruits du Berberis, des conserves, des gelées, des sirops, des pastilles, des limonades, des confitures.

Les fleurs présentent un phénomène curieux : les étamines sont tellement irritables, douées pour ainsi dire d'une telle mobilité, qu'au plus léger attouchement elles se contractent et se portent rapidement sur le pistil où elles demeurent fixées pendant un certain temps.

La racine et les tiges renfermant un principe colorant jaune, la Berberine est employée pour teindre en jaune la laine, le fil, le coton et les cuirs ; les baies donnent, avec l'alun, une laque d'un beau rouge, fournissent une belle couleur rose pour la laine, la soie et le coton.

BERCE

Fausse brancursine, Brancursine des Allemands,
Fausse acanthe.

La racine et l'écorce enflamment et ulcèrent la peau. Les habitants du Nord regardent la Berce comme une de leurs plus précieuses plantes alimentaires ; ils en fabriquent de l'eau-de-vie, de la bière. Les paysans russes et polonais en préparent un mets aigrelet qui fait en quelque sorte une partie essentielle de leur nourriture journalière et qui, sous le nom de barszcz, est à peu près pour eux ce que le sauerkraut est pour les Allemands.

Dans diverses parties de la Suède, on regarde la Berce comme un remède familier contre la dysenterie ; ailleurs, on emploie la décoction en bains et en lavements ; ici, on applique les feuilles ou la racine sur les callosités ; là, c'est avec le suc qu'on espère prévenir ou détruire la vermine.

Plusieurs médecins prétendent que la Berce est un des plus puissants moyens curatifs de la plique polonaise.

BERLE

Ache d'eau, Cresson sauvage, Persil des marais.

Comprise dans la même famille que l'ache, la Berle se rapproche également de cette plante par ses qualités physiques et ses propriétés médicamenteuses ; aussi l'appelle-t-on communément Ache d'eau. Les feuilles, malgré leur âcreté, sont mangées en salade.

Leur suc et leur décoction, rarement employés, passaient pour antiscorbutiques, fébrifuges, apéritifs, emménagogues, diurétiques et même lithontriptiques. Pourtant le suc de cette plante est appliqué avec succès sur la peau dans les affections sécrétantes, telles que l'impetigo.

BÉTEL

Piper bétel.

Le Bétel est appelé siri-dann dans l'Inde, siripinand ou simplement pinand dans la Malaisie. Les Indiens mâchent continuellement une préparation qu'ils désignent sous ce nom, bien que les feuilles brûlantes de ce poivre en forment à peine le quart ; la chaux vive y entre dans la même proportion, tandis que la noix d'arec constitue la moitié de ce masticatoire, qui est devenu, pour les habitants des contrées équatoriales, un objet de première nécessité. On mâche du bétel pendant les visites, on en tient à la main, on s'en offre en se saluant et à toute heure. Les femmes et surtout les femmes galantes, sont passionnées pour cette drogue qui, suivant elles, dispose merveilleusement aux plaisirs de l'amour.

Ce masticatoire stimule fortement les glandes salivaires et les organes digestifs, diminue la transpiration cutanée et prévient ainsi les affections qui résultent, dans les pays chauds, d'une évacuation trop abondante.

Le Bétel est si irritant, qu'il corrode par degrés la substance dentaire, au point que les personnes qui en mâchent habituellement sont privées, dès l'âge de vingt-cinq à trente ans, de toute la partie des dents qui est hors des gencives ; mais cet inconvénient n'empêche pas que son usage soit universellement répandu dans toutes les îles de la mer des Indes.

Les noix de Bétel sont employées dans l'art de la teinture ; elles donnent une belle couleur rougeâtre.

BÉTOINE

Peu de plantes ont joui d'une réputation plus brillante et moins méritée. Des Grecs, cet enthousiasme s'est transmis, en quelque sorte, aux Espagnols et aux Italiens. Ces derniers ont regardé longtemps la Bétoine comme une panacée, comme un trésor, et cette opinion exagérée conserve encore chez eux de nombreux partisans.

Son emploi est pourtant avantageux dans les affections muqueuses et dans les catarrhes. Dans ces cas, les fumigations de décoction de Bétoine reçues deux fois par jour, pendant une heure, procurent un grand soulagement.

On attribue aussi à la racine des propriétés vomitives et purgatives.

Réduite en poudre, on la considère comme un sternutatoire susceptible de remplacer le tabac.

Employée dans l'art tinctorial, elle communique une couleur brune, belle et solide, aux laines préalablement imprégnées d'une faible solution de bismuth.

BETTES

Poirée, Poirée à cardes, Racine de disette
Racine d'abondance, Jotte.

La culture a créé deux familles qui se divisent l'une et l'autre en plusieurs variétés. La première famille comprend les Bettes ou poirées ; la seconde renferme les betteraves. La couleur des feuilles détermine les variétés de la Bette blanche, blonde et rouge. Ce sont les côtes de la blonde que l'on mange sous le nom de Cardes, comme celles du cardon de Tours et d'Espagne. Les feuilles de la Bette blanche et de la rouge peuvent aussi être destinées à l'usage culinaire : elles fournissent, à la vérité, un aliment fade, moins propre à être mangé seul qu'à corriger l'acidité de l'oseille. Ramollies à la flamme ou avec un fer chaud et couvertes de beurre, elles sont un topique familier pour panser les cautères, les vésicatoires, certaines plaies, certains ulcères et même la teigne.

BETTERAVE

La Betterave est une espèce de bette ; elle offre une racine volumineuse qui doit être placée au premier rang de nos plantes potagères. Cette racine constitue, par sa couleur, trois variétés : la blanche, la jaune et la rouge. Celle-ci est la plus grosse et la plus commune. Elles renferment une grande quantité de sucre. Cuites à la chaleur du four et coupées par tranches, elles deviennent un mets agréable, qui, pourtant, a besoin d'être bien assaisonné.

On la donne aux bêtes à cornes, aux moutons, etc., ainsi que la pulpe qui constitue le résidu des sucreries et des distilleries. Mais le principal usage de la Betterave est la fabrication du sucre indigène et la distillation de l'alcool.

Soumise à la fermentation acéteuse et réduite en pulpe, la Betterave est le principal ingrédient du barszcz des Polonais, regardé comme un aliment salubre, préservatif du scorbut et des fièvres putrides.

Le professeur Scherer prétend avoir fabriqué de la bonne bière en substituant la racine de Betterave à l'orge.

Le suc si doux de la Betterave exerce ainsi que la poudre, une action errhine très prononcée sur la membrane muqueuse des fosses nasales.

BIDENT

Bidens, Chanvre des marais ou chanvre d'eau.

Commun dans les marais, les bois humides, il se propage parfois au point d'être un fléau pour l'agriculture.

Mâché, le Bident excite fortement la salivation. On en retire une couleur jaune assez solide.

BIGNONE

Bignonia; Caroba, Griffe de chat; Catalpa.

Les feuilles de cet arbre magnifique du Brésil, sont employées contre les maladies de la peau, la scrofule, sous forme de tisane ou en poudre.

L'écorce de caroba est aussi un sudorifique puissant ; elle est fort en usage à Rio-de-Janeiro dans le traitement des maladies syphilitiques. Elle entre dans la composition de l'électuaire anti-syphilitique de Carneiro, qui jouit au Brésil d'une grande réputation.

BISTORTE

*Couleuvrine, Serpentaire rouge, Renouée bistorte,
Feuillote grande oseille.*

Son nom vient de ce que la racine est tordue en S, *bis torta*, deux fois tordue.

Toutes ses parties sont utiles à l'économie domestique et rurale ou à la thérapeutique. Les bestiaux broutent avidement cette plante que les chevaux seuls négligent. Les feuilles tendres se mangent comme celles des épinards ; la graine peut être employée à la nourriture de la volaille. Mais c'est principalement la racine dont les usages sont plus importants et plus multipliés. Peu de végétaux indigènes possèdent la faculté astringente à un degré plus éminent. Elle renferme une grande quantité de tannin, de l'acide gallique et de la fécule ; cette dernière est en quantité assez grande pour qu'on l'utilise en Russie à la fabrication du pain. La racine de bistorte a souvent produit une constriction salutaire et rétabli la tonicité de divers organes. On la pres crit avec succès pour diminuer ou encore pour tarir les flux chroniques, tels que la leucorrhée, la diarrhée, la dysenterie, les hémorragies. Bouillie dans l'eau et mieux dans le vin, elle forme un gargarisme qui fortifie les gencives et qui est très efficace contre les aphtes et le scorbut. Pour les usages externes, 50 grammes pour un kilogramme d'eau ; à l'intérieur, comme astringent, 3 grammes environ.

Les tanneurs ont souvent tiré parti de la racine de bistorte ; elle est aussi rangée parmi les substances tinctoriales.

BLUET ou BLEUET (*V.* Centaurée)

BOIS DU BRÉSIL

Bois de Fernambouc, Brésillet, Bois de la Jamaïque, de Nicaragua, de Sainte-Marthe, de Sapan, de Californie, de Bahia, etc.

Une odeur agréable s'exhale des fleurs du brésillet. Son bois prend bien le poli et convient aux ouvrages du tour, de la menuiserie et de l'ébénisterie. Toutefois, c'est à l'art tinctorial qu'il est particulièrement destiné. L'importation en Europe était immense ; la ville de Pernambouc est le principal entrepôt de ce commerce. Outre les étoffes on teint avec ce bois, les meubles, les cuirs, les œufs de Pâques, les racines de guimauve pour nettoyer les dents. On en extrait une sorte de carmin ;

on en prépare des laques ; il forme la base des encres rouges et de cette craie rougeâtre nommée rosette, qui sert pour la peinture. Il est très employé aussi pour colorer les vins de fabrique. Il est aussi utilisé en chimie.

BOLDO

Cette plante, originaire du Chili, est très vantée contre les maladies du foie. On utilise les feuilles ; on en prépare un sirop aromatique, très agréable, qui stimule l'appétit et facilite la digestion.

BOTRYS

Piment, Ansérine botride, Herbe à Printemps, Ambrine.

Son nom lui vient de la disposition de ses fleurs en grappes. Cette plante appartient à la famille des Chénopodes ou ansérines. Un charlatan nommé Printemps, qui l'exploitait, en n'en faisant point connaître la nature, lui a aussi donné son nom.

Le Botrys est administré avec succès dans les catarrhes pulmonaires chroniques, dans l'asthme humide, dans les maladies de poitrine et surtout dans l'orthopnée. Cette vertu béchique et antispasmodique est confirmée par les praticiens les plus célèbres. On le donne en infusion théiforme aux hypocondriaques ; il n'est pas moins utile dans les coliques venteuses et l'anorexie due à la faiblesse de l'appareil gastrique. Les Vénitiennes l'emploient souvent à l'intérieur et à l'extérieur pour combattre les affections hystériques. On peut faire macérer les feuilles et les sommités dans le vin ou en faire une infusion : 25 grammes pour un kilogramme d'eau bouillante.

L'arome que répand le Botrys a le double avantage de flatter notre odorat et de préserver les étoffes de la piqûre des teignes.

Voici diverses espèces de chénopodes ou ansérines. (Pour l'ansérine anthelimintique, voir à ce nom.)

1° Le Bon-Henri, appelé aussi Toute-bonne, épinard sauvage et ansérine sagittée. Les habitants du Nord apprécient cette plante tout à la fois potagère et médicamenteuse ; ils mangent les jeunes tiges comme les asperges et les feuilles en guise d'épinards : celles-ci ont les qualités émollientes, laxatives et dépuratives des feuilles de bette ; elles conviennent aux personnes habituellement constipées ;

2° L'Ansérine rouge. Elle produit un joli effet dans les jardins d'agrément par le contraste de sa couleur avec celle des autres plantes ;

3° L'Ansérine du Mexique ou ambroisie, encore appelée Thé du Mexique ou d'Espagne, Thé des Jésuites, Herbe de Sainte-Marie. Elle doit ses dénominations à l'odeur forte et agréable qu'elle exhale, ainsi qu'à ses usages économiques. Son action thérapeutique est égale, peut-être même supérieure à celle du Botrys ;

4° L'Ansérine fétide, arroche puante, vulvaire, herbe de bouc. Elle est ainsi nommée à cause des émanations véritablement animales qui s'en échappent. Ces émanations ne déplaisent pas aux femmes hystériques, aux personnes hypocondriaques; elles contribuent même à soulager leur malaise habituel, à diminuer les pandiculations, à calmer les spasmes dont ces individus sont si souvent et si douloureusement tourmentés;

5° L'Ansérine à balais. Elle sert effectivement, en Italie et dans le midi de la France, à nettoyer les meubles; on la cultive aussi dans les jardins; elle ressemble à un cyprès pyramidal et reçoit le nom de belvédère.

BOUILLON-BLANC

Molène, Bonhomme, Herbe de Saint-Fiacre, Cierge de Notre-Dame, Fleur de grand chandelier.

Les qualités physiques du Bouillon-Blanc sont en général assez faibles. L'odeur des feuilles fraîches a quelque chose de narcotique. Les bestiaux ne le broutent pas et si l'on jette des graines de cette plante dans un vivier, le poisson frappé d'étourdissement se laisse prendre à la main. Les racines, au contraire, pilées et mêlées à la drèche, engraissent promptement la volaille.

La Molène est un émollient, un remède domestique employé de toutes parts et depuis un temps immémorial. La décoction des feuilles, 50 grammes par litre d'eau, est *admirable* en lavement dans les ténesmes, la diarrhée, la dysenterie; elle calme les douleurs du fondement causées par les hémorroïdes. L'infusion des fleurs, 25 grammes par litre d'eau, est le meilleur adoucissant des irritations de la membrane muqueuse intestinale; elle procure un soulagement notable dans les irritations de poitrine, le rhume de cerveau, les toux convulsives, les coliques, la dysurie, enfin dans toutes les maladies dont l'indication consiste à modérer les spasmes et l'éréthisme.

La conserve des fleurs de Bouillon-Blanc, appliquée sur des dartres rongeantes et sur des ulcères douloureux, diminue les démangeaisons.

Les fleurs et les feuilles de Molène, bouillies légèrement dans l'eau et dans le lait, employées en fomentation, en vapeur ou sous forme de cataplasme sur des furoncles, des panaris, des brûlures, des hémorroïdes enflammées, ont une vertu calmante très prononcée.

Certains fermiers regardent le Bouillon-Blanc comme un moyen propre à combattre la toux des bestiaux et à prévenir la consomption.

Dans certains pays, on recouvre de poix, les longues et fortes tiges de cette plante pour en faire des torches, tandis que le coton qui les revêt peut remplacer l'amadou ou servir à la préparation du moxa.

La Molène chasse infailliblement des greniers

les rats et les souris qui dévorent le blé. Rangée parmi les plantes tinctoriales, elle communique aux laines une nuance jaunâtre. Elle sert aussi pour colorer les cheveux.

Les poils des feuilles sont très curieux à examiner à la loupe.

La Molène noire est plus belle que le Bouillon-Blanc. Les abeilles recherchent avidement le suc de ses fleurs; la chenille qui ronge la Molène blanche n'attaque jamais la noire. Le petit Bouillon-Blanc ou Molène lychnite doit sa dénomination spécifique aux anciens qui en faisaient des mèches. On regarde la fleur et surtout la racine comme antictériques.

BOULEAU

Bouleau blanc, Aulne blanc, Arbre de la sagesse, Biole, Bouillard, Sceptre des maîtres d'école.

La sève abondante du Bouleau blanc est conseillée à titre de dépuratif dans les éruptions cutanées, dartreuses et psoriques; on la prescrit comme diurétique, lithontriptique et comme vermifuge. Le peuple russe emploie son huile à l'intérieur et à l'extérieur contre la blennorrhagie et les ulcères vénériens.

L'épiderme du Bouleau, porté dans les souliers, détermine infailliblement une sueur des pieds qui peut devenir salutaire dans plusieurs maladies chroniques.

Les feuilles exercent pareillement une action sudorifique très marquée ; aussi les paysans suédois et moscovites couvrent-ils de ces feuilles leurs membres affectés de douleurs rhumatismales ou gonflés par des épanchements séreux. L'emploi des bourgeons de Bouleau contre les engorgements scrofuleux est populaire en Russie.

Son bois est recherché par les tourneurs. On fait aussi des jantes de roues avec les jeunes bouleaux ; âgés de dix ans, ils donnent des cerceaux pour les futailles ; un peu plus forts, on les emploie à relier les cuves et les gros sont mis en œuvre par les sabotiers. Les menues branches sont employées à faire des balais et des verges, d'où le nom de sceptre des maîtres d'école.

On fait avec son écorce des corbeilles, des chaussures nattées, des cordes, des filets, des bouteilles, des assiettes. Lorsque cette écorce est encore remplie de ses sucs à demi résineux, elle fournit des torches qui éclairent bien. Enfin cette écorce, surtout celle des vieux arbres, fournit par distillation une huile empyreumatique qui donne aux cuirs de Russie une qualité supérieure et une odeur particulière si recherchée.

L'épiderme sert encore de papier à divers habitants du Nord, comme il en servait plus généralement à nos ancêtres ; il est aussi employé pour le tannage. Comme colorant, il communique aux étoffes les nuances brune, jaune, noisette, fauve, mordorée. Ce n'est pas tout : il a le précieux avantage d'aviver et de fixer la couleur des bois de Campêche et de Fernambouc.

La plupart des autres espèces de Bouleau jouissent de propriétés analogues, au point de vue médical :

1° Le Bouleau noir ou à canot. Il est recouvert d'une écorce presque incorruptible, avec laquelle les Canadiens font des pirogues. Les teinturiers et les peintres retirent des feuilles une belle couleur jaune ;

2° Le Bouleau nain qui croît en Suède et surtout en Laponie ;

3° L'Aune ou vergne. L'écorce servait à teindre les cuirs. Les pilotis d'aune sont d'une éternelle durée et peuvent supporter des poids énormes : on l'employait alors, comme aujourd'hui, pour faire des conduits d'eau souterraine ; mais il faut avoir soin de le préserver du contact de l'air, qui l'altère rapidement. Ses feuilles fraîches, appliquées chaudes sur les mamelles, sont le meilleur topique pour chasser le lait. L'écorce est un fébrifuge excellent et le meilleur succédané indigène du quinquina.

BOURDAINE

Bourgène, Aune noir, Nerprun bourdaine.

L'écorce moyenne ou seconde écorce est employée comme agent vomitif ; l'infusion de

30 grammes de cette écorce dans un demi-litre d'eau constitue un purgatif ordinaire ; c'est aussi un vermifuge pour les enfants. Une forte décoction de racine de Bourdaine dans de l'eau et du vinaigre s'emploie à l'extérieur contre la gale et certaines affections dartreuses.

C'est la rhubarbe des paysans.

Son bois blanc, fibreux et flexible sert à la fabrication des allumettes, des paniers et autres ouvrages.

Son écorce peut être employée dans la teinture en jaune.

BOURRACHE

Elle doit au suc nitré ou nitrate de potasse qu'elle contient ses propriétés diurétiques, émollientes et essentiellement sudorifiques ; elle est précieuse dans les phlegmasies pulmonaires. La décoction miellée de Bourrache, 50 grammes de plante par litre d'eau, facilite l'expectoration, calme les ardeurs d'urine. On l'administre avec succès dans les fièvres ardentes et bilieuses, les embarras du foie, les affections fébriles éruptives, les maladies lentes de la peau, le typhus, la variole. La bourrache est d'un emploi très populaire. On sert ses jolies fleurs en salade avec celles de la capucine. Les abeilles recherchent avidement les fleurs de bourrache.

BOURSE A PASTEUR

*Molette, Mille-Fleurs, Bourse à berger,
Moutarde sauvage, Capselle.*

Les anciens en faisaient beaucoup de cas dans le traitement de l'hémoptisie ou crachement de sang, et dans l'hématurie ou pissement de sang. Elle est encore en usage. Une poignée d'herbe pour un kilogramme d'eau. C'est un astringent.

On l'emploie aussi, en cataplasme, contre les panaris.

BRUNELLE

*Brunette, Bonnette, Prunelle, Charbonnière, Herbe aux
charpentiers, Petite consoude.*

Cette plante, très commune, est peu productive dans les prés ; mais elle contribue à aromatiser le fourrage. Ses fleurs sont recherchées par les abeilles.

Elle est considérée comme vulnéraire. On emploie les feuilles pilées et appliquées en cataplasme contre les furoncles, les clous, le charbon. Les feuilles de brunette, mangées en salade pendant une quinzaine de jours, procurent beaucoup de soulagement dans les douleurs hémorroïdales.

BRUYÈRE

Bruyère commune, Brumelle, Brumaille.

Ses fleurs fournissent aux abeilles un miel abondant. Elle sert quelquefois, dans le midi de la

France, en guise de houblon pour aromatiser la bière. Dans le Nord, on l'utilise pour le tannage dès peaux. On en fait de la litière et des balais grossiers. Elle passe pour diurétique ; on lui attribuait même, jadis, la propriété de dissoudre les calculs de la vessie.

On conseille aux paralytiques, aux goutteux, aux rhumatisants les bains de bruyère commune, pour donner du ton au système musculaire, sinon pour les guérir tout au moins pour leur procurer du soulagement.

BRYONE

Couleuvrée, Vigne du diable, Navet du diable, Brioine, Vigne blanche, Racine vierge, Colubrine, Feu ardent, Navet galant, Mors du diable, Herbe aux femmes battues.

La racine de Bryone jouit depuis un temps immémorial d'une grande renommée. Elle peut fournir toutes les espèces de purgatifs, depuis le minoratif jusqu'au drastique ; elle produit des selles abondantes, sans provoquer d'irritation intestinale. Toutefois, à trop haute dose c'est un poison. On l'administre, en poudre, à la dose de 3 grammes ou en décoction dans du vin blanc, ou de l'eau, à la dose de 20 grammes par litre.

On l'administre aux animaux avec non moins de succès ; la dose pour un bœuf est de 60 grammes, en décoction.

Elle rend des services dans les affections catarrhales, de la poitrine, l'asthme humide, le début de la coqueluche. Comme diaphorétique, elle convient dans le rhumatisme après la cessation des accidents aigus. Elle est très employée, en lavement, à la campagne, pour faire passer le lait des nourrices. On l'a indiquée pour combattre l'épilepsie. Comme rubéfiante, elle peut, à l'occasion, remplacer la moutarde. On extrait aussi de la racine de Bryone une fécule fine et blanche, susceptible de fournir un excellent aliment, capable de remplacer le sagou. Les graines fournissent une bonne huile pour l'éclairage. La racine de Bryona-Tayuya est très employée par les nègres du Brésil dans le traitement de la syphilis invétérée.

En raison des jets nombreux qu'elle pousse, cette plante est très propre à garnir les berceaux et les treillages.

BUGLE

Petite consoude, Herbe de Saint-Laurent.

Cette plante a joui jadis d'une énorme réputation pour ses propriétés médicinales.

> Qui a la Bugle, la Sauge et la Sanicle.
> Au médecin fait la nique. (Ecole de Salerne.)

Elle passait pour efficace dans le traitement des plaies, des contusions ; elle entrait dans la composition de l'eau d'arquebusade.

Elle n'est guère plus usitée que dans les maux de gorge, en gargarisme, avec ses feuilles et ses sommités fleuries.

BUGLOSSE

Buglosse d'Italie, Langue de bœuf.

La plus frappante analogie rapproche la Buglosse de la bourrache; toutes deux sont imprégnées d'un suc visqueux très abondant; toutes deux recèlent une forte proportion de nitre. Ses fleurs passent, comme celles de la bourrache, comme pectorales et sudorifiques. La racine est émolliente comme celle de guimauve. On la dit abortive. On a vu des poitrinaires soulagés par la racine de buglosse confite au sucre.

La fleur sert à la peinture. Les feuilles bouillies dans l'eau avec de l'alun donnent une belle couleur verte. La plante entière sert à la nourriture du bétail.

BUIS

Les anciens connaissaient le Buis et l'ont mentionné dans leurs écrits comme un arbrisseau intéressant par la dureté de son bois, par sa longue durée et par ses usages. On en fabrique des peignes, des ustensiles à vis, des instruments de musique, des cuillers et des fourchettes, des toupies, des tabatières. On grave sur le buis susceptible d'un beau poli, on y dessine à l'eau-forte des portraits, des petits tableaux; c'est le plus inaltérable et le plus pesant de nos bois d'Europe, le seul qui se précipite au fond de l'eau.

L'odeur assez désagréable de cet arbrisseau, devient surtout plus sensible dans les temps pluvieux. Les feuilles, ainsi que les autres parties, ont une saveur amère et vireuse.

On attribue à la lessive du buis la propriété de rendre les cheveux roux, et non-seulement la vertu de faire repousser les cheveux, mais encore de rendre velues les surfaces du corps naturellement glabres.

Les feuilles réduites en poudre et prises à la dose de 2 grammes produisent des déjections alvines très copieuses ; leur décoction est un purgatif modéré. On vante l'efficacité de cette boisson dans la pleurésie, l'hémoptysie, la fièvre catarrhale et intermittente, la goutte, le rhumatisme, la syphilis. On en fait bouillir une poignée pendant une heure dans deux litres d'eau environ. La racine de buis râpée, à la dose de 50 grammes en décoction dans un litre d'eau, est un bon sudorifique dont les effets sont comparables à ceux du gaïac dans les affections rhumatismales et les engorgements d'articulations.

Les feuilles et la sciure de buis sont souvent substituées au houblon dans la fabrication de la bière. Cette bière ainsi falsifiée est trouble, plus colorée, nauséeuse, bien différente de l'amertume franche de la bonne bière.

BUPLÈVRE

Perce-feuille, Oreille de souris ou de lièvre.

Les feuilles mâchées impriment sur la langue un sentiment d'âpreté; cuites dans le vinaigre et appliquées chaudes sur les ganglions, elles dissipent les tumeurs rebelles. C'est un excellent vulnéraire, un astringent efficace.

BUSSEROLE

Raisin d'ours, Bousserole, Buxerolle, Arbousier traînant, Petit-buis, Olonier, Arbre aux fraises.

C'est dans les feuilles surtout que réside le principe médicamenteux. Leur décoction, 30 grammes par litre d'eau, donne d'heureux effets dans les stranguries et les coliques néphritiques produites par des graviers. Elle guérit souvent les difficultés d'uriner, accompagnées de catarrhe de la vessie. L'astringence très prononcée de la Busserole la fait employer avec avantage dans les diarrhées, les leucorrhées anciennes. Les fruits, appelés arbouses, assez semblables à des fraises, plaisent beaucoup aux oiseaux; ils sont aussi pour les paysans russes, les Lévantins, les Espagnols, un aliment agréable. Les populations de la côte occidentale de l'Adriatique font avec ces fruits une eau-de-vie agréable. Les Arabes les regardent comme antidiarrhéique. L'alcoolat d'arbouses est la base de la liqueur oued-Allah. Les feuilles et les rameaux servent au tannage des peaux et à la teinture des laines. Enfin on trouve près du collet de la racine une cochenille qui offre tous les caractères de celle de Pologne.

BUTOME

Jonc fleuri, Flutcau.

Jolie et élégante plante qui croît sur le bord de nos étangs, de nos rivières et sert à décorer les bassins de nos jardins.

En Russie, notamment à Arkhangel, on mange la racine comme nous mangeons les navets.

Les feuilles passent pour diurétiques et apéritives. Décoction, 30 grammes pour 1 kilogramme d'eau.

Ses feuilles font saigner la langue des bœufs qui les broutent.

CACAO

C'est à ses graines que le cacaoyer ou cacaotier doit sa brillante et juste renommée; ce sont elles qui portent spécialement le nom de Cacao. Les différences qu'on remarque dans la forme, la couleur, la substance et le goût de ses graines ou amandes, proviennent de l'exposition et de la fécondité des terrains, du mode de culture, du soin qu'on apporte à la dessiccation, enfin de l'attention qu'on met dans le triage. Les principales variétés sont désignées par leur nom d'origine. Le cacao

6

caraque qui provient du Venezuela, de Caracas, ressemble par le volume et la figure à une de nos grosses fèves et occupe le premier rang. L'amande du cacào berbiche est plus courte, arrondie et très onctueuse; celle du cacao de Surinam est plus allongée; le cacao des îles a l'écorce plus épaisse, l'amande plus petite et plus aplatie. On la cultive à la Martinique et à Saint-Domingue.

Pour enlever à ces amandes la saveur âcre qui leur est naturelle, on les enfouit sous terre pendant un mois environ, puis on livre au commerce le cacao ainsi terré.

Le cacao brûlé à la manière du café, criblé, pilé, réduit en pâte, mélangé avec la quantité de sucre nécessaire, puis distribué encore chaud dans des moules de fer-blanc, prend le nom de chocolat. On ajoute à la pâte de cacao un peu de vanille pour rendre sa saveur plus agréable et sa digestion plus facile.

Plusieurs personnes digèrent très bien le chocolat sec, le digèrent mal lorsqu'il a bouilli dans l'eau; ce dernier passe très bien chez d'autres personnes qui ne peuvent le supporter mélangé avec du lait.

On a beaucoup écrit sur les propriétés hygiéniques et médicinales du chocolat; il tient, en effet, le premier rang, parmi les stomachiques; il produit réellement des merveilles lorsqu'il est bien pur. Il est offert sous forme de tablettes, de pastilles, de glaces, de crèmes. Additionné de la mousse de Corse, du semen-contra ou de la santo-line, il devient anthelmintique.

Le beurre de cacao regardé par certains théra-peutistes comme éminemment doué de vertus béchiques, lubrifiantes, est borné par d'autres à l'usage extérieur. On l'emploie à titre de calmant, d'adoucissant, dans les brûlures, les rhumatismes, les éruptions âcres, les gerçures des lèvres, des seins, des parties génitales. On en forme des suppositoires fort utiles dans les hémorroïdes internes, dans la constipation ; introduits dans le vagin et dans la matrice, ils modèrent l'irritation de ces organes.

Le beurre de cacao est la meilleure et la plus naturelle de toutes les pommades dont les dames, qui ont le teint sec, puissent se servir pour le rendre doux et poli, sans qu'il y paraisse rien de gras ni de luisant. Si on voulait rétablir l'ancienne et très salutaire coutume qu'avaient les Grecs et les Romains de se frotter d'huile pour donner de la souplesse aux muscles et les garantir de rhuma-tismes, il faudrait choisir l'huile de cacao qui sèche promptement et n'exhale point de mauvaise odeur.

CACHOU

La dénomination de terre du Japon, donnée au Cachou est doublement erronée, puisque le cachou n'est pas une substance minérale et ne se prépare point au Japon.

L'arbre qui fournit le cachou est un acacia originaire des Indes-Orientales. Il nous vient du Bengale en morceaux ou pains aplatis, formés de couches de diverses nuances, depuis la teinte roussâtre jusqu'au brun foncé; il contient souvent des parcelles de sable et d'argile, provenant des détritus des vases ou ajoutées par la cupidité. Pour l'obtenir pur, on le dissout dans l'eau bouillante, on filtre et après l'évaporation on a l'extrait de cachou. Les médecins lui reconnaissent une propriété tonique et astringente; ils l'administrent avec succès dans les flux diarrhéiques et dysentériques invétérés, dans l'hématurie. L'infusion de cachou, prise en boisson ou injectée par l'anus peut, sans contredit, calmer les accidents de certaines coliques et notamment celles des peintres. Cette substance est employée pour fortifier l'appareil gastrique; il diminue l'expectoration, la toux, la fièvre, dans les maladies de poitrine. Les inflammations des muqueuses buccale, pharyngienne, les aphtes, la mollesse des gencives provenant d'un état scorbutique, sont modifiées ou guéries par son usage.

Le cachou de Bologne corrige la mauvaise odeur de l'haleine. Le cachou entre dans une foule de compositions pharmaceutiques. Il est très employé pour la teinture des étoffes. L'industrie des toiles peintes est celle qui en consomme le plus ; on l'utilise aussi pour le tannage.

CAFÉ

Fève de l'Yémen ou de Moka.

Le fruit du Caféier est une baie grosse comme une cerise, rouge comme elle et même plus foncée lorsqu'elle est parvenue à sa maturité. Cette baie renferme une pulpe glaireuse, deux coques minces, étroitement unies, dans chaque enveloppe une graine entourée d'une tunique propre et qui porte le nom de café.

Le café, originaire de la Haute-Ethiopie où il est encore cultivé avec succès, nous vient de l'Arabie (Moka), du Brésil, de l'Ile-Bourbon, de la Martinique, de la Guadeloupe, de Saint-Domingue, etc.

Le café fournit un principe aromatique, une huile essentielle, du mucilage, une matière extractive colorante, de la résine, une petite quantité d'albumine, un acide astringent qui se rapproche beaucoup de l'acide gallique. Le grillage modifie la proportion de ces principes, il change leur nature et développe une huile empyreumatique amère.

Les Orientaux prennent du café toute la journée ; ils le font épais et le boivent chaud dans de petites tasses, sans lait ni sucre.

La fève du café torréfiée, réduite en poudre et

infusée à l'eau bouillante, est la préparation la plus généralement usitée.

Pris avec modération, le café détermine une sensation agréable de chaleur dans l'estomac dont il favorise les fonctions ; il excite en même temps l'action de l'organisme entier, surtout du cœur et du cerveau ; il est en général favorable au travail intellectuel. Il calme les céphalalgies gastriques ; il combat la somnolence, l'état apoplectique, l'hémorragie cérébrale ; il empêche le coma. On le prescrit avec succès contre l'asthme, la diarrhée.

Mélangé avec les glands doux d'Espagne torréfiés, il prend le nom de café de glands doux ; il est stomachique et moins excitant que le vrai café. On mélange aussi le café avec la poudre de chicorée ; la poudre de chicorée est un succédané du café. Ce mélange est fait soit dans un but économique, soit en vue d'ôter à la fève exotique ce qu'on croit nuisible à certains tempéraments, soit en vue de la falsification.

Mélangé avec de l'eau, le café donne un breuvage des plus toniques et des plus rafraîchissants. Dans ces conditions, on le désigne généralement sous le titre de Mazagran.

CAILLE-LAIT

Gaillet, Caille-lait jaune.

Plusieurs espèces du genre sont appelées Caillelait, parce qu'elles possèdent la propriété de faire cailler le lait. En Angleterre, on mêle les sommités fleuries du caille-lait jaune avec la présure pour lui donner une coloration et une saveur particulières. Elles fournissent un fourrage de bonne qualité ; elles sont considérées, en quelques contrées, comme sudorifiques, antipsoriques, antispasmodiques et astringentes.

CALAMENT

Cette plante possède les mêmes vertus que les autres labiées aromatiques, telles que la menthe, la mélisse. Placée sur la peau, elle produit une vive irritation. Elle est en usage, en Provence, contre le rhumatisme.

CALAGUALA

La racine de cette fougère, qui croît à l'Ile-Maurice, aux Antilles, au Brésil, au Pérou, est regardée comme un excellent sudorifique, propre à dissiper le rhumatisme, la goutte et même la syphilis.. Elle est en usage surtout en Espagne, au Portugal et en Amérique.

CAMÉLÉE

Toutes les parties de la Camélée ont une saveur âcre et brûlante ; elles sont violemment purgatives. Elles enflamment vivement la peau ; les feuilles, appliquées en cataplasme, sont un des meilleurs rubéfiants que l'on connaisse. On l'emploie dans l'apoplexie, la paralysie, certaines vésanies et surtout l'hydropisie.

CAMELINE

Sésame d'Allemagne, Camomen, Camomille de Picardie.

Dans plusieurs départements de la France et surtout dans ceux de la Somme et du Pas-de-Calais, on cultive la Cameline sous le nom vulgaire de camomen. On peut la rouir, la filer et tirer également l'huile de sa graine. Cette huile, appelée improprement huile de camomille, est comestible. Destinée surtout à l'éclairage, elle a moins d'odeur que l'huile de colza et ne donne pas beaucoup de fumée. On l'emploie aussi dans la peinture et pour la fabrication du savon. Elle est prescrite par les médecins à l'intérieur comme relâchante dans la constipation et à l'extérieur pour adoucir, amollir et faire disparaître les aspérités, les gerçures et les brûlures. Un cataplasme fait avec la plante entière, a plus d'une fois calmé des inflammations locales assez graves.

CAMOMILLE

Camomille romaine, Camomille noble, Camomille odorante, Anthémis odorante.

La Camomille romaine est l'espèce vendue dans les pharmacies. Il s'exhale de ses fleurs un arôme pénétrant qui plaît à l'odorat; leur saveur est chaude et amère. L'analyse chimique en retire un principe gommo-résineux, du tannin, du camphre et par la distillation, une huile d'un beau bleu.

La fleur incomplètement épanouie vaut mieux que celle qui l'est tout à fait. La matière médicale possède bien peu de substances dont les vertus soient plus efficaces et plus variées que celles des fleurs de camomille; elles stimulent sans irriter; elles relèvent et soutiennent le ton des organes sans produire d'éréthisme; elles sont la consolation des hypocondriaques, des hystériques, de tous ceux dont les forces digestives languissent. Elles facilitent et régularisent l'écoulement des menstrues. Des guérisons nombreuses attestent les propriétés fébrifuges et antiseptiques de cette plante. L'infusion simple ou vineuse des fleurs de camomille romaine, 10 grammes pour un demi-litre, est très heureusement employée dans les fièvres intermittentes, les indigestions. Réduites en poudre, elles se donnent à la même dose et de la même manière que le quinquina dont elles sont un des meilleurs succédanés indigènes. On en obtient les meilleurs résultats dans les fièvres muqueuses. On prépare une eau distillée, une huile fixe, une huile volatile, un extrait, un sirop de camomille; on réduit les fleurs ou la plante entière en cataplasme que l'on applique tantôt sur des tumeurs douloureuses, notamment sur les hémorroïdes, tantôt sur le sein des femmes en couche qui ne veulent pas ou ne peuvent remplir le devoir sacré de mère. On a vanté cette plante comme cicatrisant, en applications sur les plaies récentes, les brûlures, les coupures. Enfin, l'anthémise odorante constitue la base de plusieurs médications tant internes qu'externes, lotions, fomentations, pédiluves, bains, électuaires, pilules, etc.

La camomille des champs est quelquefois confondue avec la matricaire à laquelle on la substitue souvent.

La camomille puante ou maroute ne doit qu'à son odeur repoussante l'injuste oubli auquel on l'a condamnée. Elle produit les meilleurs effets sur les femmes hystériques. On l'a ordonnée avec succès, à forte dose, contre des fièvres intermittentes rebelles au quinquina et contre les scrofules. La poudre de ses capitules est un insecticide très efficace.

La camomille des teinturiers, camomille jaune ou œil-de-bœuf, donne une couleur jaune. L'infusion de ses fleurs a réussi dans le catarrhe pulmonaire, l'hypocondrie et les fièvres tierces vernales.

CAMPÊCHE

Bois d'Inac, Bois des Iles, Bois de Campêche, Bois de Nicaragua, Bois de sang.

Dépouillé de son aubier, le bois de campêche est très recherché pour la teinture; il fournit par l'ébullition une belle teinte rouge. Susceptible aussi d'un beau poli, il est très employé par les ébénistes. Par la simple infusion dans l'eau, il donne une couleur d'un très beau noir, laquelle mêlée avec des gommes peut tenir lieu d'encre à écrire. L'écorce de bouleau possède le précieux avantage de fixer et d'aviver à la fois la couleur communiquée aux étoffes par le bois de campêche.

Le bois de campêche renferme une certaine quantité d'acide gallique, sa décoction est astringente, aussi est-elle en usage dans les diarrhées, les dysenteries et les fièvres putrides.

CAMPHRÉE

Ainsi nommée parce qu'elle a une forte odeur de camphre. Cette plante est commune dans le midi de la France. L'arôme pénétrant qui s'exhale de la camphrée sauvage, froissée entre les doigts, n'existe plus dans celle de nos jardins. Vainement chercherait-on dans cette dernière la saveur piquante qui distingue la camphrée des environs de Montpellier. On l'emploie avec succès dans l'asthme pituiteux et dans la plupart des autres affections du poumon. Elle n'est pas moins utile dans la coqueluche, les métastases goutteuses, les obstructions récentes des organes abdominaux et dans la menstruation supprimée ou insuffisante. Elle facilite, augmente le cours des urines ; infusée dans le vin, elle détermine les sueurs ; elle est un secours précieux dans les hydropisies, spécialement dans l'anasarque ; elle modère les diarrhées, les dysenteries ; elle est un bon auxiliaire dans le rhumatisme chronique, les dartres et généralement dans les altérations qui ont pour cause une débilité générale. On verse 500 grammes d'eau bouillante sur 10 grammes de feuilles et de sommités de camphrée, ou bien on les fait macérer dans une égale quantité de vin blanc.

CAMPHRIER, CAMPHRE

Deux arbres différents, le camphrier du Japon et le camphrier de Bornéo, fournissent le camphre. Le camphre de Bornéo n'arrive pas en Europe, à cause de son prix élevé et son emploi presque en entier dans l'Archipel indien. Le laurier camphrier, camphrier du Japon ou de Chine, fournit le camphre usité en médecine et dans l'industrie. On retire aussi du camphre des lauracées, de l'anis, de l'aunée, de la valériane, de la lavande, de la matricaire, etc.

Appliqué sur la peau, le camphre pulvérisé cause une sensibilité de fraîcheur ; sur les parties dénudées ou les muqueuses, il détermine une vive irritation ou une ulcération. A l'intérieur, pris à une dose assez élevée, il détermine de la céphalalgie, de l'exaltation, un ralentissement de la circulation, de la syncope, et à forte dose, 10 à 12 grammes, il produit la paralysie de la sensibilité de la vessie, un affaiblissement général et la mort. Ses propriétés anaphrodisiaques ne sont pas douteuses. A dose médicamenteuse, c'est un excitant du cerveau, il produit une action sédative. On l'administre à l'intérieur dans les fièvres putrides, malignes et intermittentes, l'hystérie, la chorée, le priapisme et la nymphomanie. A l'extérieur, il est employé sous forme de poudre ou en dissolution dans l'alcool, l'huile, en pommade, etc., contre les ulcères de mauvaise nature, les entorses, les ecchymoses, les névralgies, dans le traitement des gangrènes, du charbon, la variole noire, le typhus, la peste, à cause de ses propriétés antiseptiques. Raspail avait peut-être exagéré ses vertus, mais sa méthode n'en est pas moins usitée, de nos jours, chez un grand nombre de personnes.

Parmi les préparations nombreuses et consacrées par l'usage, on cite : la poudre, les cigarettes de Raspail, l'eau camphrée, l'alcool camphrée (150 grammes pour 500 grammes d'alcool à 95°) ; la pommade camphrée (500 grammes de graisse de porc, 100 grammes de cire blanche fondue à une douce chaleur et qu'on mélange avec 150 grammes de camphre en poudre et qu'on laisse refroidir) ; l'huile camphrée (900 grammes d'huile d'olives, qu'on fait fondre doucement avec 100 grammes de camphre).

Le camphre entre dans la composition du vinaigre des quatre voleurs.

7

CANNELLE

Elle est surtout employée comme condiment ; elle flatte à la fois le sens du goût et celui de l'odorat ; elle a une saveur d'abord sucrée qui devient bientôt piquante et très aromatique ; sa cassure est fibreuse (c'est un caractère très important pour la qualité). La cannelle est l'écorce du Laurier cannelier ou Laurus cinnamomum. Elle comprend plusieurs variétés, parmi lesquelles on distingue :

1° La cannelle de Ceylan, en tuyaux minces emboîtés les uns dans les autres. Son odeur est très suave ; c'est la meilleure ;

2° Celle de Chine ; écorces épaisses. Elle se vend dans toutes les épiceries ;

3° La cannelle blanche, employée seulement dans les pharmacies et par quelques liquoristes ; rare. Cet aromate est peut-être celui de tous les exotiques qui soit le plus ami de l'homme : il rétablit les forces vitales, ranime le système nerveux, fortifie l'estomac, dissipe les flatuosités, excite l'action de l'appareil dermoïde, calme le vomissement et apaise les diarrhées. On a parfois recours à l'eau de cannelle, dans les accouchements, pour réveiller l'irritabilité de l'utérus frappé d'inertie par les labeurs de l'enfantement et faciliter par ce moyen l'expulsion du placenta.

Cette écorce en poudre mélangée, à la dose

de 5 grammes, à 25 grammes de celle de quinquina, est d'une grande efficacité dans les fièvres périodiques entretenues par la funeste influence d'un climat froid et humide. On a pareillement à s'en louer unie à la rhubarbe, au cachou, à la limaille de fer, dans des leucorrhées opiniâtres. La cannelle entre dans une foule de préparations pharmaceutiques; elle est aussi utilisée dans la parfumerie.

CAOUTCHOUC

Hévé, Médicinier élastique, Gomme élastique.

Le Caoutchouc nous arrive de l'Amérique méridionale, de la Guyane, du Para, complètement desséché. La qualité dite Para est la meilleure. C'est le suc des vaisseaux lactifères de différents figuiers, *ficus elastica*. On retrouve cette même substance dans le suc laiteux des euphorbes vulgaires et dans celui de certaines solanées.

Livré à l'industrie, le caoutchouc sert à rendre imperméables, sous forme d'enduit, certaines étoffes. On se sert aussi de son imperméabilité pour confectionner des alèzes, des urinoirs, des chaussures, des bonnets pour la réfrigération de la tête et pour les bains. Son élasticité a été utilisée pour fabriquer des ceintures, des bandages, des anneaux, des canules, des sondes, des genouillières, des bas, des vessies, des ballons, des bouts de sein, des coussins. On en confectionne des dentiers. On l'applique aux roues des bicyclettes, des voitures. Il est aussi utilisé pour le blindage des navires.

CAPILLAIRE

Adiante, Cheveux de Vénus, Capillaire de Montpellier.

Son infusion édulcorée forme une boisson que les médecins prescrivent dans les affections pulmonaires, telles que les rhumes, les catarrhes, la bronchite. Une pincée pour deux verres d'eau bouillante. Cette tisane provoque la sueur, calme la sécheresse de la gorge ; on l'emploie aussi dans les maladies des voies urinaires. L'Adiante est administrée sous forme de sirop, dans les rhumes, la toux sèche, les douleurs de poitrine ; il facilite l'expectoration. Il existe plusieurs sortes de capillaires : celui de Montpellier, qui est le plus répandu ; celui du Canada et le capillaire indigène. Ils ont les mêmes propriétés.

CAPRIER

Les fleurs ou boutons du Câprier, appelés câpres, confits dans le vinaigre, donnent un assaisonnement qui convient aux estomacs faibles, aux personnes d'une constitution molle et chargées d'embonpoint ; ils facilitent la digestion chez ces individus et la retarderaient plutôt chez les personnes délicates, nerveuses, impressionnables.

On a vanté les câpres pour fondre les obstructions abdominales et surtout celles de la rate.

Leur usage, joint à celui de l'eau des forgerons, a dissipé une induration splénique qui, pendant sept ans, avait éludé les autres secours de l'art. Cette faculté désobstruante, attribuée aux boutons du Câprier, se retrouve plus puissante, plus énergique encore dans l'écorce de sa racine, qui est une des cinq apéritives mineures. Un médecin genevois, le docteur Tronchin, la regardait comme un des meilleurs antihypocondriaques.

Le vinaigre dans lequel on fait macérer les câpres a longtemps passé pour un bon résolutif, pour un astreingent précieux.

CAPUCINE

Cresson d'Inde, Cresson du Pérou, Cresson du Mexique.

Toute la planche fraîche et spécialement les fleurs, ont une saveur, une odeur et des propriétés analogues à celles du cresson. Elles sont stimulantes et utilisées avec avantage dans les scrofules et le scorbut. Le suc exprimé des feuilles de Capucine a produit les meilleurs effets dans le traitement de plusieurs bronchites.

Les fleurs de Capucine servent à orner les salades et à en relever le goût. On confit au vinaigre les jeunes boutons, et les fruits verts comme ceux du Câprier, qu'ils peuvent remplacer.

Dans les beaux jours d'été, vers le crépuscule du soir, au mois de juillet surtout, il sort des fleurs de la Capucine une lumière vive comme l'éclair. On attribue ces petits éclairs à une production de phosphore dont cette fleur renferme une notable quantité et qui brûle à mesure qu'il se forme.

CARDAMINE

Cresson sauvage, Cresson ou cressonnette des prés,
Cresson élégant, Passerage sauvage.

Des traits frappants de ressemblance rapprochent et confondent, pour ainsi dire, la Cardamine avec le cresson. Ses feuilles peuvent servir aux mêmes usages, mais elles sont rarement employées ; elles offrent la même odeur et la saveur piquante qui plaît dans cette crucifère. Quelques médecins les ordonnent pour calmer les douleurs de la goutte, comme antispasmodiques, comme dépuratifs et antiscorbutiques.

CARLINE

Chardon doré, Chardousse, Chardonnette, Loque.

Les réceptacles de la Carline se mangent comme ceux d'artichauts, auxquels ils ne sont point inférieurs en bon goût. Ses fleurs s'épanouissant par un temps sec et se fermant lorsque l'atmosphère est humide, sont un hydromètre naturel ; desséchées, elles caillent assez bien le lait comme la plupart des chardons.

La Carline avait une grande réputation contre les maladies pestilentielles.

L'infusion vineuse de Carline s'est montrée

utile dans le rhumatisme, les dartres, la gale, l'anorexie, les flatuosités, la suppression des règles. La dose est de 15 à 20 grammes. Elle entrait dans plusieurs préparations pharmaceutiques.

CAROTTE

La carotte cultivée est employée comme aliment et comme médicament. Ses propriétés médicinales ont peut-être été exaltées. C'est un remède populaire contre la jaunisse. Prise seule, comme nourriture, elle guérit le carreau. Le suc de cette racine est utile dans certaines dysenteries; on applique sa pulpe fraîchement râpée sur les brûlures; on l'emploie sous forme de cataplasmes pour la guérison des ulcères putrides, scrofuleux, cancéreux et en topique, contre l'éléphantiasis. Son suc ajouté à l'eau, est aussi employé avec succès dans les extinctions de voix, les toux opiniâtres, l'asthme. Son infusion théiforme est une boisson stimulante dont les Anglais font un usage fréquent. On la considère comme carminative et diurétique. La racine, en décoction, a quelquefois produit de bons effets dans l'anasarque.

La Carotte jaune est un légume des plus agréables et des plus salubres; elle se mange seule, parfume et assaisonne les autres aliments.

Dans plusieurs pays, on rôtit la racine de Carotte pour la mêler au café. Le jus de ces racines est aussi employé à colorer artificiellement le beurre

Cette plante fournit aux bestiaux une nourriture abondante et substantielle ; elle les engraisse, les maintient en santé et les rétablit promptement après la maladie. Le lait des vaches en est augmenté et rendu meilleur, ainsi que le beurre.

Les fruits de la Carotte sauvage sont aromatiques ; leur essence est employée en parfumerie.

CAROUBIER

Les fruits, nommés Carouges et Caroubes, ont une pulpe comestible, mais amère et astringente. Cette pulpe est administrée comme béchique et on prétend avoir guéri, par ce moyen, des toux opiniâtres. Elle entre dans le sirop diacode. Ses graines, torréfiées avec soin, donnent une espèce de café assez agréable.

Toutes les parties du Caroubier sont utiles. Son bois, très dur, veiné d'un beau rouge foncé, est propre aux ouvrages de menuiserie et de marqueterie. Les feuilles et l'écorce servent au tannage.

Les Egyptiens extraient des gouttes du Caroubier une sorte de miel et les emploient pour confire les tamarins et les myrobolans ; ces gouttes, mêlées avec la racine de réglisse, le raisin sec et autres fruits, forment la base des sorbets dont les Musulmans font un usage journalier.

CARRAGÉEN ou CARRAGAHEEN

Mousse d'Islande, Mousse perlée.

C'est une espèce de varech dont on tire un mucilage émollient et analeptique. On en fait des tisanes, des gelées, des sirops, qui sont utilisés avec avantage dans les affections de la poitrine, les maladies des voies aériennes, la dysenterie, la diarrhée.

CARTHAME

Safran bâtard ou d'Allemagne.

Peu usitées en médecine, les semences de Carthame nourrissent et engraissent la volaille ; on les appelle vulgairement graines de perroquet, parce que ces oiseaux en sont très friands.

Sa fleur fournit deux principes colorants : l'un, jaune, est rejeté comme inutile ; l'autre, rouge, communique aux étoffes de soie, de laine et de coton, les couleurs rose, cerise et ponceau, qui ne sont point solides.

On retire aussi de ces fleurs une fécule ou laque, employée dans la peinture et surtout dans l'art cosmétique. Elles servent, en Algérie, à composer un fard pour les Mauresques, sous le nom de rouge végétal.

Les feuilles de Carthame coagulent le lait ; les Egyptiens s'en servent pour la fabrication de leurs fromages.

7*

Le Carthame laineux, chardon bénit des Parisiens, chardon à quenouilles des Anglais, révèle des propriétés médicamenteuses. Aussi, est-elle souvent prescrite comme diaphorétique, fébrifuge et anthelmintique.

CARVI

Cumin des prés.

Sa racine se mange, surtout dans le Nord, soit crue, en guise de salade, soit cuite et apprêtée comme les autres racines potagères. Les paysans suédois et allemands assaisonnent avec les graines leurs soupes, leurs ragoûts, leur pain et leur fromage. On s'en sert aussi pour aromatiser l'alcool et elles entrent dans la composition de plusieurs liqueurs.

L'huile volatile qu'on extrait de ses fruits a une odeur suave ; on l'utilise comme assaisonnement et on l'administre contre les coliques.

On recommande aux personnes dont l'estomac ne remplit pas convenablement ses fonctions, des tartines de beurre soupoudrées de carvi, de gingembre et de sel.

On a exalté les vertus galactopoétiques, emménagogues, carminatives et aphrodisiaques du Carvi.

CASCARA SAGRADA

La Cascara sagrada (écorce sacrée) est fournie par un arbuste originaire des côtes de l'océan

Pacifique. On prescrit cette écorce sous diverses formes pharmaceutiques, comme purgative et comme remède efficace contre la constipation chronique.

CASCARILLE

Chacrille, Croton cascarille ou à feuille de chalef,
Ecorce éleuthérienne, Quinquina aromatique.

Une odeur agréable s'exhale de toutes les parties du Cascarillier. On prépare avec les feuilles une boisson qui flatte le goût et l'odorat et dont les habitants de Saint-Domingue font usage sous le nom de thé du Port de Paix.

L'écorce de cet arbuste, appelée Cascarille, jouit depuis longtemps d'une grande renommée. Elle est préconisée dans les fièvres intermittentes. Elle n'est pas la rivale du quinquina, mais elle conserve un rang distingué dans la même classe. C'est un tonique utile dans les cachexies, les affections muqueuses, les diarrhées rebelles, les dysenteries chroniques. Elle arrête le vomissement.

La meilleure manière de l'administrer consiste à la mêler au quinquina dont elle augmente l'efficacité. On la joint aussi à la rhubarbe. Cette écorce fumée avec le tabac, en corrige l'odeur vireuse et narcotique.

CASSE

Cassier-Canéficier.

Originaire de l'Egypte et des Indes orientales,

le Canéficier a été transporté dans le Nouveau-Monde où sa culture a parfaitement réussi.

La pulpe de Casse est un des purgatifs les plus doux. On la prescrit avec sécurité dans les maladies des femmes enceintes et des enfants, dans les fièvres inflammatoires, les affections de poitrine, les douleurs rhumatismales et goutteuses, comme laxatives:

Les Egyptiens l'emploient dans les maladies des reins et de la vessie.

Les personnes dont le ventre est paresseux, la digestion pénible, se sont quelquefois assez bien trouvées d'une petite quantité de Casse prise avant le repas.

La pulpe de Casse est parfois appliquée sous forme de topique; elle fait la base d'un électuaire; elle entre dans certains clystères et dans divers médicaments composés.

CASSIS

Groseillier noir.

Le Cassis, à l'acide près qui s'y trouve en beaucoup plus petite quantité, contient les mêmes principes que les groseilles rouges; mais il renferme en plus une huile volatile, aromatique et amère qui se retrouve dans l'écorce et les autres parties de cet arbrisseau et qui donne à ce fruit l'arôme particulier qui le caractérise. C'est à l'action excitante que cette huile aromatique exerce sur nos organes que le Cassis doit les propriétés stomachiques qui ont été justement attribuées au ratafia et autres liqueurs qu'on en prépare. L'infusion à froid des feuilles de Cassis, à laquelle on ajoute un peu d'eau-de-vie, procure pendant les grandes chaleurs de l'été une boisson très rafraîchissante. On prépare aussi avec les feuilles de Cassis, toujours par infusion, un vin destiné à donner du ton à l'estomac. Faites infuser pendant vingt-quatre heures deux poignées de feuilles fraîches dans une bouteille remplie de vin blanc et bien bouchée. Les mêmes feuilles serviront pendant quinze jours, pourvu qu'elles soient recouvertes à mesure d'une nouvelle quantité de vin et que la bouteille séjourne dans un endroit frais.

Enfin, les feuilles de Cassis, écrasées sur les coupures, les panaris, les tumeurs qui affectent l'extrémité des doigts, calment la douleur et hâtent la guérison. Infusées dans du vin blanc, ces mêmes feuilles peuvent être appliquées sur des piqûres de guêpes, d'abeilles ou de moucherons.

CATAIRE

Chataire, Herbe aux chats, Menthe de chat.

La Cataire est amère, piquante, aromatique ; elle exhale une odeur moins suave que celle de la menthe dont elle se rapproche beaucoup. Les chats la recherchent avec empressement, ils se vautrent dessus, l'embrassent de mille manières, cherchent à s'imprégner de son parfum qui, dit-on, est pour eux très aphrodisiaque : aussi pour éloigner les rats des ruches à miel, il suffit d'y suspendre un paquet de Cataire.

Elle paraît convenir surtout dans les affections qui ont leur principale source dans l'utérus. Ses vertus contre la chlorose, l'hystérie, l'aménorrhée, sont établies sur de bonnes observations. On l'administre en infusion aqueuse ou vineuse, en fumigations, en fomentations, en pédiluves, en demi-bains, en injections, en lavements, en masticatoire. Les feuilles fraîches mâchées excitent une grande sécrétion de salive et peuvent ainsi soulager ou faire disparaître des maux de dents. Infusion : 25 gr. par litre d'eau ou de vin.

CÉLERI

Céleri à côtes, Ache douce, Eprault.

Le Céleri n'est pas autre chose que l'ache cultivée et convertie en plante potagère.

Mangé souvent cuit, le Céleri constitue un excellent remède contre le rhumatisme. L'eau dans lequel il a cuit doit être absorbée par le malade. Le mal cède promptement à ce régime.

Il a la réputation d'être aphrodisiaque. Le jus de la tige est employé, comme topique, sur les yeux, dans les cas d'ophthalmies.

Les résidus du Céleri sont mangés avidement par les bestiaux.

CENTAURÉE

Grande centaurée, Herbe au centaure, Herbe à chiron,
Herbe à la fièvre.

La racine de grande Centaurée, douée d'une grande amertume, a joui chez les anciens d'une réputation bien usurpée. Ils lui attribuaient des propriétés vulnéraires et fébrifuges. On l'administrait dans les obstructions viscérales cachectiques. Elle est un ingrédient de la poudre antiarthritique du prince de la Mirandole. On peut l'employer à titre d'amer, en infusion (30 gr. pour un demi-litre), dans le vin, pour exciter la membrane muqueuse de l'estomac et des intestins.

Diverses autres espèces de Centaurée jouissent d'une réputation plus étendue et mieux méritée que la grande.

1° La petite Centaurée, chironie, centaurelle, érythrée, fiel de terre, herbe à la fièvre, est une espèce de gentiane. Les sommités fleuries de la petite Centaurée donnent par infusion, 25 gr. pour 1 kilog. d'eau, un remède tonique, stomachique, fébrifuge et vermifuge. Elle est utilisée dans les fièvres intermittentes, muqueuses, comme adjuvant du quinquina. On l'a aussi vanté contre l'alopécie. Le canchalagua ou cachalouais, c'est-à-dire herbe à la pleurésie des Brésiliens, est l'érythrée ou petite Centaurée. Il est très employé au

Chili et au Pérou contre les fièvres, la pleurésie et la jaunisse.

2° La Centaurée des blés, autrement appelée bleuet ou bluet, barbeau, aubifoin, casse-lunettes. Répandu au milieu de nos moissons, le bleuet offre le plus agréable coup d'œil : on en tresse de jolies couronnes, de charmantes guirlandes. Elle renferme un principe légèrement astringent, ce qui la fait employer par certains empiriques comme un remède souverain, en collyre, pour éclairer la vue.

3° La Centaurée lanugineuse ou bénite, plus connue sous le nom de chardon-bénit, se distingue facilement des autres espèces. Toute la plante, douée d'une amertume bien prononcée, exerce sur l'estomac et le tube intestinal une action tonique qui se propage à tous les points de l'économie. On a constaté ses bons effets dans l'anorexie, la dyspepsie, l'ictère, les fièvres intermittentes. Elle est diurétique, vermifuge et fébrifuge. Dose : 50 gr. de plante par litre d'eau ou de vin. Elle agit favorablement dans les troubles de la menstruation.

Elle pourrait servir à la place du houblon dans la fabrication de la bière.

4° La Centaurée étoilée, Chardon étoilé, Chausse-trape, Pignerolle. Mentionnée dans les livres saints, la chausse-trape était employée par les Juifs pour assaisonner l'agneau pascal et les Arabes s'en servent encore pour le même objet. Ils mangent les jeunes et tendres pousses aux mois de février et de mars. La racine, les feuilles, les fleurs, possèdent des qualités diurétiques et fébrifuges. Les graines exercent une action très marquée sur l'appareil urinaire.

CENTINODE

Renouée, Traînasse, Traîne, Herbe des Saints-Innocents ou à cent nœuds, Aviculaire, Carrigiole, Herbe de pourceau, Sanguinaire, Herbe au panaris, Renouée des oiseaux.

Sa graine, dont les oiseaux se montrent très friands, lui a valu le nom d'Aviculaire. Les lapins et les cochons recherchent cette plante.

Les anciens lui accordaient un rang distingué parmi les astringents. Ils la regardaient comme un excellent vulnéraire, propre à dissiper les flux du ventre, et l'employaient spécialement dans l'hémoptisie ou crachement de sang. Elle est utilisée avec succès dans les diarrhées et sur la fin des dysenteries. Plusieurs médecins modernes prétendent avoir constaté ces vertus.

Quelques vétérinaires la donnent à titre de spécifique dans l'hématurie des vaches. Son suc sert à teindre les laines en jaune. Ses feuilles sont employées en Chine et au Japon pour teindre en bleu.

CERFEUIL

Dans son état de fraîcheur, le Cerfeuil exhale une odeur aromatique agréable ; il imprime sur la langue une saveur légèrement piquante. Il est cultivé dans tous les potagers pour les besoins de la cuisine. Peu de plantes sont plus amies de l'estomac; il semble convenir à tous les âges, à tous les tempéraments. Son emploi n'est pas borné à l'économie domestique; les médecins s'en servent avec succès dans les obstructions viscérales, dans les affections des voies urinaires et les affections cutanées; plusieurs ont vanté son efficacité dans l'hydropisie, dans l'ophthalmie; on prescrit son suc dans les affections légères du foie. Pilé et appliqué sur les mamelles, en forme de cataplasme, le Cerfeuil est un antilaiteux des plus énergiques, surtout si on l'unit aux feuilles d'aune.

Plusieurs animaux, notamment les lapins, sont très friands du Cerfeuil.

Sa ressemblance avec la petite ciguë a causé de nombreux empoisonnements.

Le Cerfeuil musqué, cerfeuil odorant, cerfeuil d'Espagne, se rapproche encore plus de l'anis que le Cerfeuil ordinaire. Ses feuilles fraîches sont un condiment très recherché des Suédois, tandis que les racines sont employées comme potagères par les Silésiens. Les feuilles sèches, fumées par des asthmatiques, leur ont procuré du soulagement.

Le Cerfeuil sauvage, persil d'âne, passe pour vénéneux.

CERISIER

Le type de presque toutes les espèces de Cerisiers connus est le merisier. Il existe trois plants principaux : le guignier, le bigarreautier et le griottier. Une variété, connue sous le nom de Cerisier de Montmorency, porte un fruit aussi beau que savoureux.

Les cerises sont en général salubres et agréables. Elles ont quelque chose de vineux, de sucré et d'acide, qui délecte et rafraîchit; elles sont amies de l'estomac, excitent l'appétit, favorisent l'évacuation de l'urine, tiennent le ventre libre. Elles conviennent à tous les tempéraments, modèrent la violence des fièvres inflammatoires, dissipent les embarras gastriques et les obstructions viscérales. L'infusion des queues de cerises calme les catarrhes pulmonaires; cette boisson est regardée comme diurétique énergique. Faire bouillir 40 grammes de queues de cerises dans un kilogramme d'eau.

On prépare avec les cerises un lob, un vin délicieux, un ratafia très recherché, des confitures délicates. On les met à l'eau-de-vie. Sèches, elles offrent dans toutes les saisons un aliment fort agréable.

C'est par la distillation du fruit du merisier noir qu'on obtient le kirschenwasser avec lequel se fait presque tout le marasquin du commerce.

Les usages économiques du Cerisier sont nombreux.

Le merisier a son bois plus serré, plus dur que le Cerisier ; il est recherché par les tourneurs, les ébénistes et surtout par les luthiers. Dans certains cantons de la France, on fait avec les branches des échalas et des cerceaux.

CHANVRE

Presque partout on cultive le Chanvre et presque partout il réussit à merveille. Les procédés de sa culture, de sa récolte et de sa préparation ont été décrits dans les traités généraux et spéciaux. La tige du Chanvre roui et dépouillé de la filasse qui constitue l'écorce, est appelée vulgairement chènevotte. Le Chanvre peigné est employé à fabriquer des cordages et des toiles pour les navires; il se transforme en tissus délicats dans la main de l'ouvrier industrieux qui en compose des fils et des toiles, dont la blancheur, la finesse et le moelleux le disputent aux étoffes de lin.

Toute la plante donne une odeur forte, désagréable, vireuse, narcotique. L'eau dans laquelle on la fait rouïr exhale des miasmes infects.

Les cardeurs de chanvre sont sujets à une toux continuelle, à l'asthme, à la phthisie.

L'infusion des feuilles, à la dose de 30 grammes pour 250 grammes d'eau, a pu réussir dans le rhumatisme chronique et les dartres; les feuilles fraîches appliquées en cataplasmes raniment les tumeurs froides et les disposent à leur résolution. Connue sous le nom de chènevis, la graine de Chanvre est d'une utilité journalière et très variée. Elle fournit un aliment aussi substantiel que savoureux à la gent volatile.

Les habitants de certaines régions du Nord, tels que les Russes, les Polonais, font frire ces graines avec quelques aromates et ce mets paraît au dessert sur les meilleures tables. L'infusion de ces semences est regardée comme un excellent moyen de calmer la vive irritation des voies urinaires qu'accompagnent les blennorrhagies très inflammatoires.

Ces semences cuites dans du lait de chèvre ont guéri plusieurs malades de la jaunisse.

L'huile de chènevis est bonne à brûler; elle entre dans la préparation des cérats, des onguents et du savon vert.

Les Orientaux préparent avec les sommités du Chanvre indien une boisson enivrante. Cette préparation est connue sous le nom de haschisch. On le fume seul sous le nom de bang ou mêlé au tabac. C'est le kif des Arabes qui l'appellent aussi haschisch-al-fokara : herbe aux fakirs. Trois ou quatre pipes suffisent pour donner une sorte d'ivresse, sous l'influence de laquelle le fumeur reste livré aux illusions les plus étranges et à une extase délicieuse. A la longue, l'usage du haschisch abrutit l'homme.

Le haschisch torréfié et mélangé avec du miel forme le madjoun des Arabes, l'esrar des Turcs; bouilli avec du beurre et de l'eau, il donne l'extrait gras qui, mélangé avec du miel, des aromates, a reçu le nom de Dawasmek.

Le haschisch possède des propriétés analogues à celles de l'opium.

CHARDON-MARIE

Chardon Notre-Dame, Chardon argenté, Artichaut sauvage.

Les têtes du Chardon-Marie remplacent quelquefois celles d'artichaut que pourtant elles sont loin d'égaler en délicatesse.

Il serait, d'après les auteurs anciens, un excellent hydragogue; il guérissait l'hydropisie, la jaunisse, les affections des voies urinaires, la leucorrhée.

On a beaucoup exalté les vertus des semences du Chardon-Marie, réduites en poudre, dans les pleurésies.

D'après une légende, des gouttes de lait tombées du sein de la Vierge, auraient taché les feuilles de cette plante, d'où son nom aussi de Chardon lacté.

CHATAIGNIER

Cet arbre, qui parvient parfois à une hauteur considérable et à des dimensions prodigieuses, a une étonnante longévité. On cite celui du mont Etna dont la circonférence était de plus de cent pieds, et celui de Bristol qui avait dix-neuf pieds de diamètre et qu'on croyait âgé de plus de cinq cents ans. Qui n'a entendu parler du fameux Châtaignier de Tortworth qui a une circonférence de soixante pieds et auquel on présume plus de mille ans d'existence.

Le fruit connu sous le nom de châtaigne consiste en une amande à chair blanche et ferme, et couverte d'une peau coriace, lisse et brune.

Au moyen de la greffe et de quelques soins agronomiques, le Châtaignier acquiert plus de volume et de perfection dans toutes ses parties; ses fruits plus arrondis, mieux nourris, plus savoureux, prennent alors le nom de marrons.

La consommation prodigieuse qui se fait de toutes parts en châtaignes et en marrons, démontre suffisamment qu'on sait les apprécier. Ils offrent un aliment sain, agréable au goût, facile à digérer. Il est possible de faire du pain de châtaignes, et le conseiller Pietsch affirme en avoir fabriqué de très bon en augmentant la dose du levain. Il est permis de concevoir quelques doutes sur la *foi germanique* de l'économiste prussien. La polenta des Italiens, la chatigna des Limousins et le chatignos des Corses sont le produit de châtaignes cuites et écrasées dans du lait.

Les marrons glacés sont une confiture sèche délicieuse.

L'eau dans laquelle on a fait bouillir les écorces

de châtaigne ou de marron a la réputation de guérir les engelures.

Tous les peuples s'accordent à célébrer les louanges
du Châtaignier. C'est avec son bois que la plupart
des anciens bâtiments de Londres ont été construits.
La charpente d'une foule d'antiques édifices à Paris,
à Lyon et dans beaucoup d'autres villes de France,
est pareillement en bois de Châtaignier. La propriété qu'il a de conserver toujours son volume
égal, le rend surtout très propre à contenir toutes
sortes de liqueurs ; aussi fait-on partout, avec
le Châtaignier, des futailles de toutes grosseurs,
dans lesquelles le vin conserve sa qualité et s'a-
méliore même.

CHÉLIDOINE

*Eclaire, Herbe d'hirondelle, Félougène, Herbe dentaire,
Ficaire, Herbe à Florence, Grande éclaire.*

Ses qualités sont essentiellement dues à la présence d'un suc jaune-orange dont toutes les parties
de la plante, la racine surtout, sont fortement imprégnées et qui s'en écoule à la plus légère incision.

La Chélidoine que les anciens avaient parfaitement appréciée, produit des effets plus ou moins
prononcés suivant la dose à laquelle on l'administre.
La racine infusée dans du vin blanc, 40 grammes
pour un kilogramme de vin, est prescrit avec succès
pour la guérison de l'ictère, des embarras viscéraux,

des fièvres intermittentes, des affections scrofuleuses et dartreuses, des hydropisies. On fait usage de la Chélidoine, à l'intérieur et à l'extérieur, pour dissiper les maladies des yeux, prévenir la cataracte, dissiper des ophthalmies, absorber des taies, guérir des amauroses. Dans ces cas, on compose un collyre avec 4 grammes de suc étendu dans 60 grammes d'eau, avec laquelle on baigne les yeux une ou deux fois par jour. Elle est excitante, purgative, vermifuge, vomitive.

Les vices cutanés, les démangeaisons persistantes, cèdent presque toujours à la Grande éclaire administrée en topique ou en frictions avec ses feuilles fraîches. Le peuple en fait usage chaque jour pour détruire les cors, les verrues et les durillons.

On prépare aussi pour provoquer l'écoulement des règles, un bain de pied dans lequel on fait entrer une suffisante quantité de Chélidoine; son infusion théiforme a opéré, d'après le prussien Kramer, plusieurs cures de goutte et de calcul.

Au moyen de la fermentation, on a obtenu de la Chélidoine une couleur bleue solide, semblable à celle de la guède.

CHÊNE

Rouvre, Quesne.

Parmi les végétaux qui ornent et enrichissent nos forêts, le Chêne tient sans contredit le premier rang. Il est le roi des arbres européens. Les poètes, les philosophes, les romanciers, les agronomes, les économistes l'ont célébré à l'envi; il a été constamment l'emblème de la force et de la durée.

Dans l'antiquité, il fut un objet de vénération pour ces peuples qui prêtaient une âme à toutes les productions de la nature.

Nul bois n'est d'un usage aussi général que celui du Chêne; il est le plus recherché et le meilleur pour la charpente des bâtiments, la construction des navires, des moulins, des pressoirs; pour la menuiserie, le charronnage; enfin, pour tous les ouvrages où il faut de la solidité, de la force, du volume et de la durée.

L'écorce de l'arbre adulte est épaisse, raboteuse, dépourvue d'odeur; elle a un goût âcre et très astringent, dû à la grande quantité de tannin qu'elle renferme. Aussi, de toutes les matières connues est-elle la meilleure et la plus recherchée pour le tannage des peaux. La poudre de tan qui a servi à la préparation des cuirs forme d'excellentes couches, dans les serres chaudes, ou bien, réduites en disques, elle est brûlée sous le nom de mottes.

Les médecins n'ont point négligé l'écorce de chêne; ils l'ont administrée souvent avec succès, tant à l'intérieur qu'à l'extérieur, dans les leucorrhées constitutionnelles entretenues par une faiblesse générale, dans les diarrhées et les dysenteries. On prépare la décoction avec 15 gr. d'écorce broyée dans un demi-litre d'eau.

En mélangeant l'écorce de chêne avec la camomille et la gentiane, à parties égales, on obtient un remède fébrifuge connu sous le nom de quinquina français et qui est excellent pour guérir les fièvres intermittentes, récentes ou anciennes.

On a obtenu de bons effets de la décoction de tan aluné (15 gr. de tan dans 1,500 gr. d'eau réduits à 1,000 grammes, à laquelle on ajoute 2 grammes d'alun), en injection dans les narines pour arrêter l'épistaxis ou saignement de nez.

Des hémorrhagies utérines qui avaient résisté à plusieurs médications, ont cédé à la suite de quelques injections dans l'intérieur de l'utérus de la décoction de 60 grammes d'écorce de chêne pour 500 grammes d'eau. La décoction de ce tan aluné prévient et guérit les engelures.

Les feuilles de chêne infusées dans du vin auquel on ajoute une quantité suffisante de miel, forment un gargarisme très efficace pour combattre les angines rebelles, les ulcères de la gorge, le relâchement des gencives.

Appliquée extérieurement l'écorce de chêne mondifie les ulcères sordides, les plaies gangreneuses, arrête quelquefois l'accroissement des gonflements œdémateux et même les progrès des hernies commençantes chez les enfants.

Les personnes obligées de travailler les pieds dans l'eau, saupoudrent leurs chaussures avec du tan lorsqu'ils quittent leurs travaux; il cicatrise aussi les gerçures de la peau et raffermit les parties ramollies.

Si on fait une incision au tronc d'un chêne, il en distille une eau que l'on fait tiédir et dont on imbibe les compresses avec lesquelles on enveloppe les membres frappés de douleurs arthritiques. On retire de ce topique les plus grands avantages. On recueille une espèce de manne sur les jeunes pousses et sur les feuilles de chêne. Celles-ci, pilées et appliquées sur les plaies en favorisent la cicatrisation.

Le fruit connu sous le nom de gland a occupé anciennement une place distinguée dans la thérapeutique, ainsi que la cupule. L'infusion de poudre de glands torréfiés et broyés est employée avec avantage pour combattre les scrofules, dissiper les engorgements, entre autres, le carreau.

Les glands sont recherchés par plusieurs animaux de nos basses-cours et surtout par les cochons ; cette nourriture les engraisse rapidement.

Ce gland, appelé aussi balane, torréfié et moulu, prend le nom de café de gland. On préfère pour cet emploi le gland doux d'Espagne. Ce café est stomachique, n'est pas excitant comme le vrai café ; il possède des qualités essentiellement hygiéniques et alimentaires. La poudre des glands torréfiés, mêlée à du sucre et à des aromates, constitue le racahout des Arabes et le palamoud des Turcs.

La piqûre faite par les insectes parasites du chêne détermine des excroissances de forme, de consistance et de grosseurs diverses, auxquelles on a donné le nom de noix de galles, désignées dans le commerce sous les noms de galles noires ou galles blanches.

La galle est un puissant astringent et un remède précieux contre les affections de la matrice, les hémorragies passives, la leucorrhée et en topique contre les hémorroïdes. Elle est un puissant auxiliaire pour retenir en place les parties dont la contiguïté a été rompue. Rarement on s'en sert à l'intérieur. Les noix de galles sont employées pour la fabrication de l'encre et pour la teinture en noir.

Il existe un grand nombre d'espèces de chêne. Voici les plus utiles :

1° Le chêne grec, petit chêne, chêne-hêtre dont le gland, doux, est comestible;

2° Le chêne à feuilles rondes, qui croît naturellement en Espagne et produit des glands d'une saveur agréable dont il se fait une grande consommation;

3° Le chêne ballotte dont les fruits sont très nourrissants. Il croît en Algérie et au Maroc. Son bois est très dur;

4° Le chêne-liège qui se distingue par son écorce fort épaisse, spongieuse, crevassée, connue sous le nom de liège. On l'en dépouille tous les huit ou dix ans. Loin de l'endommager, cette opération est utile à l'arbre.

5° Le Quercitron ou chêne noir de Pensylvanie. Il a été introduit dans le commerce pour l'usage de la teinture et fournit une couleur jaune-serin très solide. Son écorce, également jaune, est excellente pour le tannage des cuirs.

C'est sur une espèce de chêne *(quercus cocci-fera)*, qu'on recueille le kermès ou grain d'écarlate qui, avant l'introduction en France de la cochenille, était l'objet d'un commerce important.

Le Bowdichia, chêne d'Amérique, produit l'alcornoque, écorce que l'on vante comme astringente et fortifiante et qu'on emploie à la Martinique contre la phtisie.

CHERVI

Chervis, Cherni, Cheronis, Girole, Racine sucrée.

Une odeur agréable s'exhale des fleurs du Chervi, mais c'est à l'excellence de sa racine que cette plante doit son antique réputation. Jadis, cultivée dans tous les jardins potagers, elle fournissait un mets savoureux et nourrissant. Elle est condamnée à un injuste oubli. Cependant la culture du Chervi est facile et sa racine offre une ressource précieuse: elle donne un amidon d'une blancheur éclatante; soumise à la fermentation, elle fournit abondamment de l'alcool; on en extrait un très beau sucre comparable à celui qu'on retire de la canne.

C'est dans la bromatologie un des meilleurs agents de la thérapeutique. Le Chervi convient merveilleusement aux hémoptysiques, aux personnes atteintes de catarrhe pulmonaire chronique et menacées de phtisie. Il est très utile dans les phlegmasies, les irritations du tube alimentaire et des voies urinaires, telles que le ténesme, la dysenterie, la strangurie, l'hématurie. On conseille sa racine appétissante et tant soit peu aphrodisiaque, dans le lait, dans le petit-lait, dans les bouillons et dans tous les aliments des malades. La carotte sauvage est un faux Chervi.

CHÈVREFEUILLE

Ce bel arbrisseau ne se borne pas à servir d'ornement ; il possède bien d'autres qualités, s'il faut en croire un grand nombre de médecins. Il se trouve dans presque tous les bois et forme trois variétés bien distinctes : le chèvrefeuille des bois velu, le glabre et celui à feuilles de chêne.

La racine du chèvrefeuille fournit une couleur bleue ciel. On fait avec les tiges et les rameaux des dents pour les herses, des peignes pour les tisserands, des tuyaux de pipes.

L'écorce est proposée comme sudorifique ; la décoction des feuilles est diurétique ; on en compose un gargarisme efficace dans l'angine ; pilées fraîches et appliquées sur la peau, elles accélèrent la cure des exanthèmes. Les fleurs ont la réputation d'être cordiales, céphaliques, antiasthmatiques et souveraines pour faciliter l'accouchement. On a exalté à tort les fruits du chèvrefeuille pour faire un baume polychreste, auquel les plaies récentes, disait-on, les plus graves ne résistaient jamais.

En voici d'autres espèces : 1° le chèvrefeuille des jardins ou d'Italie, dit Pentecôte. Ses feuilles astringentes sont employées en gargarisme ; 2° le chèvrefeuille du Chili. Les branches sont le principal ingrédient d'une teinture noire très solide, qu'on prépare dans les Indes espagnoles ; 3° le chèvrefeuille d'Acadie, la dierville, qui doit à ses jolies fleurs jaunes la place qu'on lui accorde dans les bosquets ; 4° le chèvrefeuille de la Caroline ; 5° le chèvrefeuille des buissons. La dureté de son bois le rend propre à divers usages économiques. Les baies sont émétiques et purgatives. Les Russes tirent de ce végétal une huile qu'ils emploient intérieurement pour purifier le sang, guérir la vérole et la gale ; 6° le chèvrefeuille des Alpes. Ses baies, semblables à de petites cerises, jouissent de la faculté cathartique et vomitive ; 7° le chèvrefeuille bleu. Il doit son titre à la couleur bleuâtre de ses baies pleines d'un suc pourpre qui teint parfaitement et solidement les étoffes.

CHICORÉE SAUVAGE

La Chicorée sauvage s'offre partout à nos regards, le long des chemins, sur le bord des champs.

Sa plante cultivée est beaucoup plus forte, plus élevée; elle produit la chicorée endive plus connue sous le nom de scarole, chicorée frisée et barbe de capucin. Toutes ses parties ont une saveur fraîche, amère, plus prononcée dans la plante sauvage que dans celle qui a été modifiée par la culture. Elle renferme un suc laiteux, savoureux, amer et légèrement styptique auquel elle paraît redevable des vertus stomachiques, stimulantes, rafraîchissantes, apéritives, résolutives dont elle a été décorée. La racine et les feuilles fournissent par l'infusion, une boisson qu'on peut employer avec avantage dans les fièvres intermittentes, bilieuses, muqueuses et dans la plupart des phlegmasies. Dans ces circonstances, elle provoque les urines, la sueur et favorise l'expectoration. A raison de son principe amer très propre à solliciter doucement l'action de l'estomac et de l'intestin, la tisane de chicorée paraît, en général, bien plus convenable que la plupart des solutions gommeuses, glutineuses et décoctions mucilagineuses.

Le sirop de chicorée composé avec la rhubarbe s'emploie souvent comme purgatif très commode pour les enfants.

La racine de chicorée est un des meilleurs succédanés du café; sous ce rapport on en fait un très grand usage et on l'emploie souvent pour sophistiquer le café. On reconnaît la présence de la chicorée dans le café, en projetant le mélange sur de l'eau, le café reste à la surface, tandis que la poudre de chicorée gagnera rapidement le fond.

Les Egyptiens font une immense consommation de la chicorée. On la cultive en grand dans quelques contrées; elle vient dans toutes sortes de terrains; elle brave la sécheresse, elle craint ni la gelée ni les grands froids; elle croît de très bonne heure et forme un excellent fourrage.

Par la culture elle se décolore, devient plus douce, plus succulente, plus agréable au goût. Dans cet état, on la mange crue en salade et on la sert cuite soit au gras, soit au maigre. Elle convient principalement aux jeunes gens, aux tempéraments sanguins et bilieux.

CHIENDENT

Froment rampant, Petit chiendent.

Cette graminée, le désespoir des cultivateurs, échappe à leurs malédictions dans les laboratoires de pharmacie. Les racines d'un blanc jaunâtre, d'une saveur douceâtre, un peu sucrée et légèrement styptique, renferment une moelle succulente, douce, peu nutritive, sous une écorce dure, ligneuse. Elles sont employées en décoction, dans les maladies du foie, dans l'ictère, dans les coliques qui sont dues à la présence de calculs biliaires, ainsi que dans les fièvres intermittentes. Son usage est également avantageux dans les phlegmasies thoraciques et abdominales et dans une foule de cas où il s'agit de calmer la soif. Pour obtenir de la racine de chiendent une boisson agréable et rafraîchissante, il est utile de remarquer qu'avant de la faire bouillir, il faut la concasser fortement pour briser la partie corticale. Sans cette précaution le suc de la racine ne se dissout point dans le liquide.

On retire des feuilles et des jeunes tiges du chiendent un suc verdâtre, d'une saveur herbacée. Ce suc a été administré comme fondant des calculs biliaires. Le chiendent contient une assez grande quantité de sucre.

On sait que des chats, des chiens surtout, guidés par leur instinct naturel mangent les jeunes feuilles pour se faire vomir et pour se purger. On a remarqué que les bœufs si souvent affectés de concrétions biliaires pendant l'hiver, guérissent au printemps en mangeant cette plante dans les pâturages.

La racine coupée, contuse, cuite dans l'eau et mêlée à du ferment a été employée avec succès dans la fabrication de la bière.

Lorsqu'elle est sèche et en grande quantité, les agriculteurs la brûlent et fécondent les terres avec ses cendres.

Les vergettiers enfin emploient la brossière, espèce de chiendent, pour faire des brosses et des balais.

CHOU

L'introduction du Chou dans les jardins potagers, comme plante alimentaire, se perd dans l'obscurité des premiers siècles. Les principales variétés sont : 1° Le chou cabu ou pommé dont le type est le chou quintal et qui produit plusieurs variétés, telles que le chou Milan, chou frisé, chou cœur de bœuf ; 2° le chou vert, chou sans tête, chou de Poitou, caulet ; 3° le chou-fleur ou brocoli ; 4° le chou rave dont la souche forme un renflement volumineux ; 5° le chou cavalier, ainsi nommé à cause de la hauteur de ses tiges ; 6° le colza, que l'on soupçonne être la souche primitive des nombreuses variétés du chou. On retire de sa graine une huile d'éclairage et de la plante une essence sulfurée qui possède des propriétés antiscorbutiques. Cette plante est aussi un excellent fourrage. Le navet, la rabioule ou grosse rave, la roquette, etc., sont autant d'espèces différentes ; 7° le chou de Bruxelles ; 8° le chou noir qui fournit la graine dont la farine sert à la fabrication des sinapismes et de la moutarde noire.

A peine douées d'une légère odeur fade, toutes les parties du chou ont une saveur herbacée, douceâtre et légèrement âcre. Ses feuilles, que la plupart des herbivores broutent avec avidité, acquièrent par la cuisson un goût sucré qui en fait un aliment savoureux et plus ou moins agréable. Tout le monde sait, que par la coction, le chou communique à l'eau une odeur forte et repoussante ; qu'abandonné à lui-même il se putréfie promptement en répandant une odeur fétide insupportable.

Il est peu de végétaux qui aient joui en médecine d'une aussi grande et antique réputation. Quoique prodigieusement déchu parmi nous, les médecins modernes l'admettent au rang des antiscorbutiques, grâce à son essence sulfurée. Le chou rouge est le seul qui soit employé aux usages de la pharmacie. Le suc que l'on retire de sa tige, par incisions, agit comme un doux laxatif, il auráit une si grande activité qu'il suffit d'en frotter les verrues pour les détruire. Appliquées chaudes sur la poitrine, les feuilles de chou ont fait disparaître des points de côté. Leur application sur les plaies des vésicatoires a donné lieu à l'exhalation d'une grande quantité de sérosité ; on les regarde comme très propres à la détersion des ulcères. Leur application, en cataplasmes, sur les seins, prévient et diminue l'inflammation de ces organes, résout les engorgements qui se manifestent à la suite des couches et s'oppose à l'accumulation du lait chez les femmes qui n'allaitent pas.

La décoction de chou a été préconisée dans le traitement des catarrhes pulmonaires, contre la toux, l'enrouement. On ne l'emploie cependant qu'associée avec le bouillon de veau, de poulet. On en préparait un sirop qui a joui autrefois d'une grande vogue, dans le traitement de la phtisie.

Les anciens lui attribuaient la singulière propriété de prévenir et de faire disparaître l'ivresse.

En faisant subir au chou un commencement de fermentation qui y développe un principe acide, on obtient la sauerkraut, mot allemand d'où nous avons fait les expressions choucroute, chou aigre, chou confit. La choucroute est plus facile à digérer que le chou non fermenté et présente plus rarement les inconvénients que ce dernier fait éprouver aux estomacs faibles. On lui attribue des propriétés antiscorbutiques. C'est un aliment heureusement très répandu.

CIGUES

Des qualités malfaisantes que la médecine a su rendre utiles dans certaines maladies ont fait seules la réputation de la grande ciguë. Par les taches livides de son écorce, semblables à celles de la peau d'un serpent, la nature semble nous avertir de ses propriétés dangereuses. La grande ciguë chez les Athéniens fournissait un poison dont on se servait pour faire périr ceux que l'Aréopage avait condamnés à mort.

Sa saveur amère, désagréable, son odeur nauséeuse, vireuse, spécifique analogue à l'odeur du cuivre chauffé dans la main, l'âcreté de toutes ses parties, de la racine surtout qui détermine rapidement l'inflammation et le gonflement de la langue, sont un indice certain de ses qualités délétères.

Le vinaigre et le jus de citron sont surtout administrés avec succès dans l'empoisonnement par la ciguë. On sait néanmoins que la première indication à remplir consiste à débarrasser l'estomac de tout ce qu'il peut renfermer de vénéneux, en provoquant le vomissement, soit à l'aide de l'émétique, soit au moyen de la titillation de la luette et d'une grande quantité d'eau tiède.

La racine, les feuilles, et le suc de la grande ciguë étaient employés par les anciens dans les chutes de l'anus, dans les douleurs des yeux, contre la goutte, le rhumatisme, l'érysipèle et autres exanthèmes. On l'appliquait à l'extérieur pour calmer le spasme des organes génitaux; on lui attribuait même la propriété de détruire les désirs vénériens. On en composait un emplâtre pour résoudre les tumeurs des testicules et des mamelles; on l'appliquait au traitement des tumeurs squireuses, carcinomateuses, des loupes, des ganglions et des obstructions viscérales; on en faisait usage à l'intérieur contre les squirres du foie, de la rate et du pancréas.

Stœrck, médecin allemand et après lui un grand nombre de médecins français, anglais, italiens, etc., ont proclamé les effets merveilleux de cette plante héroïque dans le traitement du cancer, des squirres, certaines tumeurs du tissu osseux, les maladies vénériennes, la leuchorrée, etc., etc. Les médecins de nos jours prétendent que la ciguë n'a pu guérir que des tumeurs ressemblant au cancer, qu'elle diminue les douleurs, peut guérir certains ulcères et tumeurs de mauvaise nature. Les cataplasmes de graine de lin avec la poudre de ciguë (un quart de farine de graine de lin et trois quarts de poudre de ciguë) ont souvent guéri des tumeurs au sein.

La ciguë est employée avec succès contre les maladies nerveuses telles que les névralgies, la sciatique, les douleurs de côté, le tétanos, l'épilepsie, les convulsions, la chorée, le tic douloureux; elle modère et abrége le cours de la coqueluche. On la prescrit dans la toux spasmodique, l'asthme et le catarrhe. On administre en infusion, depuis 15 gr. jusqu'à 50 gr. de ses feuilles pour un kilog. d'eau.

Enfin, la ciguë a souvent réussi pour chasser les vers intestinaux et le redoutable tænia; pour guérir la gale et la teigne.

En médecine vétérinaire on emploie la ciguë pour la guérison du farcin du cheval.

La petite ciguë, éthuse, ciguë des jardins, faux persil, persil des fous, ache des chiens, a été souvent confondue avec le persil auquel il ressemble beaucoup. Cette confusion a donné lieu à plusieurs empoisonnements. On combat cet empoisonnement par les vomitifs, puis le vinaigre et le jus de citron dans l'eau. La petite ciguë n'est pas usitée en médecine.

La ciguë aquatique, cicutaire, ciguë vireuse, ciguë d'eau, est aussi dangereuse que la grande ciguë. Elle est très vénéneuse, mais elle perd presque toutes ses propriétés nuisibles par la dessiccation. Fraîche, elle répand une forte odeur d'ache ou de persil. Sa racine contient une substance charnue, blanche, dont le goût se rapproche de celui du panais, avec lequel on le confond souvent. On applique aussi le nom de ciguë aquatique au phellandre, autre plante vénéneuse et qui croît dans les mêmes lieux. La ciguë aquatique est moins employée en médecine que la grande. Depuis longtemps, elle est en usage comme topique dans le traitement de différentes maladies de la peau et du système nerveux. Les habitants de la Sibérie guérissent, dit-on, les dartres syphilitiques, les névralgies sciatiques et les rhumatismes au moyen de frictions faites avec la racine de cette plante réduite en pulpe.

CIRIER

Les baies de cet arbuste fournissent aux habitants de l'Amérique une cire végétale analogue à celle que produisent les abeilles. L'eau dans laquelle on a fait bouillir ce végétal et dont on a retiré la cire, arrête, paraît-il, les dysentéries les plus opiniâtres.

CITRONNIER

Les botanistes ont placé avec raison comme espèces très voisines, le citronnier et l'oranger, le premier n'étant distingué du second que par la forme de son fruit plus allongé, par une saveur différente. De nombreuses variétés ont été produites par la culture de cet arbre précieux. Les principales sont connues sous les noms de limon, de bergamote, de cédrat et se distinguent par leur forme, leur odeur, leur saveur et quelquefois aussi par leur port et la figure des feuilles. Le citron a une belle couleur jaune pâle, une odeur suave. La saveur de son écorce est chaude, aromatique, très amère. Son suc est au contraire d'une acidité très piquante et très agréable.

Les propriétés médicales des différentes parties de ce fruit acide ne varient pas moins que leurs propriétés physiques. L'écorce, par son amertume prononcée et par l'huile essentielle qu'elle renferme, est tonique, stomachique, carminative. On peut l'employer avec avantage dans l'atonie du canal intestinal et de l'estomac, pour faciliter la digestion, pour favoriser l'expulsion des vents. On s'en sert comme d'un excellent masticatoire dans la puanteur de l'haleine, dans le relâchement des gencives. Son infusion chaude peut être utile dans les affections catarrhales anciennes, dans les fleurs blanches, dans la chlorose et constitue une boisson avantageuse dans les affections nerveuses, dans les fièvres muqueuses et intermittentes. Elle est administrée aussi en infusion chaude, comme sudorifique et en poudre contre les vers. L'écorce de citron, soit fraîche, soit sèche, est employée sous le nom de zeste à une foule d'usages pharmaceutiques, soit en poudre, soit en infusion. On en prépare une teinture alcoolique, un sirop amer et aromatique d'un usage très commode. L'acidité franche, agréable et très prononcée du suc de citron, le rend préférable à tous les autres acides végétaux pour calmer la soif et pour former, en l'associant avec l'eau, le sucre et autres substances, une boisson rafraîchissante, délayante, diurétique, qui est aussi agréable que salutaire à la plupart des malades. Il a quelquefois apaisé les coliques bilieuses; on a vu des palpitations nerveuses rebelles à tous les autres moyens, céder comme par enchantement à quelques cuillérées de ce suc. On a retiré parti de son action sudorifique, pour traiter avec succès la maladie vénérienne sous le ciel brûlant du midi de l'Espagne. On a souvent employé contre les fièvres intermittentes et typhoïdes, le suc d'un citron mêlé avec une tasse de café très chaud. Il est surtout recommandable par ses bons effets, dans le scorbut. Un grand nombre de médecins de la marine a reconnu que le jus de citron était un excellent prophylactique de cette maladie. On emploie encore le suc de citron pour guérir l'angine, le croup, les aphtes, les petits ulcères de l'intérieur de la bouche, des lèvres, du palais, des amygdales. Il est particulièrement en vogue en Allemagne contre les hydropisies. Le mélange du suc de citron et de poudre de café est un fébrifuge populaire en Grèce.

Les jeunes filles déflorées, les femmes de mauvaise vie, ont quelquefois recours à son suc pour faire revenir les parties lésées et se donner une virginité factice.

Dès la plus haute antiquité, il était employé contre la soif provenant des extrêmes chaleurs.

La célèbre école de Salerne en prescrivait l'emploi contre le poison et les maladies contagieuses.

Le citron frais, coupé par tranches et jeté dans l'eau constitue la limonade ou citronade; on l'aromatise avec du sucre qu'on a frotté sur son écorce et qui s'est chargé de son huile volatile. On en fait aussi un sirop dit sirop de limon.

Le suc de citron est un assaisonnement des plus sains et des plus agréables de nos aliments. Il entre comme condiment dans beaucoup de sauces et de mets dont il relève le goût; on l'associe constamment à certaines viandes rôties, au poisson, au gibier. En l'associant en diverses proportions au sucre, on en prépare des pastilles; ajouté au vin, à l'eau-de-vie, les limonadiers en préparent des limonades, du punch, des sorbets, des glaces dont on fait une grande consommation dans les villes.

Les confiseurs le mêlent au sucre et en font du sirop, des conserves, divers genres de confiture, des espèces de candis secs ou des tablettes acidules.

Dans l'art de la toilette, le suc de citron est employé à l'extérieur pour nettoyer la peau et enlever les corps étrangers qui ternissent son éclat.

Les feuilles du citronnier sont antispasmodiques et sont quelquefois employées avec succès, en infusion dans l'inappétence.

Le cédratier, citronnier des juifs, produit un excellent fruit dont les confiseurs font un grand usage.

Le bergamotier, donne un fruit employé surtout en parfumerie pour sa délicieuse odeur (l'essence de bergamote).

CITROUILLE, POTIRON, PÉPON, COURGE

Des fruits d'une grosseur monstrueuse, nourris par une simple plante herbacée et rampante, tels sont les phénomènes qu'offrent à notre admiration les citrouilles, les potirons, les pastèques ou melons d'eau et plusieurs autres espèces appartenant au même genre. Les plus remarquables sont : la citrouille musquée, ou la melonnée dont la chair est ferme, la saveur musquée, très agréable; les fausses oranges et fausses coloquintes; les barbaresques; les giraumons; les pastissons ou bonnets de prêtre, bonnet d'électeur, couronne royale, artichaut d'Espagne; la calebasse ou gourde des pélerins; la courge trompette, etc.

La citrouille ou potiron est beaucoup plus recommandable par ses qualités nutritives que par ses vertus médicamenteuses. Cuite, réduite en purée, avec du lait, elle fournit une excellente soupe rafraîchissante. Réduite en pulpe, on l'emploie avec succès en épithèmes, à froid, sur la tête pour calmer les céphalalgies ou douleurs de tête; on s'en sert également dans la brûlure, dans les douleurs des yeux; on peut l'appliquer en cataplasmes sur des phlegmons, sur certaines tumeurs douloureuses.

Ses semences sont regardées à juste titre comme calmantes, adoucissantes, rafraîchissantes, laxatives et, comme telles on en prépare des émulsions très utiles dans les fièvres ardentes, dans les phlegmasies aiguës, la néphrite, la gonorrhée, contre l'ischurie, les calculs des reins. Les guérisseurs des campagnes l'emploient depuis deux siècles pour détruire les vers, particulièrement le tænia ou ver solitaire. La dose est d'environ 50 gr. de semences broyées pour 500 gr. d'eau.

Les parfumeurs préparent avec les semences de cette cucurbitacée, des pâtes qui ont une grande réputation dans l'art de la toilette pour amollir, adoucir la peau et enlever les taches de rousseur. La pulpe de potiron cuite dans l'eau, égouttée, puis mélangée avec un poids égal de farine de froment et un peu de levain, procure une sorte de gâteau d'un beau jaune et de fort bon goût. Dans les pays où la citrouille est commune, on s'en sert avec avantage pour engraisser les cochons. Les vaches et plusieurs autres animaux domestiques s'en trouvent bien; l'économie rurale pourrait en tirer parti sous ce rapport. On en donne aux poissons d'étang pour les engraisser.

CLÉMATITE

Herbe aux gueux, Berceau de la Vierge, Vigne blanche ou de Salomon, Aube-vigne, Viorne, Aubervigne, Cranquillier.

A une saveur astringente, légèrement acide, la clématite joint une âcreté remarquable; ses feuilles, à l'état frais, déterminent une sensation d'ardeur brûlante sur la langue et dans l'arrière-bouche. Par une application prolongée sur la peau, elles l'ulcèrent profondément. Les mendiants ont su tirer parti de cette propriété caustique pour se procurer des ulcères à volonté sur diverses parties du corps, ce qui lui a fait donner le nom d'herbe aux gueux. Contuses, appliquées à l'extérieur, ces feuilles ont fait quelquefois disparaître la céphalalgie, des douleurs de goutte et de rhumatisme. Le peuple d'Avignon avait autrefois l'usage de traiter la gale par des frictions avec de l'huile, dans laquelle cette plante avait été macérée et broyée. Comme elle irrite, rougit vivement la peau et y produit le soulèvement de l'épiderme, on peut se servir de ses feuilles contuses comme d'un vésicatoire. Les anciens l'administraient avec succès à l'intérieur pour guérir la lèpre, la fièvre quarte, l'hydropisie, les scrofules, la vérole constitutionnelle, la fièvre hectique et les sueurs colliquatives.

L'infusion de ses bourgeons dans le vinaigre, à dose modérée, agit comme purgatif; souvent elle provoque des sueurs abondantes ou une copieuse émission d'urine. Comme topique, on peut varier à volonté le mode d'application de la clématite. A l'intérieur on l'administre, en infusion, de 6 à 12 gr. par 500 gr. d'eau bouillante, à prendre en plusieurs fois, mais on doit commencer par des doses légères à cause de sa causticité.

Les baies de la viorne sont employées contre la dysenterie; la décoction de la plante est utilisée dans les gargarismes astringents. Sa racine sert à faire la glu. La viorne obier, caillebot, produit par la culture les boules de neige ou roses de Gueldre.

COCA

Haschisch des Péruviens ou des Mexicains.

Les feuilles mâchées permettent, dit-on, de résister au sommeil, à la fatigue et de supporter une diète de plusieurs jours. Elles sont un succédané du thé. Le coca est utilisé dans les maladies nerveuses, le rhumatisme, la gastralgie. On l'a proposé dans la phtisie ; on a vu, sous son influence, l'appétit renaître, les vomissements diminuer. On l'a indiqué pour combattre l'embonpoint exagéré.

Son principe est la cocaïne. Elle jouit de propriétés anesthésiques remarquables qui permettent de l'utiliser dans la chirurgie.

On emploie la Coca en infusion, en poudre, cigarettes, pilules, extrait, sous forme de vin, d'élixir, etc.

COCHLÉARIA

Herbe au scorbut, Herbe aux cuillers, Cranson, Cran, Cochléaria de Bretagne, Raifort sauvage, Moutarde d'Allemagne.

Le Cochléaria, qui a tiré son nom de la forme concave de ses feuilles assez justement comparées à une cuillère, présente une odeur forte et piquante qui suffit quelquefois pour exciter l'éternuement et l'écoulement des larmes.

Il est recherché pour ses précieuses qualités dans les maladies scorbutiques.

Tous les médecins s'accordent à regarder cette plante comme stimulante, tonique, apéritive, incisive, diurétique. On l'emploie journellement dans les engorgements des viscères abdominaux, dans les hydropisies, la paralysie, les scrofules et la leucorrhée. On l'a vue réussir dans les calculs urinaires, dans les affections chroniques de l'estomac, contre le catarrhe pulmonaire. On peut en retirer de grands avantages dans l'œdème et la cachexie, à la suite des fièvres muqueuses et intermittentes. Comme emménagogue, on peut l'administrer avec confiance aux femmes dont la peau est flasque et décolorée, chez lesquelles l'aménorrhée est le résultat d'une faiblesse, soit générale, soit locale. Elle est aussi employée dans le traitement du rhumatisme chronique et de diverses maladies de la peau. On s'en sert contre les ulcères atoniques et contre les aphtes.

Ses feuilles sont fréquemment en usage comme masticatoire pour remédier aux maladies des gencives.

Pour adoucir l'âcreté de ses principes volatils, on l'associe au lait, au petit-lait, au bouillon de veau, de poulet, ou au suc d'orange et de citron, à l'oseille.

Les feuilles sont les seules parties du Cochléaria dont on fasse usage en médecine ; il faut qu'elles soient fraîches, car, par la dessiccation, elles perdent toutes leurs propriétés médicales.

Le Cochléaria de Bretagne, plus connu sous le nom de Cran, Cranson rustique, Moutarde des capucins, croît sur les bords de la mer, notamment en Bretagne.

Dans plusieurs pays, on mange le Cochléaria en salade. En Islande, on en prépare différents mets avec le lait, le petit-lait, le beurre, et on le conserve pour s'en servir comme condiment. Les bestiaux le dévorent avec avidité, mais il a l'inconvénient de donner un goût désagréable à la viande des animaux qui s'en nourrissent.

COIGNASSIER ou COGNASSIER, COIGNIER

Ses fruits, désignés sous le nom de coings, exhalent une odeur suave. Leur saveur âpre, un peu acide et très astringente, s'affaiblit avec le temps, disparaît en partie par la dessiccation et se transforme, par la cuisson, en un goût sucré, aromatique, extrêmement agréable. La gelée, la compote, le rob et le sirop de coing, qu'on prépare avec son suc associé au sucre, le vin dans lequel on fait macérer ce fruit coupé en tranches, sont d'un usage très utile aux personnes faibles, aux vieillards, aux convalescents.

La gelée, le sirop et l'eau de coing conviennent dans la débilité des organes digestifs, dans les diarrhées, les dysenteries, les vomissements, le crachement de sang, la ménorrhagie, le flux trop abondant des hémorroïdes. Le mucilage doux et visqueux des semences du coing a toutes les qualités adoucissantes, lubrifiantes, rafraîchissantes de la gomme arabique ; on s'en sert comme topique dans le traitement de la brûlure, pour panser les gerçures des lèvres et les crevasses des mamelles. On en fait des collyres très utiles dans l'ophthalmie et autres maladies des yeux. On en prépare des lavements d'un grand avantage dans la dysenterie et contre les douleurs hémorroïdales. Son mucilage, aromatisé, sert aux coiffeurs, sous le nom de bandoline, à lustrer les cheveux.

Chez les anciens, le fruit du Coignassier était consacré à Vénus et regardé comme l'emblème du bonheur et de l'amour.

Les jardiniers cultivent le Coignassier en grand dans les pépinières, et le préfèrent au poirier sauvageon pour greffer toutes les espèces de poiriers. Quelques personnes se servent, dit-on, de ses branches pour découvrir les sources.

COLCHIQUE

Tue-chien, Safran des prés, Veillote, Narcisse d'automne, Chiennée, Tue-loup, Veilleuse.

Les propriétés physiques de cette plante varient considérablement selon son âge, les diverses saisons de l'année, le pays où on la cultive et peut-être aussi selon son état de fraîcheur et de siccité. En été, toutes ses parties, la bulbe surtout, exhalent une odeur forte et nauséabonde. Sa saveur est tellement âcre qu'elle détermine une forte sensation de brûlure sur le palais, dans la gorge et sur la langue dont elle semble paralyser les mouvements. Les émanations volatiles qui s'en échappent, lorsqu'on la coupe, affectent vivement l'odorat, la gorge, les poumons, et engourdissent souvent les doigts des manipulateurs.

Ses feuilles, desséchées et mêlées au foin, déterminent de graves accidents chez les herbivores qui en avalent accidentellement.

A l'extérieur, la bulbe de Colchique est employée avec succès contre les verrues ; on la recommande comme topique pour guérir radicalement les hémorroïdes ; sa décoction est propre à détruire les morpions.

Les propriétés vénéneuses du Colchique ont longtemps détourné les médecins de son emploi à l'intérieur ; ses diverses préparations doivent être administrées avec prudence. Il est pourtant utilisé dans l'asthme, l'hystérie, la chorée, la leucophlegmasie, l'hydrothorax, l'ascite et autres espèces d'hydropisies. Son efficacité est incontestable dans la goutte et le rhumatisme aigu ou chronique.

COLOQUINTE

Concombre amer, Chicotin.

On connaît les propriétés éminemment drastiques de la pulpe du fruit de la Coloquinte. C'est donc un purgatif qui doit être employé avec prudence. En lavement, elle peut produire des déjections sanglantes. Plusieurs auteurs modernes ont constaté la violence de son action sur l'économie. Elle est regardée comme vermifuge, emménagogue et abortive. Elle a été préconisée dans le traitement de l'apoplexie séreuse, de la léthargie, des hydropisies, de la manie, de la colique des peintres, de l'asthme, de la blennorrhagie, et contre la suppression des règles. A l'extérieur, on l'utilise en frictions sur le ventre contre les vers intestinaux. Quelques praticiens en font usage dans les maladies des articulations, la goutte, les rhumatismes, la sciatique.

Les nourrices qui veulent sevrer les enfants se frottent le bout des seins avec le suc amer de la Coloquinte.

En préparant la colle qui doit servir à fixer les papiers de tenture aux murailles avec une forte infusion de Coloquinte, on évite, sans beaucoup de frais, la présence des punaises dans les appartements.

CONCOMBRE

Ses propriétés médicales, aussi faibles que ses qualités physiques, ne diffèrent pas sensiblement de celles de la Citrouille. Comme cette dernière, il est légèrement nourrissant, laxatif et rafraîchissant. Sous ce rapport, il a été employé dans plusieurs maladies fébriles accompagnées de chaleur et d'irritation.

A l'extérieur, on emploie la pulpe de Concombre en cataplasmes dans certaines brûlures superficielles. Ses semences sont plus fréquemment employées en médecine que la pulpe; elles fournissent d'excellentes émulsions calmantes, rafraîchissantes, pectorales.

L'art de la toilette retire du Concombre plusieurs préparations cosmétiques qui jouissent de beaucoup de vogue. La pommade de Concombre est journellement employée pour adoucir la peau. Le Concombre est recherché en été et dans les pays chauds comme aliment, à cause de sa saveur fraîche; cru, on le mange en salade, mais il a besoin d'être fortement assaisonné, et encore il ne convient guère qu'à des estomacs robustes.

Les jeunes Concombres cueillis avant leur maturité, et conservés dans le vinaigre avec différents aromates, acquièrent une saveur piquante, agréable, plus ou moins appétissante, qui les fait généralement rechercher sous le nom de cornichons et servir sur toutes les tables comme condiment.

CONSOUDE (GRANDE)

Oreille d'âne. Langue de vache, Herbe aux coupures, Confée, Consyre.

Son nom de Consoude lui vient de ce que les anciens attribuaient à cette plante la propriété d'opérer la réunion des plaies, la consolidation des fractures, la guérison des luxations.

Sa propriété cicatrisante, consolidante, était tellement en vogue qu'on rapporte que les filles dont les organes avaient été flétris par l'abus des jouissances, en faisaient usage pour réparer, selon l'expression de Valmont de Bomare, les ravages d'un amour trop entreprenant.

Sa racine, dont on fait le plus souvent usage,

contient beaucoup de mucilage et de l'acide gallique en assez grande quantité. On la prescrit avec avantage, en décoction, à la dose de 30 à 50 grammes pour 1 kilogr. d'eau, dans les affections catarrhales, la dysenterie, la diarrhée, la blennorrhagie, l'hématurie. Elle produit de bons effets contre les gerçures du sein des nourrices. Cette racine, réduite en pulpe et appliquée sur les brûlures, est un remède populaire. Un cataplasme bien chaud fait avec cette racine bouillie procure beaucoup de soulagement dans les accès de goutte.

La racine renferme du tannin et une matière colorante rouge ; aussi est-elle employée par les tanneurs et les teinturiers.

Un nouveau fourrage, la Consoude rugueuse du Caucase, est excellent pour tous les animaux de ferme ; au début, il est préférable de ne pas leur donner d'autres herbages ; après quelques repas, ils en deviennent friands.

C'est une nourriture excellente pour les chevaux ; leur poil devient plus brillant et ils ne sont jamais rendus mous et flasques comme avec d'autres fourrages verts.

Les vaches qui en sont nourries donnent un lait très abondant et supérieur comme qualité, la crème est meilleure que celle produite par les vaches nourries avec le son et la farine de maïs.

Les porcs et les moutons la dévorent avidement, et on peut les en nourrir huit ou dix mois de l'année, soit en vert, soit qu'on l'ait fait cuire comme on le fait du chou.

Les lapins l'aiment autant que la dent de lion; hachée menue et mélangée avec du son, de la farine ou du tourteau, elle est un aliment parfait pour les oies, canards et dindons.

CONYZE ou CONISE

Herbe aux puces, Herbe aux mouches.

Cette herbe passait jadis comme emménagogue et vulnéraire; elle n'est plus usitée. Son odeur forte, désagréable, passe pour chasser et même faire périr les puces, les mouches.

CONTRAYERVA, DORSENIE

Cette plante, originaire du Pérou, a, dit-on, la propriété de détruire l'action du venin inoculé par la morsure des serpents. La racine officinale provient du Brésil. Son usage en France est très restreint.

COPAHU

Térébenthine, Baume ou Huile de copahu, Baume ou Huile du Brésil.

Le Copayer croît au Brésil et dans l'Amérique centrale. Son bois est revêtu d'une écorce qui produit par incision une liqueur résineuse très abondante, désignée dans le commerce sous le nom de baume de Copahu. Son odeur est suave, sa saveur aromatique, un peu amère, chaude et légèrement âcre. On l'emploie presque exclusivement contre la blennorrhagie, la leucorrhée, les catarrhes de la vessie, comme fébrifuge et tœnifuge. Il est excellent contre le catarrhe, la bronchite; on en fait des pilules en le solidifiant avec de la magnésie et du poivre cubèbe. Les Américains s'en servent pour le pansement des plaies.

Le bois de Copayer, à cause de sa dureté, de sa belle couleur rouge foncé, est recherché par les ébénistes et les menuisiers pour différents ouvrages de marqueterie. Il est également employé dans la teinture. Les peintres se servent aussi du Copahu dans la peinture à l'huile et dans la composition de plusieurs vernis.

COQUE DU LEVANT

La pycrotoxine, qu'on retire de la Coque du Levant, est employée contre l'épilepsie, la paralysie, l'éclampsie infantile. C'est un poison catalepsiant, parce qu'il agit en produisant des convulsions tétaniques qui immobilisent le corps dans l'attitude où il a été surpris.

Les fruits de cette plante, qu'on nous envoie secs des Indes orientales, sous le nom de Coque du Levant, sont connus pour la propriété qu'ils ont d'enivrer et de donner la mort aux poissons. Les pêcheurs mêlent la Coque du Levant avec la mie de pain et en font une pâte dont les poissons sont très avides. On la jette dans les rivières et les ruisseaux, et ces animaux, bientôt étourdis par l'action vénéneuse de cette substance, viennent surnager à la surface de l'eau, où on les prend avec facilité. Le poisson, détruit en grande quantité et sans grand profit pour ceux qui se livrent à cette coupable action, peut occasionner chez ceux qui le mangent de graves accidents.

Pour tuer les poux et combattre le porrigo, on le pulvérise, on en répand une certaine quantité sur la tête ou on en fait une pommade.

COQUELICOT

Ponceau, Pavot rouge.

Cette plante est employée dans le catarrhe pulmonaire, dans les toux anciennes, la coqueluche, les angines et contre certains maux de gorge. Plusieurs praticiens pensent qu'elle peut remplacer l'opium dans beaucoup de cas et pour certains malades qui supportent mal les effets de l'opium. Elle convient aux enfants pour la même raison. Son action diaphorétique et calmante la fait aussi employer avec avantage dans les phlegmasies aiguës de la poitrine, dans la pleurésie.

L'infusion théiforme des pétales de Coquelicot desséchés (4 pincées par kilogramme d'eau édulcorée avec le sucre ou le miel) est la manière la plus ordinaire d'administrer cette plante.

CORIANDRE

La Coriandre nous avertit de sa présence par l'odeur infecte de ses feuilles et de ses tiges, dont les doigts, lorsqu'ils les ont touchées, ne se débarrassent que difficilement. Elle eût été négligée sans la saveur aromatique de ses semences, qui sont seules utilisées en médecine, saveur qui augmente par la dessiccation.

Ces semences sont employées avec succès, en infusion, à la dose de 25 grammes par kilogramme d'eau, contre les douleurs nerveuses de l'estomac ou des intestins, accompagnées de flatuosités, dans les céphalalgies et dans l'hystérie. Leur infusion vineuse a fait disparaître certaines fièvres. Elles corrigent l'odeur et le goût souvent insupportables des purgatifs auxquels on les unit avec avantage. Elles entrent dans la composition de l'eau de mélisse composée.

Différents peuples en font un usage économique pour aromatiser leurs aliments et leurs boissons. Les confiseurs les enveloppent de sucre et en préparent des dragées qui rendent l'haleine suave et que certains médecins prescrivent aux malades qui prennent les eaux minérales froides, pour augmenter l'action de l'estomac. On en compose plusieurs liqueurs fort agréables.

CORNOUILLER

L'écorce de Cornouiller et la sauge, à la dose de 200 grammes chacune, pour 3 kilogrammes d'eau, bouillies, fournissent une infusion utile pour éviter les vomissements incoercibles dont souffrent quelques femmes pendant leur grossesse.

COSTUS

La racine à laquelle on donne le nom de Costus arabique a une odeur très suave d'iris ou de violette qui se communique à l'urine de ceux qui en font usage, et une saveur aromatique légèrement amère. Elle est regardée comme stimulante, diaphorétique, diurétique et emménagogue. Elle est rarement en usage en Europe, mais elle jouit d'une grande vogue dans l'Inde.

Plusieurs espèces sont cultivées dans les serres chaudes.

COURBARIL

Gomme animée, Résine animée.

Le Courbaril est un des plus grands arbres de l'Amérique méridionale. Le suc résineux qui découle de cet arbre, désigné au Brésil sous le nom de Jolicacica, est généralement connu parmi nous sous les dénominations de résine animée, de gomme animée. Cette résine s'enflamme sur des charbons ardents et exhale une odeur très suave pendant sa

10

combustion. On loue ses bons effets dans l'asthme, le catarrhe et autres maladies nerveuses.

La dureté de son bois, la propriété qu'il a de résister longtemps à la destruction, sa belle couleur rouge et le beau poli dont il est susceptible, le rendent précieux pour les ébénistes. Il est employé en Amérique à toutes sortes d'usages.

Les peintres composent avec la résine du Courbaril un vernis transparent de très bonne qualité.

CRESSON DE FONTAINE

Santé du corps

Le Cresson de fontaine a une odeur vive et piquante. Quoique accompagné d'une certaine amertume, sa saveur ne laisse pas que d'être agréable. Justement renommé par ses usages médicinaux et économiques, on s'accorde à le regarder comme un puissant stimulant. Cresson de fontaine pour la santé du corps, est un dicton populaire.

Il a la plus grande analogie avec le cochléaria et le raifort, mais son action est plus douce; on lui attribue des propriétés dépuratives, diurétiques, fortifiantes. On l'emploie avec succès contre l'inappétence. Mâché, il raffermit les gencives, il excite la sécrétion de la salive, il favorise l'expectoration et active la transpiration cutanée; dans d'autres circonstances il provoque la sécrétion des urines et même l'écoulement menstruel. On le prescrit avec avantage dans le scorbut, dans les catarrhes chroniques, les scrofules, le rachitisme ; il convient aux diabétiques.

Le plus ordinairement on administre son suc, soixante à cent cinquante grammes par jour, soit seul, soit mêlé avec autant de lait ou de petit-lait. Il produit aussi de bons effets dans les catarrhes pulmonaires, la bronchite. On fait avec le suc de cresson et le miel des gargarismes utiles dans les aphtes et les angines.

Le Cresson de fontaine est un aliment diététique; il convient aux personnes d'un tempérament lymphatique, à celles qui sont disposées au scorbut et qui sont exposées à des causes débilitantes.

On le mange cru, en salade ; on le confit au vinaigre ; on le sert avec les viandes rôties et il est un excellent correctif de celles qui sont blanches, fades, glutineuses ou bien grasses et huileuses.

On s'est bien trouvé de ses feuilles cuites ou pilées, réduites en pulpe et appliquées sur la tête des enfants dans les cas de teigne ou de gale, ainsi que sur les tumeurs blanches des articulations, l'hygroma, les ulcères scorbutiques, scrofuleux, les tumeurs glandulaires.

Son suc mélangé avec du miel, enlève, dit-on, les taches de rousseur, les éphélides.

Le Cresson alénois ou passager, Cresson des jardins, nasitort, peut remplacer le Cresson de fontaine dans toutes ses applications.

Le Cresson d'Amérique, d'Inde ou du Mexique

possède les qualités stimulantes, antiscrofuleuses et antiscorbutiques des plantes de la famille des crucifères.

Le Cresson de Para ou Spilanthe est employé comme masticatoire, en collutoires et comme odontalgique ; il est aussi antiscorbutique. Il fait la base du Paraguay-Roux, dans l'odontalgie. Le coronope ou corne de cerf peut remplacer le cresson, le cochléaria, à défaut de ces derniers, comme antiscorbutique.

CRITHME MARITIME

Bacile commun, Passe-Pierre, Perce-Pierre, Christe marine,
Fenouil marin, Herbe Saint-Pierre.

Ses feuilles sont comestibles ; c'est un mets sain et agréable. La plante, conservée dans le vinaigre est employée comme assaisonnement. Elle passe pour anthelmintique, on l'applique comme telle sur le ventre, en forme de cataplasme.

CROISETTE

Caille-lait, Volantie, Croix de Saint-André.

La racine et la plante entière sont employées en infusion comme tonique et stomachique. On lui a accordé la vertu de guérir les hernies, en appliquant la plante cuite sur la tumeur. En fomentation on a préconisé ses succès dans le squirre du foie.

CROTON TIGLIUM

Ses semences nommées graines de Tilly ou des Moluques, Petits pignons d'Inde, fournissent l'huile de Croton. Cette huile jouit d'une âcreté excessive ; c'est un purgatif des plus violents que l'on emploie, à la dose de une ou deux gouttes contre la colique de plomb, la colique de miseréré. Elle a été employée aussi avec succès contre le tænia, dans les affections des voies respiratoires, les névralgies et les rhumatismes. C'est un médicament dangereux et qui ne doit être administré qu'avec le concours d'un médecin.

CUBÈBE

Poivre cubèbe, Poivre à queue.

Les baies connues sous le nom de Cubèbes sont remarquables par leur odeur fragrante et par leur saveur chaude, aromatique. Lorsqu'on les mâche, elles remplissent la bouche d'une chaleur accompagnée d'un peu d'amertume et donnent une odeur agréable à l'haleine.

Le Cubèbe est surtout employé dans le traitement de la blennorrhagie, avec le copahu comme auxiliaire. On le prescrit contre le catarrhe des voies respiratoires et de l'appareil génito-urinaire, contre les fleurs blanches et dans l'incontinence d'urine. .

10*

CULILAWAN ou CULILABAN

L'écorce de Culilawan ou cannelle giroflée des Îles Moluques est utilisée dans les contrées où croît cette plante, dans le traitement de la paralysie de la vessie, de la retention d'urine. Les habitants de ces îles en font un fréquent usage contre les contusions et les luxations. Elle entre dans la composition d'un onguent qui, sous le nom de bobori, jouit d'une grande célébrité dans les Indes orientales. Les Javanais aromatisent leurs mets avec cette écorce ; ils l'emploient en outre comme masticatoire pour donner une odeur suave à l'haleine.

CUMIN

L'odeur vive et pénétrante des semences du Cumin, leur saveur aromatique ont fixé l'attention des premiers botanistes. Ces semences ont beaucoup de rapport avec l'anis, le fenouil, le carvi et autres ombellifères. Placées au rang des quatre semences chaudes, elles sont toniques et stimulantes et c'est à ces propriétés médicales qu'elles sont redevables des vertus stomachique, carminative, diurétique, sudorifique, résolutive, emménagogue dont on les a décorées. On les emploie en cataplasme ou sous forme de sachets pour résoudre les engorgements des mamelles et des testicules, ainsi que les abcès et les tumeurs. Le fameux emplâtre de cumin qui a joui d'une grande réputation et qu'on applique encore quelquefois sur l'épigastre pour remédier à la débilité de l'estomac, est en grande partie composé avec les semences de cette plante.

Comme condiment, on les applique à divers usages économiques. Les Hollandais en mettent dans leur fromage et les Allemands dans leur pain. Les pigeons et les perdrix sont très friands de la graine de cumin; on s'en sert pour attirer les premiers dans les pigeonniers et pour prendre les perdrix dans les lieux qu'elles fréquentent le plus.

CURCUMA

Safran des Indes, Terre marite, Souchet des Indes.

On distingue deux sortes de Curcuma, le long et le rond ou chinois. D'après certains auteurs, la racine serait un remède puissant contre l'ictère. On lui attribue la propriété de dissoudre les calculs biliaires et les pierres de la vessie. On a préconisé ses succès dans l'aménorrhée, dans les diarrhées aqueuses. On en aurait obtenu de bons effets contre les obstructions et on la regarde comme propre à favoriser l'expulsion du fœtus dans les accouchement difficiles. On administre cette racine en substance, depuis un jusqu'à quatre grammes et en infusion à dose double.

Les Chinois s'en servent comme sternutatoire.

Les Indiens en font un grand usage comme cosmétique et surtout comme condiment ; ils l'associent constamment au riz, aux sauces, aux aliments de toutes espèces qu'elle aromatise et qu'elle jaunit à la manière du safran. Elle sert en pharmacie, pour colorer certaines préparations. Les confiseurs font infuser cette racine dans les ratafias et autres liqueurs, pour leur donner du goût et une couleur éclatante. Son plus grand usage est dans la teinture. Toutefois la couleur jaune qu'elle donne aux tissus n'est ni aussi solide, ni aussi durable que celle que les teinturiers obtiennent avec la gaude ; mais elle est très utile pour rehausser le ton des étoffes rouges teintes avec la cochenille et le kermès. On prétend que sa couleur peut être fixée sur certains métaux, notamment sur le cuivre et qu'elle leur donne une couleur d'or.

CUSCUTES

Goutte de lin, Crémaillière, Lin maudit, Barbe de moine, Cheveux de Vénus, Rache, Teignasse, Cheveux du diable, Epithyme.

Les Cuscutes sont nuisibles ; il faut les détruire en arrachant leurs tiges avant qu'elles portent graines et en brûlant celles qui sont parvenues à maturité, car ces graines traversent les organes digestifs des animaux sans être attaquées et se retrouvent intactes dans le fumier. Parasite meurtrier de la plante qui le nourrit, ce singulier végétal est aussi curieux par son mode d'existence que facile à reconnaître par son port et sa conformation. Ses semences lèvent en terre, mais la jeune plante en est à peine sortie qu'elle meurt, si elle ne trouve presque aussitôt un appui qui la soutienne et la nourrisse. Les auteurs modernes ont cru pouvoir exclure ce végétal parasite de la liste des médicaments. La Cuscute entrait dans une foule de préparations pharmaceutiques aujourd'hui vieillies et discréditées.

CYCLAME.

Pain de pourceau, Arthanite.

On attribue à sa racine qui est la seule partie de cette plante usitée en médecine, la redoutable faculté de provoquer l'avortement. Son action purgative est très énergique, aussi doit-on l'administrer avec la plus grande réserve, car elle peut occasionner souvent des accidents graves chez les sujets même les plus robustes. Elle exerce également son action, soit qu'elle soit directement ingérée, soit qu'elle soit simplement appliquée sur la peau. Elle est recommandée contre les obstructions des viscères, dans le carreau et dans les scrofules des enfants. On l'emploie aussi fréquemment, à dose modérée, pour combattre la constipation.

On l'applique fraîche en cataplasme, sur les tumeurs scrofuleuses, sur certains engorgements indolents. Elle est la base du fameux onguent d'arthanita qui fait vomir, purge, expulse les vers, excite la sécrétion des urines, selon qu'il est appliqué à l'épigastre, sur le ventre ou dans la région des reins. La dose, à l'intérieur, est de 5 à 12 grammes de racine fraîche, en décoction dans 500 grammes d'eau.

Quoique la racine de Cyclame soit plus ou moins dangereuse pour l'homme, les cochons l'aiment beaucoup et la mangent sans inconvénient. On dit qu'on s'est servi autrefois de son suc pour empoisonner les flèches ; on s'en sert encore, en certains pays, pour empoisonner les rivières et enivrer le poisson.

CYNOGLOSSE

Langue de chien, Herbe d'antal.

Cette plante est réellement délétère, mais cette qualité s'affaiblit et disparaît même par la dessiccation. Dans cet état, plusieurs médecins lui accordent des qualités rafraîchissantes, mucilagineuses et la recommandent contre les rhumes et contre la toux à la dose de 50 grammes pour un kilog. d'eau. La plupart des praticiens la considèrent comme particulièrement narcotique et la prescrivent comme anodine, sédative, exhilarante, etc. ; d'autres ont vanté ses succès dans le traitement de la diarrhée, de la dysenterie, contre les flux muqueux, séreux et sanguins. On fait des cataplasmes avec les feuilles et les racines fraîches de la Cynoglosse, qu'on applique sur les brûlures, les goîtres et les tumeurs scrofuleuses. Les Anglais surtout, en font un grand usage dans ce dernier cas. On en fait un sirop qui a eu beaucoup de vogue pour le traitement de la toux et des affections catarrhales. L'écorce de la racine entre dans la composition des pilules de Cynoglosse qui jouissent encore d'une grande réputation.

Elle doit à ses qualités délétères la faculté de chasser les poux.

CYTISE DES ALPES

Faux ébénier, Aubours.

Les graines de ces plantes cultivées dans les jardins sous le nom de faux ébénier, d'aubours, prises, à une certaine dose, produisent des vomissements, de la diarrhée, des coliques violentes, des déjections alvines abondantes.

Son bois très dur, veiné de vert, se travaille au tour.

CYPRÈS

Le Cyprès cesse de produire dans nos contrées l'espèce de résine suave et odorante qu'on en obtient par incision, dans les climats chauds. Hippocrate faisait usage de son bois dans les affections utérines. Les cônes étaient anciennement employés sous le faux nom de noix de Cyprès, contre les diarrhées, les flux de ventre et les hémorragies passives. Leurs vertus tonique, stomachique et vulnéraire ont été célébrées en outre, par divers médecins. La dose ordinaire des galbules et des feuilles de Cyprès est de quatre grammes en infusion dans le vin. On a employé avec succès la noix de Cyprès en fumigations et en embrocations dans les hémorroïdes et la chute du rectum. Les Arabes emploient la poudre fine des graines pour panser la plaie qui résulte de la circoncision.

Le Cyprès, destiné, dès la plus haute antiquité, à orner les tombeaux, est encore regardé parmi nous comme l'emblème du deuil et de la tristesse. Son bois, d'un jaune rougeâtre, parsemé de veines foncées, est d'une odeur agréable, il a une grande dureté, il se corrompt difficilement, résiste beaucoup mieux que le chêne aux injures du temps et aux attaques des insectes; il est en outre susceptible de prendre un beau poli. Au rapport de Théophraste, les portes du temple d'Ephèse en étaient construites. L'histoire apprend que celles de l'église Saint-Pierre de Rome qui ont duré onze cents ans et qui étaient encore en bon état lorsque le pape Eugène IV les fit remplacer par des portes d'airain, étaient aussi de bois de Cyprès. Les Egyptiens renfermaient leurs momies dans des caisses du même bois. On a même prétendu que l'arche de Noé en était construite. Ce bois précieux est employé en Orient pour la charpente; il pourrait l'être parmi nous avec avantage à une foule d'usages économiques et sous ce rapport, il serait à désirer qu'on multipliât sa culture dans nos départements méridionaux.

Persuadés que le Cyprès purifie l'atmosphère par ses émanations salutaires, les anciens envoyaient les phtisiques respirer l'air de l'île de Crète où cet arbre croît en abondance.

DATTIER

Le Palmier dattier croît et se cultive particulièrement dans les Etats barbaresques ; il est la providence des Arabes, comme le cocotier est celle des peuplades sauvages de l'Océan Pacifique. Une forêt de Dattiers est pour le voyageur qui quitte celles de l'Europe, un spectacle tout à fait nouveau. Ces forêts toujours vertes, images d'un printemps perpétuel, occupent dans certains endroits plus de huit et douze kilomètres de terrain. Leurs cimes touffues et rapprochées forment au-dessus de la tête du voyageur un dôme obscur soutenu par des milliers de colonnes d'une riche proportion dont l'ensemble présente le temple le plus majestueux de la nature et dont le silence n'est interrompu que par le concert harmonieux d'une foule d'oiseaux, hôtes aimables de ces lieux solitaires.

Les fruits, connus sous le nom de dattes sont les seules parties de cet arbre qui soient employées en médecine. Toutefois les dattes sont bien plus précieuses comme aliment que par leurs propriétés médicales. La pulpe grasse, succulente et très douce qu'elles renferment, présente une légère stypticité unie à des qualités éminemment mucilagineuses et adoucissantes. Hippocrate les employait en décoction dans la diarrhée. De nos jours, elles ne jouissent de quelque réputation que contre la toux, les rhumes et autres affections pulmonaires. Elles figurent aussi dans un grand nombre de médicaments réputés béchiques, pectoraux, analeptiques.

La sève de Dattier, fermentée, donne une boisson alcoolique, vin de palmier ; les jeunes pousses constituent un manger délicieux. Les Arabes retirent aussi de ses fruits le miel de dattes, remplaçant chez eux le sucre et le beurre ; desséchées au soleil, ils les pulvérisent pour obtenir la farine de dattes qui leur sert de nourriture.

Les noyaux des dattes auxquels on a attribué la propriété de provoquer l'accouchement et qu'on prescrivait contre l'incontinence d'urine, servent à faire des grains de chapelets. Ramollis par l'ébullition dans l'eau, on les emploie beaucoup à la nourriture des bœufs et des chameaux.

Le fruit contient de la mannite ; la recherche de ce corps a permis aux chimistes de reconnaître les vins d'Algérie falsifiés avec le vin de dattes. Mais ce caractère n'est pas absolu, car les raisins d'Algérie et d'autres pays chauds, contiennent aussi parfois, naturellement, de la mannite.

DAUCUS de CRÈTE

Panais sauvage, Athamante.

Les fruits de cette plante sont stimulants, diurétiques, diaphorétiques, antihystériques et emménagogues ; ils fournissent une huile essentielle.
Ils entrent dans la composition du sirop d'armoise
composé. Les distillateurs s'en servent pour
aromatiser certaines liqueurs.

DENTELAIRE

Malherbe, Dentaire, Herbe aux cancers, Herbe au diable,
Herbe aux racheux.

Les anciens lui attribuaient la propriété, comme
masticatoire odontalgique, d'apaiser les douleurs
de dents. L'âcreté brûlante dont toutes les parties de cette plante sont douées, l'irritation violente que sa racine en particulier détermine sur
la peau, sont l'indice certain de vertus médicales
très énergiques. La Dentelaire est purgative, elle
jouit également de qualités vomitives lorsqu'on
la donne à petite dose. Plusieurs médecins prétendent que l'huile dans laquelle on a fait infuser cette plante a eu de grands succès contre
d'anciens ulcères et a même guéri de véritables cancers. Sa racine âcre et caustique est employée fraîche de préférence, en Provence pour la
guérison radicale de la teigne et de la gale, mais on
lui fait subir préalablement une préparation qui a

pour effet d'en diminuer l'extrême âcreté. Cette préparation consiste à triturer deux ou trois poignées de racine de cette plante, sur lesquelles on verse un demi-kilogramme d'huile bouillante. On passe et l'on trempe un linge fin dans l'huile tiède pour en faire des onctions sur la peau. Trois ou quatre de ces onctions suffisent en général pour la guérison de la gale simple ; la gale la plus invétérée guérit en huit ou dix jours. Presque toutes les parties de la Dentelaire peuvent être employées à l'extérieur en guise de vésicatoires. On s'en sert avantageusement pour activer le travail de la cicatrisation des plaies et réprimer les chairs fongueuses. La racine broyée et mêlée au jaune d'œuf, donne une espèce d'onguent qu'on applique sur le cancer des lèvres, du nez et des joues. Elle entre dans la composition de plusieurs topiques que les dentistes emploient contre les maux de dents et les pédicures pour la guérison des cors et des durillons.

Plusieurs espèces du genre plumbago offrent la même âcreté et la même causticité que celles dont nous nous occupons. Tels sont le plumbago scandens, herbe au diable, dont on fait des onguents cathérétiques ; le plumbago africana, dont la racine est en usage parmi les nègres, pour provoquer le vomissement, exciter la sécrétion des urines et remédier à la morsure des animaux venimeux ; les plumbago zeylanica et rosea qui sont employés dans l'Inde comme vésicatoires.

DICTAME DE CRÈTE

Son nom lui vient de ce qu'il croissait autrefois plus particulièrement sur le mont Dicte, en Crète. Le Dictame de Crète, tant vanté par les poètes était célèbre dans l'antiquité comme le vulnéraire le plus précieux dont les dieux même faisaient usage. Les feuilles et les sommités ont une saveur chaude, aromatique et amère. Par la distillation on en retire une petite quantité d'huile volatile qui a une odeur très pénétrante. On attribue au Dictame la propriété d'accélérer les accouchements difficiles, de favoriser l'expulsion du placenta et de provoquer l'écoulement des règles. On l'applique aussi en cataplasmes sur les plaies, les ulcères et les contusions, les coupures, comme un puissant résolutif. Ses feuilles et ses sommités sont administrées en infusion, à la dose de quatre à seize grammes pour cinq cents grammes d'eau bouillante.

DIGITALE

Gant de Notre-Dame, Dé de Notre-Dame, Gantelet, Doigtier, Gaudis.

La Digitale pourprée, introduite dans la matière médicale par les modernes, présente une odeur forte qui disparaît par la dessiccation ; une saveur nauséeuse, amère et une sorte d'acrimonie qui excite d'abord la salivation et produit ensuite des nausées, un léger sentiment d'âcreté dans la gorge et de sécheresse dans la bouche. Les propriétés les plus énergiques se trouvent concentrées dans les feuilles.

On donne la préférence à celles de l'année, parce qu'elles perdent en vieillissant une grande partie de leur efficacité. A petite dose, la Digitale excite la salivation, détermine une abondante sécrétion d'urine, provoque le vomissement et la purgation; presque toujours elle diminue la fréquence du pouls.

Le ralentissement de la circulation est un des effets les plus remarquables et les plus constants de la Digitale. Elle est employée surtout pour régulariser les mouvements du cœur. Elle est aussi en usage, comme antipyrétique, dans la fièvre typhoïde. A haute dose, c'est un poison dangereux. Son usage réclame la plus grande prudence ; elle ne doit être administrée que sur l'avis d'un médecin.

Comme puissant diurétique, la Digitale produit les plus heureux effets dans le traitement de l'hydropisie; elle a des avantages réels et non contestés contre cette affection. On prépare une infusion avec 2 à 4 grammes de feuilles par litre d'eau bouillante. Pour obtenir un effet spécial sur le cœur et la circulation du sang, il faut de 4 à 12 gr. de feuilles par litre d'eau, que l'on prend par petites tasses.

Plusieurs médecins anglais ont signalé les résultats avantageux qu'ils en avaient obtenus dans le traitement de la terrible phtisie pulmonaire. On a vanté aussi ses bons effets contre l'épilepsie, la manie et même la folie. On a constaté son action spéciale sur les organes génitaux et son efficacité contre les pertes séminales, les pollutions nocturnes, à la dose de 40 centigrammes de poudre de feuilles de Digitale, à prendre pendant cinq ou six jours.

Par la simple macération des feuilles de cette plante héroïque, dans le miel ou dans la sauge, on prépare un onguent réputé antiscrofuleux et qui a été quelquefois appliqué avec succès sur les engorgements lymphatiques.

DORADILLE

Dorade, Ceterach, Herbe dorée.

Cette fougère est employée, comme un remède populaire, contre les engorgements de la rate ; on l'a vantée dans les maladies des poumons, les calculs de la vessie ; elle est réputée béchique, pectorale et astringente.

La Doradille, rue des murailles, sauve-vie, et le capillaire noir ont les mêmes propriétés.

DORONIC

La racine est seule employée en médecine. Elle est administrée en Angleterre, en infusion, soit dans le vin, soit dans la bière, pour ramener l'écoulement menstruel.

Plusieurs médecins prétendent qu'elle est puissamment alexipharmaque. Cette plante est fort en usage chez les Arabes et les Grecs.

DOUCE-AMÈRE

Morelle grimpante, Vigne de Judée, Loque, Crève-chien, Herbe à la carte, à la fièvre, Vigne sauvage.

Les feuilles mâchées présentent d'abord une saveur fade et sucrée et bientôt après une amertume remarquable. Les effets immédiats de la Douce-amère sur l'économie décèlent une qualité vireuse susceptible de produire une excitation nerveuse plus ou moins vive. Des nausées, des vomissements, de l'anxiété, des picotements dans diverses parties du corps, ont été souvent le résultat de son administration. D'autres fois elle a donné lieu au prurit des organes génitaux, à des crampes et même à des mouvements convulsifs de la face.

On a vanté son efficacité dans le traitement des convulsions et autres maladies spasmodiques. Elle est administrée aussi contre les douleurs ostéocopes, les suppressions menstruelles, l'ictère, les chancres. Les succès de cette solanée contre les rhumatismes sont attestés par un grand nombre d'auteurs. On a constaté ses bons effets contre les dartres et les maladies de la peau. On l'administre ordinairement en décoction de 15 à 30 grammes pour un kilog. d'eau réduite aux deux tiers. On fait prendre cette dose en vingt-quatre heures.

On a aussi préconisé la Douce-amère contre l'hydropisie. Les feuilles employées en cataplasmes et appliquées sur des dartres vives, des ulcères douloureux, des tumeurs, des panaris, des contusions, des brûlures, guérissent ces affections, calment les douleurs et réduisent les engorgements des mamelles. Le suc des semences était jadis. employé à la composition d'un fard, en honneur parmi les femmes de la Toscane, pour dissiper les taches de la peau.

L'odeur de la Douce-amère attire les renards.

DROSERA

Drosére, Rosée du soleil, Herbe à la rosée, Rossolis.

Son nom de Drosera, couverte de rosée, rosée du soleil, lui vient des gouttelettes sécrétées par les cils glanduleux des feuilles. Ces feuilles sont seules utilisées en médecine. On les employait jadis contre l'hydropisie, les fièvres intermittentes. Broyées avec du sel, elles servent comme épispatiques.

La Drosera est une plante insectivore; ses feuilles. ont la singulière propriété de se contracter au contact des mouches ou autres insectes qui s'y posent et de les retenir captifs. Ces feuilles se ferment et ne s'entr'ouvrent de nouveau qu'après

11*

avoir ramolli l'insecte et comme s'être nourries de leur victime.

ÉGLANTIER

Rosier des chiens, Rosier sauvage, Rosier des haies.

Les anciens attribuaient à sa racine une grande propriété contre la rage, d'où son nom de rosier des chiens.

Les fleurs de l'Eglantier sont purgatives ; elles jouissent d'une grande réputation contre les maladies des yeux.

L'excroissance spongieuse appelée bédéguar, qui naît sur le rosier sauvage par la piqûre d'un insecte parasite, à laquelle on attribuait certaines propriétés médicales, n'est plus employée.

Les fruits sont les seules parties de ce végétal dont on fasse usage ; ils servent à préparer en pharmacie la conserve de cynorrhodon usitée contre la diarrhée chronique. Ces fruits désignés sous le nom trivial de gratte-cul ont une saveur agréable, mais ils sont peu estimés à cause des poils dont sont entourés leurs semences. Les tiges d'Eglantiers ont un rôle important dans l'horticulture, elles reçoivent la greffe de toutes les espèces de rosiers qui ornent nos jardins.

ELLÉBORE NOIR

Hellébore noir, Rose de Noël, Herbe de feu, Rose d'hiver.

Sa racine est uniquement employée ; elle n'agit

d'une façon sérieuse qu'à l'état frais. Les auteurs de matière médicale lui accordent des propriétés vomitive, diurétique, emménagogue, anthelmintique et surtout purgative. Fraîche, elle est âcre, vénéneuse à trop forte dose ; elle produit la rubéfaction et la vésication de la peau ; modérément desséchée, elle fait vomir, purge, détermine l'éternuement, excite la sécrétion des urines, provoque l'écoulement menstruel, celui des hémorroïdes et augmente en un mot la contractilité insensible de nos organes. La racine de l'Ellébore noir est employée fréquemment contre les maladies cutanées.

De temps immémorial on lui a attribué la vertu de guérir la folie ; elle est encore usitée de nos jours contre les affections mentales.

L'infusion des racines se donne, à l'intérieur, à la dose de 2 à 8 grammes par kilog. d'eau. Les vétérinaires l'emploient pour entretenir les sétons aux chevaux et guérir le farcin.

ELLÉBORE BLANC

Hellébore blanc, Varaire, Vératre.

Sa racine seule, employée en médecine, a une saveur amère, très âcre ; elle agit spécialement sur les lèvres. Lorsqu'on la mâche, elle excite la salivation et détermine une impression brûlante qui reste longtemps dans l'arrière-bouche. Elle est tellement vireuse qu'elle empoisonne les chiens, les chats et les lapins, sur les plaies desquels on en applique l'extrait. Elle doit être administrée avec une extrême prudence. On lui reconnaît des propriétés vomitive, drastique, diurétique, anthelmintique, sternutatoire, apéritive, très manifestes.

A l'exemple des anciens, les médecins modernes ont fait servir l'action purgative de l'Ellébore blanc au traitement des vésanies et de plusieurs autres névroses. En Russie, elle est administrée contre les vers lombrics et le tænia. A petite dose, on lui attribue la propriété de faciliter l'exercice de toutes les fonctions et d'activer jusqu'aux opérations de l'esprit.

A l'extérieur, on emploie avec succès sa décoction en lotions pour guérir la gale et en tous temps on en a fait des applications contre les poux. La médecine homéopathique emploie sa racine, surtout fraîche, contre un grand nombre de maladies.

En substance, cette racine peut être administrée de deux à trois décigrammes ; en décoction, on ne doit pas l'employer à plus de six décigrammes pour une dose, en augmentant progressivement. La vératrine, poison violent, est le principe actif de l'Ellébore blanc.

ELLÉBORE FÉTIDE

Pied-de-griffon, *Pas-de-loup*, *Patte-d'ours*, *Herbe aux bœufs*, *Pommelée*.

L'Ellébore fétide peu employé en médecine est

aussi vénéneux que les deux précédentes. On l'administre pourtant, par petites doses, comme vermifuge et purgatif. A Naples, sa racine est utilisée avec succès contre les douleurs de dents.

Il existe encore l'ellébore vert, herbe à séton, que l'on préfère à l'ellabore noir et qui a été vanté dans les maladies de la peau ; l'ellébore hyemalis, qu'on trouve dans les Alpes et que l'on cultive comme plante d'ornement ; l'ellébore d'Orient que les anciens employaient contre les maladies mentales et qui croissait en abondance dans les îles Anticyres. Navigare Anticyras est le précepte que l'on donnait parmi les Grecs à ceux qui avaient perdu la raison.

EUPATOIRE

Eupatoire commune ou d'Avicenne, Eupatoire de Mésué, Herbe de Sainte-Cunégonde, Origan aquatique, Origan des marais, Eupatoire des Arabes, Eupatoire chauvin.

A raison de son action purgative et tonique, elle est utilisée dans le traitement de l'hydropisie, des engorgements du foie et de la rate, des catarrhes, des affections cutanées.

La racine est ordinairement administrée à la dose de 30 à 65 grammes, soit en décoction dans l'eau, soit en infusion dans le vin ou dans la bière. Le suc de cette plante associé au vinaigre et au sel est utilisé avec avantage dans le traitement de la gale.

L'Eupatoire jouit aux Etats-Unis, sous les noms d'herbe à la fièvre, herbe parfaite, d'une grande réputation comme tonique, purgative, diurétique, sudorifique.

EUPHORBES

Vulgairement connues sous le nom de tithymales, les Euphorbes sont très nombreuses en espèces sur tout le globe. Elles sont remarquables par le suc laiteux, âcre et corrosif qui découle abondamment de toutes leurs parties à la moindre piqûre.

La petite ésule, euphorbe cyparisse, commune en Europe, laisse s'écouler, goutte à goutte, lorsqu'on la coupe, un suc lactiforme. Ce suc purge avec violence, il produit en outre l'inflammation et même des ulcérations profondes sur le canal intestinal. Appliqué sur la peau, il la rougit et y détermine la vésication et des ulcérations. Les mendiants s'en servent quelquefois dans cette vue pour se procurer à volonté des ulcères sur différentes parties du corps. La racine d'ésule avalée même en très petite quantité produit un sentiment d'âcreté brûlante au voile du palais, le long du pharynx, de l'œsophage et jusque dans l'estomac. Elle excite de violents vomissements, mais elle est surtout purgative. C'est même à sa vertu drastique et au fréquent usage que les habitants de la campagne en font sous ce rapport, qu'elle doit le nom de rhubarbe des paysans sous lequel on la désigne en quelques contrées.

Dans l'odontalgie on a quelquefois appliqué avec succès sa racine sur la partie de la gencive qui correspond à la dent douloureuse. Son suc jouit aussi d'une certaine réputation contre les verrues. L'âcreté de la racine peut être corrigée soit en la faisant macérer pendant vingt-quatre heures dans le vinaigre soit en la faisant dessécher. Dans cet état, on peut l'administrer, comme drastique, en substance d'un demi-gramme à un gramme. On a donné quelquefois les feuilles en décoction dans le lait, à la dose de 8 grammes. Les fruits, au nombre de dix à douze, purgent avec violence les sujets les plus robustes. Quatre ou cinq feuilles broyées dans du miel peuvent remplacer les graines.

L'Euphorbe épurge, vulgairement grande cata-puce, euphorbe lathyrienne, grande ésule, ginou-sèle, une des plus belles espèces parmi celles de l'Europe, est facile à distinguer par son port. Dans l'état frais, presque toutes les parties de cette plante, lorsqu'on les coupe, laissent couler goutte à goutte ou en larmes un suc épais lactescent qui a des propriétés corrosives. Les propriétés médicales de ce suc âcre sont analogues à celles de l'écorce et des feuilles de la plante d'où il provient. Les feuilles et les fruits de l'épurge, administrés à l'intérieur, suscitent sur la membrane muqueuse de l'estomac et des intestins une irritation forte et profonde, provoquent le vomissement, donnent lieu à une sécrétion abondante de mucosités, à une exhalation considérable de sérosités : le foie, le pancréas, excités eux-mêmes par sympathie, fournissent une grande quantité de bile et de liqueur pancréatique. Appliqués à l'extérieur, ils rougissent la peau, y déterminent des boutons, des ampoules et souvent une inflammation qui s'étend au tissu cellulaire sous-jacent et aux parties voisines. L'épurge a été administrée avec avantage, comme topique, dans le traitement de la teigne, contre l'odontalgie et peut faire disparaître les verrues ; on sait aussi que son suc est propre à déterminer l'évulsion des poils. Pour l'administrer comme vomitive et purgative, il est prudent de modérer son énergie soit par la dessiccation, soit par une légère torréfaction préalable. On peut la donner alors en substance à la dose d'un gramme. Dans quelques contrées de la France, les paysans se purgent avec 12 ou 20 fruits de cette euphorbiacée, mais souvent avec beaucoup trop de violence.

La gomme-résine, connue dans les pharmacies sous le nom d'euphorbe, n'est autre chose que le suc laiteux fourni par l'Euphorbe officinale, l'Euphorbe des anciens et l'Euphorbe des Canaries qui croissent : le premier dans les déserts de l'Afrique, le second dans l'Inde et le dernier dans les îles Canaries. Ce suc desséché et concrété par l'action du lait et de la chaleur est employé avec avantage, dans certains cas, comme vésicant et cathérétique.

Les Arabes utilisent le suc laiteux de l'Euphorbe officinale, à l'intérieur, contre la morsure des serpents. Le suc de l'Euphorbia philanstras sert au Brésil pour la guérison des cancers.

Les vétérinaires emploient l'Euphorbe officinale, au traitement de la gale et autre maladies des chevaux.

EUPHRAISE

Eufraisse, Casse-lunettes, Lumière de l'œil.

Les anciens lui ont prodigué des fastueux éloges pour la guérison de la cataracte, du larmoiement, de l'inflammation et autres maladies des yeux.

Divers auteurs ont loué ses bons effets contre les maux de tête, les vertiges et lui attribuent la faculté de rétablir la mémoire affaiblie. Son suc, longtemps employé dans les collyres, n'est plus en usage.

FENOUIL

Aneth doux, Anis boucage, Anis doux, Fenouil des vignes,
Finocchi des Italiens.

Sa saveur chaude, douce, aromatique, très agréable est surtout développée dans les semences dont les propriétés médicales sont aussi plus énergiques. On emploie ces semences, en infusion aqueuse, depuis 30 jusqu'à 130 grammes pour un kilog. d'eau, pour activer la sécrétion du lait chez les mères qui viennent à en manquer. Cette infusion possède aussi, paraît-il, la propriété de fortifier la vue. Les Anglais en font usage dans la colique des enfants. On reconnaît généralement au Fenouil les propriétés de provoquer la sécrétion des urines, d'exciter l'écoulement des règles, d'arrêter le hoquet, le vomissement, de guérir les fièvres intermittentes, surtout d'activer les fonctions digestives et d'expulser les vents qui s'accumulent fréquemment dans le canal intestinal. On a raison facilement de la colique venteuse, en faisant bouillir dans un verre d'eau une poignée de fenouil en grains. Quand le verre d'eau est réduit à moitié par l'ébullition on coule et on ajoute trois grandes cuillerées d'huile d'olive ou d'amandes douces. Le malade doit prendre cette potion le plus chaudement possible.

Le Fenouil est très propre à combattre la dyspepsie, la chlorose, la leuchorrée et en général les affections cachectiques. Les Arabes attribuent à son eau des effets très aphrodisiaques. Comme topique, on l'applique souvent sous forme de cataplasmes sur les tumeurs et les engorgements pour en favoriser la résolution.

Sous la puissante influence du soleil vivifiant du Midi, le Fenouil devient beaucoup plus aromatique et acquiert une saveur beaucoup plus suave que dans les contrées moins favorisées, sous ce rapport, par la nature. Cette plante est un condiment utilisé dans cette partie de notre belle France, pour l'art culinaire. Les racines tendres, les jeunes tiges et les drageons de cette ombellifère fournissent, en Italie, un aliment savoureux que l'on sert soit cru en salade, soit cuit et préparé à la manière du céleri. En Allemagne, on aromatise le pain et plusieurs espèces de mets avec ses semences. Parmi nous, les distillateurs en préparent des liqueurs très agréables ; les confiseurs, des dragées d'excellent goût.

FENUGREC

Trigonelle, Sénégrain, Saine-graine.

Les semences de cette plante légumineuse répandent une odeur fragrante analogue à celle du mélilot. Elles recèlent un principe légèrement actif ; leurs qualités éminemment mucilagineuses justifient pleinement leurs propriétés adoucissante, émolliente, lubrifiante, aphrodisiaque, inviscante. On fait usage de sa décoction pour agir localement dans l'ophthalmie, contre les aphtes, les gerçures des lèvres et autres inflammations externes. On s'en sert également en lavements pour apaiser l'irritation dont l'appareil digestif est le siége, dans les coliques, les diarrhées, la dysenterie et dans les empoisonnements produits par des substances corrosives. Ces mêmes semences sont encore employées avec succès en cataplasmes pour calmer la douleur et favoriser la résolution ou la suppuration

des bubons, des flegmons, des panaris, des furoncles et autres tumeurs inflammatoires.

En Orient, le Fenugrec sert à la nourriture de
l'homme.

C'est une bonne plante fourragère qui engraisse
promptement les bestiaux et qui convient aux chevaux relâchés.

FÈVE DE SAINT-IGNACE

Igasur.

Les missionnaires jésuites auxquels on doit
l'introduction de ses graines en Europe, avaient
donné le nom du fondateur de leur ordre à cette
plante qui était considérée comme une panacée
universelle.

La faculté vénéneuse de la Fève de Saint-Ignace
se rapproche infiniment de celle de l'upas et de la
noix vomique. Son principe actif est la strychine
qui est un poison violent. La Fève de Saint-Ignace
entre dans la composition des gouttes amères de
Baumé. On a parfois obtenu des effets avantageux
par son usage dans les affections comateuses, les
anciens catarrhes ; elle est aussi employée pour
provoquer l'écoulement menstruel, arrêter des
fièvres intermittentes rebelles, pour expulser les
vers lombrics, pour opérer sur le canal intestinal
une dérivation salutaire dans certains engorgements des viscères abdominaux ; on la prescrit
dans la paralysie, l'épilepsie, la chorée et autres

névroses. Elle doit être administrée avec la plus grande réserve.

Infusée dans l'huile, la poudre donne à ce liquide la propriété de guérir la gale.

FIGUIER

Son principal mérite consiste dans la bonté et la saveur délicieuse de ses fruits. Les figues bien mûres renferment une grande quantité de matière saccharine et de mucilage qui en fait un des ali-ments les plus nutritifs et les plus savoureux que l'homme puisse trouver dans la nature. On les recommande dans les toux sèches avec irritation et même dans les pleurésies et les péripneumonies. Elles produisent de bons effets dans les douleurs néphrétiques, dans les phlegmasies aiguës, dans le premier temps du catarrhe vésical, dans les ardeurs d'urine, dans la variole, la rougeole. On conseille la décoction de figue dans le lait, contre l'esqui-nancie, contre les fluxions aiguës des gencives, lorsqu'il y a tension, gonflement, douleur. On en fait des cataplasmes que l'on applique avec avan-tage sur les tumeurs inflammatoires.

Les anciens paraissent avoir employé le suc âcre et lactiforme du Figuier, à l'extérieur, dans le trai-tement de la lèpre et autres exanthèmes. Plusieurs auteurs recommandent d'en frotter les cors et les verrues pour faire disparaître ces excroissances gênantes et parfois très douloureuses.

Ce suc sert aussi à coaguler le lait ; il entre dans la composition de plusieurs encres sympathiques. Lorsqu'on s'en sert pour écrire sur du papier, les caractères s'effacent instantanément, mais ils reparaissent dès qu'on expose le papier sur lequel ils sont tracés, à l'action du feu.

De nos jours, on fait un grand usage de figues et un commerce important. Elles sont desséchées sur des claies, soit en les exposant aux rayons du soleil, soit à la chaleur du four ou d'une étuve, et expédiées dans les pays septentrionaux où le climat ne permet pas au figuier de croître.

FILIPENDULE

La racine noire en dehors, blanchâtre en dedans passe pour diurétique et astringente.

Elle est utilisée dans les diarrhées et la dysenterie, à la dose de 50 grammes par kilog. d'eau. On en retire une farine de bonne qualité. Les tubercules sont riches en amidon et en tannin ; on s'en est servi pour le tannage des cuirs.

FOUGÈRE MALE

Néphrode, Polypode.

Depuis des siècles, cette Fougère a été connue comme un anthelminthique très puissant. C'est un poison pour le ver solitaire.

La racine se donne en substance, sous forme de poudre, dans du vin, de l'eau ou du lait, ou incorporée avec le miel, de 4 à 12 grammes et en décoction, à la dose de 16 à 32 grammes. Il est utile de prendre un purgatif, quelque temps après avoir administré cette poudre, pour amener l'expulsion du tænia.

On mange quelquefois les jeunes pousses de cette cryptogame, en guise d'asperges. Les habitants de la Sibérie font bouillir la racine dans la bière, ce qui donne, à cette dernière, une odeur agréable et un goût de framboise. Dans quelques contrées, elle sert de fourrage aux bestiaux et on la donne aux porcs pour les engraisser. On fait, avec les feuilles, des coussins et des matelas beaucoup plus sains que ceux qui sont faits avec la plume et qui sont recommandés surtout aux rachitiques. Cette plante contient beaucoup d'alcali végétal, ce qui fait rechercher ses cendres par les blanchisseurs pour les lessives. Ces cendres sont employées aussi dans les verreries.

FOUGÈRE FEMELLE

Ptéride, Fougère impériale ou à l'aigle.

La réputation dont la racine de cette plante a joui contre le tænia ne le cède en rien à celle du polypode. On lui attribue aussi les vertus de guérir le rachitisme, d'exciter l'écoulement des règles et de provoquer l'expulsion du fœtus. On l'administre en poudre, dans de l'eau, du miel où du lait, à la dose de 8 à 12 grammes ; en décoction,

on en porte la dose jusqu'à 60 grammes et plus.
Sa racine peut servir de nourriture aux cochons
pendant l'hiver ; ils en sont très avides. Séchée et
moulue, on en fait, avec de la farine de seigle un
pain grossier, mais précieux dans des temps de
disette. Dans les campagnes, les feuilles servent
souvent de litière aux bestiaux. Ses cendres, abondantes en carbonate de potasse, sont employées
dans les verreries pour favoriser la fusion du silex
et du sable quartzeux.

FRAISIER

Ses fruits font les honneurs des meilleures tables
et les délices des repas. On obtient par la culture
de nombreuses variétés. Remarquables par leur
forme globuleuse, leur belle couleur rouge, leur
odeur suave et une saveur aromatique, douce, acidulée, très agréable, ils flattent à la fois la vue,
l'odorat et le goût. Comme substance alimentaire,
les fraises constituent un des aliments médicamenteux les plus utiles. On a vu, chez plusieurs
sujets, la fièvre hectique disparaître par leur usage ;
elles ont été singulièrement utiles à des calculeux.
Plusieurs goutteux en ont fait longtemps, avec
succès, leur principale nourriture. Leur pulpe,
mucilagineuse, acide et sucrée, dissoute dans l'eau,
forme une boisson parfumée, adoucissante, relâchante, laxative ; elle nourrit légèrement, apaise
la soif et convient surtout dans les fièvres inflam-

matoires, bilieuses, dans les embarras gastriques, dans les phlegmasies des viscères et dans les exanthèmes aigus, l'hématurie.

On en prépare un sirop très agréable, des glaces délicieuses et des confitures d'excellent goût.

Les racines, et surtout les jeunes feuilles du Fraisier ont été utilisées, en infusion théiforme, dans la jaunisse, contre les maladies des voies urinaires et pour combattre les obstructions. Leur décoction est employée, à l'extérieur, en gargarisme dans l'angine, et en lavement dans les diarrhées. On a fait usage des feuilles pilées dans le traitement des ulcères.

FRAMBOISIER

Ce que nous venons de dire du fraisier pourrait s'appliquer au Framboisier. C'est une espèce de ronce qui nous offre également ses fruits parfumés sans le secours de la culture. Les framboises, dont la couleur est blanche, jaune, grise, et plus souvent rougeâtre, ont une odeur suave.

Les propriétés médicales des framboises se rapprochent beaucoup de celles des fraises, des cerises et des groseilles. Comme ces fruits, elles sont nutritives, délayantes, adoucissantes, laxatives ; de plus, elles agissent sur le système nerveux par leur arome.

Les feuilles du Framboisier sont légèrement astringentes, comme celles de toutes les ronces ;

elles sont employées comme détersives et en gargarisme dans les irritations de la gorge.

On fait avec la framboise un sirop qui, joint à l'eau, procure une boisson très propre à éteindre la soif, à diminuer la chaleur fébrile, à favoriser la transpiration et le cours des urines dans les maladies aiguës. On en fait aussi des confitures, des gelées, des conserves, des glaces, des ratafias, soit seules, soit mélangées avec la fraise. Mélangés au vin, ces fruits lui communiquent un goût délicieux. On en obtient par la fermentation une liqueur alcoolique. Les Russes les emploient à la fabrication du vin, et les Polonais en composent un excellent hydromel. Dans le Nord, on appelle thé de framboises l'infusé de framboises sèches. Les jeunes pousses et les feuilles du Framboisier sont avidement broutées par les chèvres.

Il est plusieurs autres espèces de ronces, très communes dans les bois, arbrisseaux des haies, qui offrent des fruits ayant le caractère de la framboise, mais point le parfum. Ces fruits portent le nom de mûres sauvages, maures. Dans quelques localités de la France, les mûres des haies sont si abondantes qu'on en obtient un vin qui a bon goût, de l'alcool, du vinaigre.

Les feuilles sont fréquemment employées en gargarisme ; leur décoction unie au miel rosat est un remède populaire dans les maux de gorge. Leurs propriétés astringentes peuvent être utilisées dans la diarrhée, les flueurs blanches, l'hémoptysie.

Le mûrier noir, originaire d'Orient, est naturalisé en France. Ses fruits, comestibles, sont rafraîchissants, acidulés, très agréables. La racine de mûrier noir, bouillie pendant une heure (20 grammes pour 250 grammes d'eau), a quelquefois fait rendre le tænia.

Le mûrier blanc, à fruits blanchâtres, à feuilles lisses employées pour la nourriture des vers à soie, a une écorce fibreuse qui pourrait donner une matière textile.

FRAXINELLE, DICTAME BLANC.

Cette plante répand une odeur forte et pénétrante, analogue à celle du citron, sans être aussi agréable. Il s'en exhale, dans les temps orageux, une vapeur inflammable qui prend feu lorsqu'on en rapproche une bougie allumée.

Sa racine, introduite dans l'usage médical, est constamment désignée sous le nom de racine de Dictame. Cette racine exhale, à l'état frais, une odeur forte et offre une saveur aromatique amère. On lui attribue des succès contre la chlorose, la leucorrhée, les convulsions des enfants, dans le traitement des fièvres pestilentielles, ainsi que pour expulser les vers lombrics. Elle a rétabli l'écoulement menstruel chez plusieurs femmes leucorrhéiques. La teinture spiritueuse de cette racine a été administrée avec avantage dans l'épilepsie. Les feuilles de la Fraxinelle sont employées en Sibérie comme succédanées du thé. L'eau distillée des fleurs fournit aux Méridionaux un cosmétique parfumé.

FRÊNE.

Le suc épais qui découle du tronc et des branches de cet arbre et qui se concrète quelquefois spontanément à la surface de ses feuilles et de son écorce, constitue la manne. Trois variétés se présentent dans le commerce : la manne en grains ou en larmes, la manne cannelée ou en canons et la manne grasse. Elle a été introduite dans la matière médicale par les Arabes, et depuis on n'a pas cessé d'en faire usage comme purgatif. A petite dose et sous forme de tablettes, elle est employée pour calmer la toux. A faible dose, c'est un aliment.

L'écorce de Frêne a des propriétés fébrifuges, au point qu'on la nomme quinquina d'Europe ; elle est employée contre les fièvres intermittentes, en décoction, à la dose de 50 grammes pour un litre d'eau. Elle a été préconisée comme émétocathartique et pour la guérison de l'hydropisie simple, c'est-à-dire de celle qui provient d'un épanchement d'eau dans le tissu cellulaire et non contre l'hydropisie de poitrine. Voici la composition du remède : on met, dans un pot neuf en terre, pouvant contenir deux litres d'eau, trois fortes poignées de racines de Frêne ; on les racle et coupe à petits morceaux et on fait bouillir jusqu'à réduction de moitié. Le malade doit boire à jeun et chaque matin, un grand verre de cette eau tiède. Cette tisane produit d'abord un effet purgatif, ensuite une diurèse abondante et enfin une prompte et complète guérison. On s'est servi aussi de cette écorce dans le traitement des maladies vénériennes ; quelques auteurs lui attribuent même, sous ce rapport, une puissance égale à celle du gaïac.

Ses feuilles vertes sont un puissant purgatif. Plusieurs médecins ont guéri quelques affections scrofuleuses, au moyen de bains faits avec les feuilles de cet arbre et par l'usage de ces mêmes feuilles à l'intérieur. Ces feuilles ainsi que leur suc ont joui d'une grande réputation contre la morsure de la vipère. On a surtout vanté leur infusion contre la goutte et le rhumatisme. Un curé de campagne recommande, comme très efficace, le remède suivant contre les affections rhumatismales : Faire sa boisson ordinaire, pendant une dizaine de jours, de la décoction de 50 grammes pour un litre de feuilles de Frêne. Ce même curé donnait aussi comme certain le traitement suivant contre la goutte : Mettre, dans un litre d'eau bouillante, 50 grammes de feuilles de Frêne sèches ou vertes ; les faire infuser dans un vase bien couvert pendant une heure environ. Prendre chaque jour, un verre le matin à jeun, un verre deux heures avant le second repas et un verre en se couchant. Faire ce traitement tous les jours et ne cesser que quinze jours après la disparition complète des douleurs.

Les feuilles sont broutées avec avidité par les chevaux, les bœufs, les chèvres et les moutons. Elles sont la nourriture favorite des cantharides.

La dureté, la solidité et le beau poli du bois de Frêne le font rechercher par les charrons, les menuisiers et les ébénistes.

FROMENT

La meilleure espèce du blé. Il se dit tant de la plante que du grain. Les usages des nombreuses variétés du Froment, la première de nos céréales, sont très connus. Le grain forme la base de la nourriture de l'homme dans beaucoup de pays. Le blé trouve des applications en médecine sous forme de farine, d'amidon, de gluten, de dextrine, de pain et de son. La paille du Froment, lorsqu'elle n'est pas trop grosse, trop dure et qu'elle est dépourvue de barbes, est regardée comme un des meilleurs fourrages. Nous nous occuperons ici surtout, des diverses propriétés thérapeutiques des produits du Froment, renvoyant à des ouvrages spéciaux pour tout ce qui concerne son emploi dans l'économie et l'industrie.

La *farine* de Froment est émolliente ; on en fait des cataplasmes adoucissants qu'on emploie avec avantage dans le traitement des érysipèles. La farine sèche est appliquée sur les surfaces irritées et enflammées pour absorber les liquides séreux et calmer l'inflammation ; on l'applique aussi sur les écorchures causées par le contact de l'urine ou le frottement, dans l'intertrigo des enfants ou des personnes obèses. On ajoute la farine aux bains dans les affections cutanées accompagnées d'irritation. La farine lactée, qui sert à alimenter les enfants chétifs qui viennent d'être sevrés, est composée de lait pur concentré, de pain torréfié et de sucre. Le tout est réduit en poudre d'un blanc jaunâtre. Les dames vénitiennes, qui ont le teint très beau, se servent, dit-on, d'un masque fait avec de la farine et du blanc d'œuf ; cette pâte s'applique la nuit sur la figure et s'enlève facilement le lendemain avec un peu d'eau tiède.

L'*amidon* agit comme émollient, adoucissant, sur la muqueuse des voies digestives ; on le donne dans les inflammations intestinales, soit en décoction, soit en lavement. On l'emploie pour saupoudrer les parties de la peau irritées ; pour hâter la dessiccation des vésicatoires ; on peut l'employer encore dans le cas de légères brûlures, d'érythème, d'érysipèle. Il est utilisé dans la diarrhée, la dysenterie, en décoction ou en lavement, à la dose de 12 grammes pour un kilogr. d'eau. En mélangeant de l'amidon à la glycérine, on obtient un produit qui s'emploie comme le cérat. Les bains amidonnés (500 grammes pour un bain) sont émollients et propres à calmer les démangeaisons. Quand on délaye l'amidon dans un peu d'eau et qu'on le soumet à l'action de la chaleur, il se forme une colle ou mucilage nommée empois dont on se sert pour rendre le linge plus ferme.

Le *gluten* est la partie essentiellement nutritive des graines du Froment. On en fait des pâtes alimentaires, connues sous les noms de pâtes d'Auvergne, telles que vermicelle, macaroni, nouilles, etc., et du pain destiné aux diabétiques.

La *dextrine* se prépare avec l'amidon de Froment au moyen de divers procédés. On l'utilise pour constituer des appareils inamovibles. On dextrine aussi les bandes dont on entoure les pansements ouatés. Dans les arts, la dextrine remplace la gomme dans l'apprêt des calicots, des indiennes, des papiers, etc. La dextrine est un puissant digestif, préconisé dans la dyspepsie. On en fait une tisane pour remplacer l'eau de gomme.

Le *pain*, l'aliment national par excellence, lorsqu'il contient une grande quantité de son, est le meilleur remède à employer contre la constipation habituelle. On emploie avec succès contre les plaies, les blessures, les inflammations, etc., une tranche de pain tendre trempée dans l'eau froide, appliquée sur la partie malade, maintenue au moyen d'une bande de linge et entretenue continuellement humide. On prépare des cataplasmes émollients avec du pain, de l'eau et du lait. L'eau panée, boisson rafraîchissante qu'on obtient en mettant tremper dans de l'eau une croûte de pain grillée, convient dans les maladies aiguës. La panade, espèce de soupe faite avec de la croûte de pain qu'on laisse longtemps mitonner dans de l'eau avec du sel, du beurre et un jaune d'œuf, convient très bien aux petits enfants, aux convalescents et aux vieillards.

Le son, en décoction (une poignée pour un litre d'eau), est adoucissant, émollient, rafraîchissant ; on peut l'administrer, soit à l'intérieur, en tisane, dans les catarrhes aigus, les irritations intestinales, les rhumes opiniâtres, la toux, soit en fomenta-tations, bains ou lavements. Ces derniers sont très efficaces contre le ténesme dysentérique. On fait aussi avec le son des cataplasmes émollients. Chauffé à sec, appliqué en sachets fréquemment renouvelés, le son convient dans les douleurs rhu-matismales, la fausse pleurésie, les coliques ner-veuses, les flatuosités, l'asphyxie par submersion, etc. Le son sert aussi à préparer un aliment rafraîchissant pour les bestiaux.

FUCUS VESICULOSUS

Varech vésiculeux, Chêne marin.

On emploie avec succès et sans inconvénient le Fucus vesiculosus contre l'obésité, soit en poudre (20 centigrammes à 1 gramme par jour), soit en décoction (20 grammes pour 500 grammes d'eau), une demi-tasse matin et soir.

Le charbon de ce Fucus, nommé poudre de chêne marin, est recommandé contre le goître.

Le Fucus vesiculosus est aussi employé avec succès contre le squirre et les scrofules. Dans certaines parties du Nord, on le mélange avec la farine.

FUMETERRE

Fiel de terre, Pied de geline, Pisse-sang.

Lorsqu'on l'écrase, cette plante exhale une odeur herbacée. La saveur amère, désagréable qu'elle présente à l'état frais, augmente par la dessiccation. Les anciens et les modernes ont préconisé à l'envi ses vertus dépurative, balsamique, tonique, savonneuse, anti-acide, laxative, roborante, emménagogue, etc. On l'emploie avec confiance dans les obstructions du foie, la jaunisse, la cachexie, la goutte, les scrofules, le scorbut et les maladies vermineuses. Plusieurs observateurs ont retiré des avantages manifestes dans le traitement des dartres, par l'usage de la Fumeterre infusée dans du lait (20 grammes pour un litre d'eau). Un grand nombre de médecins la rangent parmi les meilleurs moyens curatifs de la lèpre en général. Appliquée en onctions à l'extérieur, elle guérit la gale. La Fumeterre bulbeuse est préconisée comme emménagogue, anthelmintique et antiseptique. Sa racine, qui fournit de l'amidon, sert d'aliment aux Kalmoucks et autres peuplades de la Russie.

La Fumeterre donne aux étoffes de laine une couleur jaune, pure et solide.

FUSAIN

Bonnet de prêtre, Bois à lardoire, Bonnet carré.

Ses feuilles et ses fruits sont purgatifs. Les paysans anglais se purgent en prenant trois ou quatre de ces fruits. Leur décoction (25 grammes par kilogramme d'eau), à laquelle on ajoute un peu de vinaigre, est d'un usage fréquent contre la gale. Les vétérinaires emploient la décoction du Fusain dans le vinaigre contre la gale des animaux domestiques. On fait aussi avec le fruit une préparation insecticide.

Le bois donne un charbon sec et léger, servant de crayon aux dessinateurs, sous le nom de fusain. Ce charbon est très estimé pour la fabrication des poudres de guerre et de chasse.

GALANGA

On distingue le grand et le petit Galanga. La racine exhale une odeur piquante, aromatique, plus forte à l'état frais qu'après la dessiccation. Sa saveur chaude, aromatique, est âcre et persistante. Ses propriétés excitantes, carminatives, sialagogues, sont toutefois plus développées dans la variété qui porte le nom de petit Galanga que dans celle désignée sous celui de grand Galanga. L'impression stimulante que cette racine détermine sur l'organe du goût, fixe naturellement son rang parmi les toniques, à côté du poivre, du gingembre et de la cannelle. Ainsi, elle a pu être utilement employée, soit à l'intérieur, soit à l'extérieur, pour stimuler le système nerveux, provoquer l'action musculaire, exciter les fonctions digestives et pour augmenter les sécrétions. Les Indiens, en général, et notamment les habitants du Malabar, accordent une estime particulière aux racines du Galanga, qu'ils emploient comme aliment, comme assaisonnement et comme remède. Ils les réduisent en farine et en préparent, avec le suc de coco, des pains et des gâteaux qu'ils mangent avec délices et dont ils prétendent avoir constaté les vertus merveilleuses dans les cas de dyspepsie, d'hystérie, de coliques, et dans les affections des voies urinaires. On s'en sert en mastication contre le mal de dents.

On retire de cette plante, cultivée aux Antilles, dans le sud des Etats-Unis et à l'Ile-de-France, une fécule appelée arrow-root (salep des Indes occidentales, poudre de Castilhon). Ce féculent, d'un prix assez élevé, peut être utilisé pour certains malades à digestions stomacales difficiles ou capricieuses, pour les convalescents.

Les gens de la campagne font, avec le jus de

Galanga, un vin chaud qu'ils donnent à leurs vaches pour les exciter à aller au taureau.

GALBANUM

Le Galbanum est un suc visqueux, condensé en larmes, que l'on croit produit par le bubon galbanum ou la férule érubescente.

Cette gomme-résine est également fournie par plusieurs autres ombellifères. Elle a joui de beaucoup de réputation comme antispasmodique, tonique, carminative, emménagogue, expectorante, maturative, etc. L'hypocondrie, l'asthme, l'hystérie sont les affections nerveuses contre lesquelles elle a été le plus préconisée. On a recommandé son usage, soit à l'intérieur, soit en topique, sur l'épigastre pour combattre les faiblesses d'estomac, les flatuosités et les coliques qui en dépendent. On l'a employée avec succès dans les spasmes de la poitrine, les toux invétérées et contre l'irrégularité et la suppression des règles. Ses propriétés sont sensiblement les mêmes que celles de l'asafœtida.

Le Galbanum entre dans une foule de préparations pharmaceutiques.

GALÉGA

Lavanèse, Rue des chèvres, Faux indigo, Indigo bâtard.

Le Galéga est surtout connu comme plante d'ornement. Cette plante, soit crue, soit cuite, a été préconisée comme un excellent aliment prophylactique pendant les épidémies pestilentielles. Elle passe pour diurétique et vermifuge. En Italie, on mange quelquefois les feuilles de Galéga en salade. On lui a attribué la propriété de faire revenir le lait aux nourrices qui l'ont perdu.

Dans certaines contrées il sert de fourrage aux bestiaux. Plusieurs espèces de Galéga sont employées en Amérique, à la manière de la coque du Levant, pour assoupir les poissons et les pêcher plus facilement.

GALEOPSIS

Galeopside, Chanvre bâtard, Galéope.

Cette plante a passé pour avoir une certaine action contre la phtisie et le catarrhe pulmonaire chronique. On la donne en décoction (20 grammes pour 1 kilogramme d'eau). Elle fait la base du thé de Blankenheim en très grande réputation en Allemagne contre la phtisie. Le nom de Galeopsis est aussi donné à l'ortie blanche.

GARANCE

La racine de Garance, réputée astringente, tonique et diurétique, était une des cinq racines apéritives. Différents auteurs rapportent que son administration a été suivie de succès, dans des toux anciennes, des vomissements et autres affections dépendantes de la diathèse pituiteuse. Cette racine était l'objet d'une culture très lucrative et d'un commerce très étendu. C'est une des substances les plus utiles à la teinture. Elle imprime aux laines, à la soie et au coton une couleur rouge qui a l'avantage de résister à l'action de l'air, de la lumière et du lavage. Elle est délaissée depuis la découverte de l'alizarine extraite du goudron.

Le phénomène organique le plus remarquable qui résulte de l'action de la racine de Garance sur l'économie animale est la coloration en rouge des os chez l'homme et les animaux qui en font usage. Cette coloration s'étend même à l'urine, au lait, à la bile, au sérum du sang, souvent à la graisse et quelquefois à la sueur.

L'herbe fauchée en septembre fournit un excellent fourrage aux bestiaux.

Les tiges et les feuilles sont employées avec avantage pour polir et fourbir les métaux; elles donnent surtout beaucoup de brillant aux vases d'étain.

GAROU

Daphné garou, Sain-bois, Bois-gentil, Lauréole femelle, Bois de garou, Garoutto.

Les feuilles du Garou, à l'état frais, mais surtout son écorce et ses semences, soit fraîches, soit sèches, présentent à un haut degré les qualités corrosives et virulentes qu'on retrouve dans la plupart des végétaux de la famille des thymélées.

L'écorce inodore et même insipide, au premier abord, fait éprouver lorsqu'on la mâche longtemps, une sensation âcre et brûlante qui s'étend jusqu'au pharynx et ne se dissipe que lentement. Les semences jouissent de propriétés analogues quoique moins prononcées. Appliquée sur la peau elle y produit une vive irritation, de la rougeur, du gonflement et une abondante exhalation de sérosité. Cette écorce corrosive, administrée seule ou associée à différentes substances, a donné de bons résultats dans certaines maladies de la peau telles que les dartres rebelles, dans la scrofule, dans les douleurs ostéocopes, les exostoses vénériennes et autres accidents de la syphilis invétérée. On l'administre en décoction à la dose de 30 grammes dans 1 kilogramme d'eau réduite aux deux tiers. De nos jours, le bois-gentil est uniquement consacré à l'établissement des exutoires ou vésicatoires. Cet usage est depuis longtemps connu en Aunis, où de temps immémorial les paysans s'en servent sous le nom de bois d'oreille ; ils l'introduisent dans le lobe de l'oreille des enfants, pour produire une exsudation séreuse qu'ils regardent comme préservative et curative des maux de l'enfance et particulièrement des accidents de la dentition. Appliqué autour de la tête, on rapporte qu'il a fait disparaître la surdité, des douleurs de dents, une céphalée arthritique, l'ophthalmie chronique, l'épiphora. Promené autour de l'articulation iléo-fémorale, on lui a dû la guérison d'une coxalgie. Fixé sur différentes parties de la peau, on s'en est servi avec avantage dans le traitement de la teigne, des dartres et des rhumatismes chroniques. Cette substance est journellement employée soit pour produire la rubéfaction et la vésication, soit pour entretenir la suppuration des cautères et des vésicatoires. On produit la vésication en faisant macérer un morceau d'écorce pendant une heure dans de l'eau ou du vinaigre, puis l'appliquant sur la peau par la face interne et la maintenant avec une bande. La vésication ne se produit guère qu'au bout de 24 heures. Dans le midi de l'Europe, l'écorce du Garou est employée à la teinture. On s'en sert particulièrement pour donner à la laine une couleur jaune, qu'on change ensuite en vert par addition d'isatis. Les semences sont en usage pour tuer les loups et les renards.

GAYAC

Gaïac, Bois-Saint, Jasmin d'Afrique, Bois de vie.

La découverte du Gayac est presque aussi ancienne que celle de l'Amérique. Le bois, l'écorce et la résine sont également employés en médecine. Ils ont la propriété de stimuler les tissus organiques, d'exercer plus particulièrement leur action sur le système dermoïde et d'augmenter d'une manière sensible l'activité des vaisseaux exhalants cutanés, ce qui justifie les vertus échauffantes, sto-

machiques, apéritives, diurétiques et surtout sudorifiques qu'on lui a accordées. Il est usité dans les
affections de la peau, le rhumatisme, la goutte,
l'asthme, les douleurs sciatiques, les anciens catarrhes, la leucorrhée rebelle, la leucophlegmatie,
les dysménorrhées et l'aménorrhée. On fait une
tisane avec le bois, en décoction, avec 50 grammes
pour 1 kilogramme d'eau, comme sudorifique. On
fait aussi un ratafia ou remède des caraïbes, en faisant macérer, pendant quinze jours, 6 grammes de
résine de Gayac avec 300 grammes de rhum. Ce
remède est employé contre les affections syphilitiques, goutteuses, rhumatismales et scrofuleuses.
Ses propriétés antisyphilitiques ont été reconnues
exactes à la suite d'un grand nombre d'observations. La teinture dite eau-de-vie de gayac est
employée comme dentrifice.

La dureté et le beau poli du bois de Gayac le
rendent propre à toutes sortes d'ouvrages d'art,
et, sous ce rapport, il est recherché par les ébénistes, les tourneurs, les menuisiers.

GENÊTS

On emploie, en médecine, quatre espèces de
Genêts : 1° Genêt purgatif, Genêt herbacé, Genêt
griot, Spartier purgatif; 2° Genêt des teinturiers,
Spargelle ou Genestrolle, Herbe à jaunir ; 3° Genêt
d'Espagne ; 4° Genêt à balais, Spartier à balais,
Genettier, Juniesse.

Les rameaux, les fleurs, les graines, l'écorce du Genêt à balais produisent, selon les doses et les parties, des effets diurétiques, purgatifs ou émétocathartiques. Une décoction des rameaux et des sommités fleuries (50 grammes par litre d'eau ou de vin blanc) excite la sécrétion des urines et peut rendre de grands services dans le rhumatisme, la goutte, les scrofules, la jaunisse; à dose plus forte, c'est un des meilleurs remèdes contre l'hydropisie. Le Genêt purgatif jouit de propriétés purgatives très énergiques; il est employé de temps immémorial dans les campagnes de l'est et du midi de la France. La racine du Genêt des teinturiers fournit à la teinture une belle couleur jaune; ses boutons sont souvent confits dans le vinaigre. Sa semence, réduite en poudre et donnée tous les deux jours à la dose de 5 grammes dans 200 grammes de vin blanc, est un remède populaire contre l'hydropisie.

Le Genêt d'Espagne, dont les fleurs ont une saveur sucrée et une odeur suave, fait l'ornement des jardins. Il est considéré dans le Midi comme plante fourragère et fournit une écorce textile. Ses semences sont purgatives.

GENÉVRIER

Genièvre, Potron, Pétrol, Genibre, Piket, Pétron, Genévrier cade, Genévrier sabine.

Le bois, les feuilles, la résine et surtout les baies de cet arbrisseau exhalent, principalement quand on les brûle, une odeur résineuse plus ou moins suave qui parfume les appartements et en purifie l'air. Elles offrent une saveur basalmique légèrement amère, qui est accompagnée dans les semences d'un goût douceâtre et aromatique.

Le suc qui découle, dans les pays chauds, des incisions que l'on pratique au tronc de cet arbre, est connu dans le commerce sous le nom de sandaraque. Cette résine est recommandée, en application sur les plaies, pour arrêter l'écoulement du sang et sur les ulcères pour les déterger.

Toutes les propriétés médicales de cet arbre résineux se trouvent en quelque sorte concentrées dans les baies auxquelles, pour cette raison, on a le plus souvent recours pour l'usage médical. Leur action tonique sur l'estomac et les intestins n'est pas douteuse ; elles sont recommandées, en infusion, par l'abbé Kneipp, dans les débilités de l'estomac. Elles augmentent l'appétit et facilitent la digestion ; elles excitent aussi la sécrétion de l'urine à laquelle elles communiquent une odeur de violette, et activent la transpiration cutanée ; elles rendent de grands services comme diurétiques, dans les hydropisies. On les emploie en infusion, à la dose d'une poignée dans un litre d'eau.

La décoction du bois réduit en copeaux, à la dose de 60 grammes par litre d'eau, est réputée diurétique et sudorifique ; elle est vantée contre les catarrhes de la vessie et des poumons, contre l'aménorrhée et les obstructions du foie. Le bois et surtout les baies, jetés sur des charbons ardents et mis dans une bassinoire qu'on promène entre les draps, produisent une fumigation très utile contre les douleurs et particulièrement le rhumatisme. Les cendres du Genévrier sont hydragogues. On fait infuser à froid 150 grammes de ces cendres dans 1 kilogramme de bon vin blanc. Le malade en prend 50 grammes, trois ou quatre fois par jour, jusqu'à ce qu'il soit complètement désenflé.

Le Genévrier fournit un bois jaune rougeâtre, dur, presque incorruptible, très recherché par les ébénistes. En Lorraine, on fait bouillir ses branches dans de l'eau avec laquelle on lave ensuite l'intérieur des tonneaux destinés à recevoir la vendange.

Les baies du Genévrier infusées dans l'eau donnent le vin de Genévrier ou genevrotte, d'où on retire par distillation l'eau-de-vie de genièvre ou simplement le genièvre des Allemands. On en fait aussi une excellente liqueur de ménage.

Le Genévrier oxycèdre donne, par la distillation de son bois, l'huile de cade d'une grande efficacité pour guérir la gale. On se sert aussi de cette huile avec succès contre l'ophthalmie scrofuleuse des adultes et des enfants.

GENTIANE

Grande Gentiane, Gentiane jaune, Gentiana.

La racine de Gentiane, en vertu de son amertume, exerce sur l'appareil digestif une action tonique lente, mais durable. L'infusion à froid de quelques morceaux de gentiane écrasés, prise matin et soir, augmente l'appétit et active la digestion. Son usage a souvent guéri des maux d'estomac. La racine est employée avec avantage contre les vers lombrics, contre la scrofule, le rachitisme et la coxalgie, dans le traitement des obstructions des viscères abdominaux. Elle produit les plus heureux effets contre certaines fièvres intermittentes qui sont marquées par la pâleur, la flaccidité ou un état leucophlegmatique. C'est le meilleur de tous les amers indigènes; on l'a surnommé le quinquina des pauvres.

On s'en sert en décoction à la dose de 25 grammes par litre d'eau, prise par 75 à 100 grammes par jour. Le vin de Gentiane se prépare en faisant macérer 50 grammes de racine coupée dans 500 grammes de vin et pris par petits verres avant le repas.

Dans les Vosges, dans les Alpes et en Suisse, on retire par la distillation une liqueur spiritueuse appelée eau-de-vie de Gentiane, qui est une sorte de panacée pour les montagnards. On a donné le nom de fébrifuge français à un mélange de Gentiane, de camomille et d'écorce de chêne.

La racine de Gentiane est la base d'une foule de médicaments solides et liquides.

GÉRANIUM

Geranion, Herbe à Robert, Bec-de-Grue, Herbe à l'esquinancie, Géraine-Robertin.

Ses feuilles ont des propriétés vulnéraires bien connues ; elles guérissent promptement les blessures, les coupures, écorchures et autres plaies du même genre. On les écrase, on les met sur un linge et on applique le tout sur la plaie. Sous forme de cataplasmes, elles ont été préconisées dans le traitement des gerçures et les engorgements des mamelles. On l'a employé comme astringent en gargarismes dans l'angine et à l'intérieur dans les hémorrhagies ; la dose est de 25 grammes dans 500 grammes d'eau. On l'a administré avec quelque succès contre l'hématurie et la néphrite calculeuse.

Cette plante réduite en poudre et introduite dans les fosses nasales, arrête l'épistaxis ou saignement de nez.

On l'emploie avec avantage, en décoction concentrée, 50 grammes par kilogramme d'eau, dans l'hématurie des bestiaux. Son suc a la propriété, dit-on, de chasser les parasites. C'est une excellente nourriture pour le bétail.

GERMANDRÉE

Petit-Chêne, Chenette, Chasse-fièvre, Sauge des bois.

Elle a été préconisée contre les engorgements

de la rate, l'ictère, les obstructions des viscères, la suppression des règles, les fièvres rebelles, l'asthme et autres maladies chroniques des poumons. On lui a prodigué de fastueux éloges pour l'expulsion des vers, pour la guérison des scrofules, du scorbut, de la goutte, surtout et enfin, des fièvres intermittentes. Toutes les espèces sont amères, aromatiques, toniques et stimulantes. On désigne aussi la Germandrée sous le titre de thériaque d'Angleterre.

La Germandrée maritime, marum ou herbe aux chats, est douée d'une saveur âcre, chaude et amère ; elle exhale, surtout lorsqu'on la froisse, une odeur aromatique camphrée pénétrante qui excite l'éternument. On lui donne le premier rang parmi les cordiaux. On lui attribue aussi la propriété de guérir les polypes du nez et de s'opposer à leur reproduction.

Comme la Germandrée maritime croît sur les bords de la Méditerranée et qu'on la trouve difficilement dans les officines du centre et du nord de la France, on peut lui substituer la sauge, le romarin, la menthe poivrée, dont les propriétés sont analogues. Les chats ont pour cette germandrée la même passion que pour la cataire. Ils se précipitent et se vautrent sur elles avec un égal plaisir. Germandrée aquatique. (Voir Scordium.)

GESSE

Gesse chiche, Gesse commune, Gesse odorante ou pois de senteur, Gessette.

Quelques espèces sont cultivées comme fourragères et même comme alimentaires. La Gesse des bois, la Gesse à larges feuilles sont cultivées comme plantes d'ornement ; mais la plus importante est la Gesse odorante, plante exotique si connue sous le nom de pois de senteur. En Espagne, on utilise la graine de la Gesse commune, dite aussi petit pois, pois de brebis, pois breton et lentille d'Espagne, pour l'alimentation.

GINGEMBRE (*voir* Amome)

GINSENG

Les peuples de l'Asie, notamment les Chinois, ont une haute opinion des vertus de cette plante ; ils la recueillent avec beaucoup de soins au commencement du printemps et à la fin de l'automne. La racine est seule usitée en médecine. Ils la considèrent comme un analeptique précieux, comme un tonique puissant et un excellent aphrodisiaque. Ils lui attribuent la propriété de donner de l'embonpoint à ceux qui en font usage, de rétablir les forces épuisées par la fatigue, les plaisirs de l'amour ou les méditations profondes. Il est inusité en France.

GIROFLEE

Giroflée jaune, Violier, Giroflée de muraille.

Ses fleurs agréablement parfumées sont regardées comme antispasmodiques et diurétiques. C'est un remède vulgairement employé dans les campagnes contre la gravelle et l'hydropisie, pris à jeun à la dose d'un demi-verre avec autánt de vin blanc.

Elle était jadis employée en médecine contre l'avortement. Quelques pharmacopées étrangères indiquent encore une huile de Giroflée préparée par infusion.

GLOBULAIRE TURBITH

Turbith blanc, Fruit terrible.

Le titre d'Herbe terrible qu'on lui donne encore aux environs de Montpellier, l'a fait considérer comme un purgatif très violent. Loin d'être un drastique dangereux, elle doit être assimilée aux purgatifs les plus doux. C'est le séné des Provençaux. Plusieurs médecins ont même constaté son avantage sur le séné. On prend la Globulaire en décoction aqueuse, à la dose de 25 grammes.

La Globulaire commune, boulette, paraît jouir, à un degré moindre, des mêmes propriétés.

GNAPHALIUM

Gnaphale, Gnaphalie, Pied-de-chat.

Les fleurs et les feuilles sont employées en infusion théiforme comme béchiques, pectorales. On emploie aussi la plante en gargarisme, comme astringente.

GRATERON

Gaillet, Caille-lait, Rièble.

Plusieurs espèces du genre ont la propriété de faire cailler le lait.

Le Grateron, peu usité de nos jours, était autrefois employé comme diurétique et comme tel utilisé encore dans l'anasarque. On lui attribue aussi des propriétés antispasmodiques, antidartreuses, diaphorétiques. Ses fruits globuleux, fortement hérissés de longs poils crochus, s'accrochent aux vêtements des passants et au pelage des animaux.

La racine de cette plante renferme une matière colorante qui rougit l'eau par la macération, à l'exemple de la garance et de la croisette; elle donne une couleur rouge aux os des animaux qui s'en nourrissent. Elle engraisse, dit-on, la volaille.

La couleur rouge qu'elle renferme peut être fixée sur les étoffes par divers mordants et la rend recommandable dans l'art de la teinture.

Les fruits, torréfiés, ont été employés comme succédanés du café pendant le blocus continental.

GRATIOLE

Grâce-de-Dieu, Petite digitale, Herbe à pauvre homme, Centauroïde, Séné des prés, Herbe à la fièvre.

A raison des puissantes vertus qu'on lui attribue

et de son action très énergique bien connue sur l'appareil digestif, la Gratiole est, sans contredit, un médicament très propre à opérer la médication purgative avec excitation générale. Sous ce rapport, elle est employée dans les hydropisies essentielles du tissu cellulaire et du péritoine. Elle est aussi administrée dans beaucoup de cas pour expulser les vers des intestins, dans la goutte, dans le delirium tremens. Des observations curieuses ont appris que la décoction de la Gratiole prise en lavement, a donné lieu chez plusieurs femmes à une vive irritation de l'appareil sexuel et à tous les symptômes de la nymphomanie la plus furieuse. La racine, pulvérisée, peut être administrée comme vomitive à la dose de 2 grammes dans du jaune d'œuf. La plante se donne comme purgative, en infusion dans le vin, à la dose de 10 grammes pour un litre de liquide.

La dessiccation lui fait perdre un peu de son énergie. C'est une mauvaise plante dans les herbages.

GREMIL

Herbe aux perles.

La semence a été réputée lithontriptique et anti-dysentérique. On en fait une émulsion. La plante entière a une action stimulante sur les reins. Les racines du Gremil des champs renferment une matière colorante rouge.

GRENADIER

Le fruit connu sous le nom de grenade est couvert d'une écorce épaisse, dure, coriace, d'une saveur chaude et beaucoup plus astringente que celle d'aucune autre partie du Grenadier. La pulpe rouge et succulente qui entoure les semences des grenades, exhale une odeur légèrement vineuse et offre une saveur fraîche, acide et fort agréable ; elle est nutritive, rafraîchissante, diurétique. Elle est très convenable pour calmer les dysenteries et les diarrhées.

La racine du Grenadier et les fleurs dites balaustes, desséchées, sont employées soit à l'intérieur, soit en topique, dans le traitement des anciens catarrhes, des écoulements muqueux, des diarrhées chroniques, des blennorrhagies rebelles, des leucorrhées. Leur décoction est aussi usitée en gargarismes pour remédier au relâchement de la luette et au gonflement des amygdales ; contre le relâchement des organes génitaux, le prolapsus du vagin, la chute du rectum.

Les succès marqués obtenus par l'emploi de la racine fraîche du Grenadier pour l'expulsion du tænia armé ou ver solitaire, sont confirmés par de nombreuses et nouvelles observations. La racine des maigres arbustes élevés dans des caisses est moins riche en tannin et n'offre pas les mêmes avantages, sous le rapport thérapeutique, que l'écorce de racine du grenadier de Portugal, par exemple. L'écorce sèche réussit aussi bien, lorsqu'on a eu la précaution de la faire macérer vingt-quatre heures dans l'eau qui doit servir à préparer la décoction. Il ne faut administrer le médicament que le lendemain du jour où des anneaux du tænia ont été expulsés. On doit faire prendre la veille du jour où l'écorce de la racine de Grenadier doit être administrée, le soir de préférence, 50 grammes d'huile de ricin pour nettoyer le tube digestif et mettre le tænia à nu le plus possible. On administre la décoction de 60 grammes d'écorce de racines fraîches dans 750 grammes d'eau réduits à 500 grammes, que l'on fait prendre en trois fois, à une demi-heure d'intervalle.

On fait avec la grenade un sirop très agréable que l'on mêle avec de l'eau, le vermouth, etc. On en fait aussi un vin aromatique et astringent, qui porte le nom de vin de palladius. Les confiseurs en préparent des confitures, des sorbets, des glaces et des boissons d'excellent goût.

GRINDELIA ROBUSTA

Plante de la Californie très employée comme antiasthmatique. On l'utilise aussi contre la coqueluche, les affections des bronches, l'emphysème. Le sirop, à base de grindelia robusta, préparé par quelques pharmaciens, diminue la fréquence de toux dans ses diverses affections.

GROSEILLIERS

Le Groseillier à fruits rouges est un arbrisseau très rameux, dépourvu d'épines. Ses fruits consistent en petites baies globuleuses succulentes, d'un beau rouge transparent, quelquefois blanches ou d'un blanc jaunâtre, selon les variétés. Les unes et les autres sont inodores; leur saveur sucrée est surtout caractérisée par une acidité piquante très agréable. Elles ont des propriétés nutritives, rafraîchissantes, diurétiques et laxatives. Le sirop de groseilles étendu d'eau donne une boisson extrêmement agréable, très propre à apaiser la soif, soit dans l'état sain, soit dans le cours des maladies. On s'en sert avec avantage dans la plupart des pyrexies essentielles, telles que les fièvres inflammatoires, bilieuses, nerveuses, dans la peste et le typhus. Son usage n'est pas moins utile dans les exanthèmes aigus, comme la rougeole, la variole, l'érysipèle, etc. Son emploi est extrêmement salutaire dans l'embarras gastrique, dans certaines diarrhées, dans la dysenterie et autres inflammations de l'abdomen ou de l'appareil urinaire, dans la néphrite, le scorbut. Le jus de groseille appliqué immédiatement sur une brûlure est un excellent remède pour cicatriser la plaie et la guérir très rapidement.

Mangées en grappes, l'action de leur acide sur les gencives détermine l'agacement des dents, sentiment pénible, quelquefois douloureux, que l'on prévient en les servant égrenées, humectées avec un peu d'eau, de vin ou de blanc d'œuf et saupoudrées de sucre. Leur suc mêlé à cette substance et convenablement épaissi par l'ébullition, forme ces gelées acidules et sucrées dont tout le monde connaît l'excellent goût, ainsi que les qualités nourrissantes et dont l'usage aussi agréable que salutaire est si favorable aux convalescents. Les confiseurs en les associant au sucre et à d'autres fruits acides ou aromatiques, en préparent diverses confitures solides ou liquides, des limonades, des sorbets, des glaces de très bon goût.

Le groseillier à maquereaux, ainsi nommé parce que l'emploi de ses fruits verts sert à l'assaisonnement du maquereau, est une autre espèce. Ses fruits verdâtres sont blancs dans leur maturité, jaunes ou pourpres, beaucoup plus gros que ceux du groseillier à grappes, plus doux et à peu près exempts d'acidité. Ils sont nourrissants et laxatifs, mais ils sont privés des autres qualités qui tiennent à la propriété acide des groseilles rouges.

GUI

Bois de la Sainte-Croix.

Le gui est un arbrisseau parasite. Il croît sur les troncs et les rameaux des arbres fruitiers, des ormes, du tilleul, du chêne et sur tous les arbres qui ne sont ni laiteux, ni résineux. Cette plante inodore, d'une saveur visqueuse, présente quand elle est sèche une odeur désagréable. Elle exerce une action légèrement tonique sur nos organes, détermine l'excitation sur le canal intestinal et provoque quelquefois des évacuations alvines. Un grand nombre d'auteurs ont vanté son efficacité contre l'épilepsie et autres affections convulsives ; pour combattre la chorée ou danse de Saint-Guy ; dans l'asthme, l'hystérie, la paralysie. Quelques auteurs prétendent que c'est un abortif aussi actif que le seigle ergoté. On le prend à l'intérieur en décoction, à la dose de 50 grammes pour 1 kilogramme d'eau. A l'extérieur, on recommande les cataplasmes faits avec le Gui ou ses semences pour calmer les douleurs de la goutte et résoudre certaines tumeurs.

Les baies du Gui servent d'aliment à plusieurs oiseaux. Les oiseleurs en préparent la glu. Le plus ordinairement on emploie à cet usage le Gui entier. Pour cela, on met une certaine quantité de cette plante, pendant huit à dix jours, dans un lieu humide ; quand elle est pourrie, on la pile jusqu'à la réduire en bouillie ; on la place ensuite dans une terrine avec de l'eau fraîche et on agite fortement jusqu'à ce que la glu s'attache à la spatule. On lave alors cette substance dans un autre vase avec une nouvelle eau et on la conserve dans des pots pour l'usage.

GUIMAUVE

La racine de Guimauve est de la grosseur du doigt, grisâtre en dehors, blanche intérieurement. Son odeur est nulle, sa saveur est fade et douceâtre. Elle contient plus de la moitié de son poids d'un mucilage doux et visqueux, qui se trouve également dans les autres parties de la plante, mais en moindre quantité. Cette racine, soit fraîche, soit sèche, administrée sous une forme molle ou liquide, exerce une action émolliente et relâchante sur l'économie. Ingérée en infusion, en décoction, elle convient d'une manière spéciale dans toutes les phlegmasies aiguës, dans les hémorragies actives, dans les empoisonnements produits par des substances âcres et corrosives et dans les irritations dues à la présence de corps étrangers. On l'administre avec avantage en boisson, au commencement des angines et des catarrhes pulmonaires, dans la pleurésie et la péripneumonie, dans la gastrite, la diarrhée, la dysenterie, la néphrite, la péritonite, la blennorrhagie aiguë et autres inflammations de l'abdomen et de l'appareil urinaire. Son usage n'est pas moins utile pour calmer la strangurie qui résulte de l'action des cantharides ou de la présence d'un calcul.

A l'extérieur, la Guimauve est employée avec succès dans une foule de cas. On se sert de sa décoction pour fomenter les yeux dans l'ophthalmie aiguë ; on l'introduit dans la bouche sous forme de gargarisme pour apaiser les douleurs des gencives, calmer l'irritation de la bouche dans les aphtes et l'esquinancie. En lavement, elle est d'une grande utilité dans la dysenterie, la diarrhée, la péritonite, l'inflammation de la vessie et la constipation. Les cataplasmes qu'on en prépare, en y mêlant les fécules amylacées, sont appliqués chaque jour avec avantage sur les tumeurs inflammatoires, pour les résoudre; sur les plaies et les ulcères, dont les surfaces sont douloureuses, sèches, pour y ramener la suppuration ; sur les chancres douloureux, pour s'opposer à leurs progrès. Enfin, on s'en sert contre les brûlures, contre les dartres et autres affections locales, accompagnées de chaleur, de tension et de douleur.

Dépouillée de son épiderme et comprimée entre les mâchoires, cette racine paraît beaucoup plus propre à soulager la douleur des gencives et favoriser la dentition que les corps durs qu'on a coutume de mettre, dans ce but, entre les mains des enfants.

Pour l'extérieur, on recommande la décoction ; pour l'intérieur, l'infusion et même la macération à froid, 25 grammes par kilogramme d'eau. Il ne faut pas perdre de vue que, pour que la racine puisse opérer ses effets émollients et relâchants, il est nécessaire qu'elle soit administrée sous une forme molle ou liquide et que, dans ce dernier cas, elle soit à une température d'environ 25 centigrades. La décoction, mêlée au sucre et convenablement épaissie, forme le sirop de guimauve dont l'usage est si commode et si avantageux dans les maladies aiguës. Le mucilage sert à faire des pastilles, des lochs, des jaleps.

Contrairement à la croyance populaire, la Guimauve n'entre pas dans la composition de la pâte qui porte ce nom. La pâte de guimauve est formée de sucre, de gomme et d'albumine.

GUTTE.

Guttier, Gomme-gutte.

Le suc gommo-résineux qui découle par incision des feuilles, des branches, du tronc de cet arbre et de plusieurs autres végétaux de la famille des guttifères, est connu sous le nom de gomme-gutte. Cette substance est inodore et insipide ; quand on la mâche, elle s'attache aux dents et imprime la couleur jaune à la salive.

Cette gomme-résine introduite dans la matière médicale a eu des apologistes et des détracteurs. Les uns l'ont présentée comme un purgatif puissant, d'un usage commode, d'une administration facile et d'une utilité constante dans les cas où il faut agir avec énergie sur le canal intestinal. D'autres la regardent comme un drastique violent et dangereux, qu'on doit reléguer dans la médecine vétérinaire. Pourtant plusieurs médecins se louent de ses succès dans l'ascite, l'anasarque, l'hydropisie, l'asthme des enfants, le hoquet spasmodique et surtout contre les lombrics et le tænia. Appliquée à l'extérieur, la gomme-gutte contribuerait à la prompte guérison des dartres.

La médecine vétérinaire fait un grand usage de cette gomme-résine.

La peinture l'emploie à la composition de plusieurs couleurs et de différents vernis; le beau rouge orangé qu'elle forme par sa dissolution dans l'huile essentielle de térébenthine est surtout recherché par les peintres.

HERNIAIRE

Herbe aux hernies, Herniole, Herbe turque, Turquette,
Masclou, Milligrane.

Elle a joui autrefois de beaucoup de réputation, mais elle est peu employée aujourd'hui en médecine. Elle était particulièrement usitée, dans le XVIIe siècle, pour le traitement des hernies; mais leur guérison n'est confirmée par aucune observation exacte. Plusieurs auteurs lui ont accordé la vertu de dissoudre les calculs des reins et de la vessie et croyaient à son efficacité contre l'anasarque et contre l'affaiblissement de la vue.

La Herniaire a pourtant des propriétés astringentes et essentiellement diurétiques. On la prend en infusion à la dose de 50 grammes par litre d'eau.

HÊTRE

Fau, Fayard, Foyard, Fouteau.

La médecine ne fait usage que de l'écorce et du fruit de cet arbre. Les fruits, nommés faînes, dépouillés de leur épiderme brun et coriace, présentent un parenchyme blanc et consistant, d'une saveur douce, très agréable, analogue à celle des noisettes. L'écorce, outre sa qualité manifestement astringente, due principalement à la présence du tannin, est employée en décoction comme fébrifuge, à la dose de 30 grammes d'écorce fraîche ou 15 grammes d'écorce sèche dans 200 grammes d'eau que l'on fait réduire des deux tiers par l'ébullition. Elle est administrée, tiède, en une seule prise, une heure avant l'accès.

Les fruits sont plus remarquables par leurs qualités nutritives que par leurs vertus médicamenteuses. Les animaux fructivores, les oiseaux et la volaille en particulier les aiment beaucoup. Les faînes, mangées en trop grande quantité, produisent l'ivresse. Ces graines donnent une huile grasse qui pourrait être employée avec avantage aux usages médicaux et économiques. Cette huile ne se coagule point par le froid, et si elle est un peu moins agréable au goût que l'huile d'olive, elle a l'avantage de s'améliorer avec le temps, tandis que cette dernière rancit.

Après le chêne, il n'y a aucun arbre en Europe

qui soit plus utile à l'agriculture, à l'économie domestique et aux arts. Les copeaux du hêtre mis dans le vin lui donnent force et qualité ; les vinaigriers les emploient aussi pour hâter l'acétification. Son bois excellent pour le chauffage fournit du charbon de très bonne qualité. Il est très utilisé pour les constructions à l'intérieur et très estimé pour la menuiserie, le charronnage et l'ébénisterie.

Ce bois est sujet à être percé par les vers, inconvénient qu'on prévient en l'exposant à la fumée jusqu'à ce qu'il roussille à sa surface.

HIÈBLE

Iéble, Yèble, Petit sureau, Sureau en herbe.

L'Hièble diffère peu du Sureau ; ce n'est qu'une plante herbacée, tandis que le Sureau est un grand arbrisseau. On emploie en médecine la racine, l'écorce, les fleurs, les feuilles, les baies et les semences. Elle exhale une odeur vireuse très fétide. Toutes ses parties produisent sur l'économie une excitation plus ou moins remarquable qui se manifeste dans l'appareil digestif par le vomissement et la purgation ; sur les voies urinaires, par la sécrétion d'une grande quantité d'urine ; sur le système exhalant, par l'augmentation de la transpiration. La racine amère et vireuse a été spécialement vantée comme hydragogue et préconisée contre l'hydropisie. Les feuilles sont appliquées sous forme de cataplasmes, à la suite des entorses et des contusions et contre les tumeurs, les engorgements œdémateux. Comme diaphorétique, l'infusion chaude des fleurs est très en usage au commencement des affections catarrhales légères, dans la première période des exanthèmes aigus, dans les rhumatismes, la goutte, dans beaucoup de maladies chroniques, la gale, les dartres, etc.

Le suc de toute la plante entre dans la composition d'un savon noir fort en usage dans les Pays-Bas. Les marchands de vins se servent de ses baies pour donner à leurs vins une couleur pourprée.

Le rob qu'on prépare avec ses fruits est d'un usage familier et en quelque sorte populaire en Suisse et dans la Carniole, comme purgatif.

Ces baies sont d'un usage fréquent dans la teinture pour colorer différents tissus en violet.

Les feuilles vertes, répandues dans les greniers, mettent les souris en fuite. On prétend aussi qu'elles font périr les charançons qui dévorent si souvent les graines céréales dans les magasins.

HOUBLON

Vigne du Nord, Houblon grimpant.

En vertu de son amertume franche et énergique, le Houblon exerce sur l'économie une action tonique. Comme telle, cette plante est souvent employée avec avantage dans les fièvres intermittentes, le scorbut, dans les scrofules, la coxalgie et

diverses maladies de la peau. On l'a conseillée
en oreillers pour les personnes atteintes d'insomnie. Ses cônes conviennent beaucoup aux enfants
lymphatiques et scrofuleux; ils relèvent l'appétit,
activent la circulation et suffisent souvent pour
ramener à la santé les personnes affaiblies par
de mauvaises conditions hygiéniques. On l'administre avec succès en boisson, contre les vers
lombrics des intestins et en lavement contre les
ascarides vermiculaires qui siègent dans le rectum et tourmentent si souvent les jeunes enfants. Le Houblon offrant toutes les qualités des
amers est employé avec avantage dans l'inappétence, dans les catarrhes chroniques, les écoulements muqueux rebelles, contre le carreau. Son
infusion est recommandée dans les maux de
gorge, avec enrouement, la toux et le crachement de sang. La décoction ou l'infusion se prépare avec 50 grammes de cônes par litre d'eau.

On retire des cônes du Houblon la lupuline ou
lulupin. Le lulupin exerce sur les organes génitaux une action remarquable. On le prescrit pour
suspendre les érections, les pollutions nocturnes,
surtout quand les érections sont accompagnées de
douleurs très vives, comme dans les blennorrhagies et les plaies de la verge; contre l'onanisme et
les pertes séminales.

Dans le Nord, on mange les jeunes pousses du
Houblon en guise d'asperges; les bestiaux recher-

chent son feuillage. On en fait des berceaux, des tonnelles.

Ses usages économiques sont très importants. Ses cônes ou fruits sont employés par les brasseurs à la préparation de la bière. On les fait bouillir dans le moût ; ils ralentissent la fermentation de la bière, l'empêchent d'aigrir et lui donnent la faculté de se conserver longtemps sans altération. Ils lui impriment en outre une saveur amère, franche et agréable, un arome particulier qui en facilite la digestion et la rendent une boisson salutaire. Malheureusement la fraude substitue au Houblon le trèfle d'eau, l'absinthe, le buis, la petite centaurée, le quassia amara qui lui communiquent des propriétés, sinon malfaisante, mais un goût fort différent de l'amertume franche du Houblon.

Cette plante sarmenteuse est l'objet d'une culture très étendue en Angleterre, en Belgique, en Alsace-Lorraine, en Allemagne.

Les sarments, ramollis par une légère macération, fournissent aux cultivateurs des liens utiles à une foule d'usages agronomiques.

HOUX

Agriou, Bois franc, Houx épineux, Grand Houx, Housson, Gréou, Agréfous, Garrus, Grand-Pardon, Agaloussé.

Des feuilles épaisses d'un beau vert, armées d'épines à leurs bords, contrastant agréablement avec des fruits d'une belle couleur écarlate ; tel le Houx se présente à nos regards.

Cet arbrisseau n'est presque plus en usage en médecine. Pourtant on a vanté les feuilles contre le rhumatisme et les fièvres intermittentes, en décoction de 50 grammes pour 1 kilogramme d'eau ou en macération dans le vin. Rousseau a consigné, dans un Mémoire couronné par l'Institut, les bons effets qu'il en avait obtenus dans des fièvres intermittentes.

Les baies paraissent les parties du Houx les plus actives. Elles sont douées d'une grande âcreté, en vertu de laquelle elles exercent sur l'appareil digestif une excitation qui donne lieu au vomissement et à la purgation. Dix à douze de ces baies suffisent pour provoquer d'abondantes évacuations alvines. Son odeur se rapproche de celle de la térébenthine. Sa saveur est amère et visqueuse. Cette viscosité tient à la présence d'une matière glutineuse qui abonde surtout dans le liber et qui est généralement connue sous le nom de glu. Pour obtenir cette substance, on récolte cette écorce au mois de juillet, on la fait bouillir dans l'eau pendant sept à huit heures ; réunie alors en masse, on la laisse pourrir dans un lieu humide pendant quinze ou vingt jours. Quand elle est transformée en une espèce de putrilage, on la pile dans un mortier, jusqu'à la réduire en pâte ou mucilage. Elle est lavée ensuite à l'eau fraîche, pour en séparer toutes les matières étrangères ; placée dans des vaisseaux de terre, on la laisse reposer pendant quatre ou cinq jours pour rendre son écume ; au bout de ce temps, elle est renfermée dans des pots pour l'usage.

Le Houx est très utile à l'agriculture et aux arts mécaniques. Il sert à faire des haies vives très fortes et d'une très longue durée. On fait avec ses branches droites et flexibles, des houssines et des manches de fouet. La dureté et l'extrême solidité de son bois, le beau poli dont il est susceptible, le rendent précieux pour les tourneurs, les tablettiers, les couteliers, etc.

HOUX (PETIT)

Houx frelon, Housson, Fragon piquant, Buis piquant, Myrte sauvage ou épineux, Bruse.

La partie usitée est la racine ou rhizome. On l'a vantée contre l'hydropisie, les affections des voies urinaires, l'ictère, la chlorose, les affections scrofuleuses. On lui reconnaît des propriétés apéritives, diurétiques et emménagogues. Elle fait partie des cinq racines apéritives majeures.

Les jeunes pousses de Petit Houx se mangent comme celles des asperges.

On prépare une décoction de 75 grammes de racine pour 1 kilogramme d'eau.

HYSOPE, HYSSOPE

C'est l'Esobh ou Herbe sacrée des Hébreux. Cette plante exhale une odeur aromatique très agréable et offre une saveur chaude, un peu amère. On lui attribue avec raison des propriétés toniques, stomachiques, diurétiques, sudorifiques, expectorantes, résolutives. Ingérée en infusion théiforme, elle augmente l'action de l'estomac et de l'intestin ; pour cet effet, on l'emploie fréquemment chez les vieillards et les personnes faibles. Cette infusion, à la dose d'une poignée pour 1 kilogramme de liquide, détermine chez les enfants l'expulsion d'une grande quantité de vers lombrics. Elle est utilisée dans les catarrhes pulmonaires, l'asthme muqueux ou pituiteux, la grippe, la bronchite, les rhumes de poitrine et dans les rhumatismes d'ancienne date. On s'en sert avec avantage au commencement des exanthèmes aigus chez les sujets faibles. On en fait usage, en gargarisme, dans l'angine muqueuse ; en fomentation, contre les ecchymoses. On l'applique en cataplasme entre deux linges, sur les paupières dans l'inflammation oculaire. Dans quelques pays on emploie l'Hysope comme condiment. L'Hysope est excellente pour les écorchures, les coupures, les meurtrissures. Elle jouit de la réputation de donner de l'éclat au teint ; dans cette vue, la parfumerie l'emploie comme comestique.

IF

L'If croît lentement et acquiert parfois des dimensions énormes; on cite des troncs qui ont jusqu'à cinquante pieds de circonférence. Sa longévité n'est pas moins extraordinaire; quelques Ifs connus passent pour avoir deux ou trois mille ans d'existence. La tradition a attribué à l'If les propriétés les plus malfaisantes. Ses feuilles tuent les chevaux qui les mangent; leur suc servait aux Gaulois pour empoisonner leurs flèches. Ses rameaux plongés dans l'eau dormante étourdissent le poisson, de manière qu'il se laisse prendre à la surface du liquide avec facilité.

La pharmacie en fait un usage fort restreint. Les feuilles de l'If sont abortives comme celles de la Sabine. Leur décoction, administrée à petites doses, a donné quelques bons résultats dans les affections rhumatismales. C'est un anticatarrhal d'une certaine valeur. Il est surtout, en quelque sorte, réservé parmi nous à l'ornement des parterres des parcs et des avenues. Il est peu d'arbres qui soient plus dociles aux caprices des jardiniers et qui puissent revêtir autant de formes variées par le moyen de la taille. Les fruits de l'If, nommés morviaux, sont recherchés par les enfants et les oiseaux. On donne l'amande à la volaille pour l'engraisser.

La dureté excessive de son bois, son incorrupti-

bilité, le rendent précieux pour l'emploi de divers
ouvrages qui présentent une grande résistance.
Les anciens en fabriquaient leurs arcs les plus
estimés.

IMPÉRATOIRE

Benjoin français, Ostruche, Ostrute.

Sa racine, seule usitée, exhale à l'état frais une
odeur forte, aromatique; sa saveur est âcre, amère,
et quand on la mâche elle pique la langue et détermine une sensation de chaleur jusque dans
l'arrière-bouche. Lorsqu'on l'incise, il en découle
un suc d'un blanc jaunâtre, d'une âcreté presque
aussi forte que celle du suc des tithymales. Elle
augmente l'action de la membrane muqueuse des
bronches, active la sécrétion muqueuse dont elle
est le siège et favorise l'expectoration. Quelquefois
elle agit sur l'utérus et provoque l'écoulement
menstruel. On lui attribue des avantages sérieux
contre les flatuosités, les coliques venteuses, l'inappétence, la rétention d'urine, la néphrite, l'asthme
et l'hystérie. Quelques médecins lui attribuent de
bons effets dans les fièvres quartes rebelles, les
fièvres intermittentes, les fièvres adynamiques.
Elle a été administrée avec succès dans la paralysie
de la langue. Dose, 25 grammes par kilogramme
d'eau. Administrée à forte dose, 50 grammes de
racine dans 250 grammes de colature, elle a donné
de bons résultats dans le delirium tremens. Elle

est considérée comme un masticatoire très utile dans l'odontalgie et dans les fluxions dentaires. On en saupoudre certains ulcères pour activer leur cicatrisation.

On s'en sert, dans certains cantons de la Suisse, pour aromatiser les fromages.

L'angélique possède les mêmes qualités, mais moins actives, que l'Impératoire.

IPÉCACUANHA

L'Ipécacuanha (par abrévation ipéca) vient en grande partie de la province de Mato-Grosso (Brésil). La racine se donne en poudre, en infusion ou en extrait. Cette racine ainsi que l'émétine, principe actif qu'on en retire, exercent particulièrement leur action sur l'estomac : leur effet le plus ordinaire est de produire des nausées et le vomissement, quelle que soit la manière dont ces substances ont été introduites dans l'économie. Assez souvent, toutefois, cette racine agit sur le canal intestinal et détermine la purgation, surtout quand on la donne à haute dose.

On l'administre avec succès dans toutes les maladies aiguës ou chroniques où la médication vomitive est nécessaire, soit pour faire disparaître un embarras gastrique qui est la cause du mal ou qui le complique, soit pour opérer la diaphorèse ou tout autre phénomène consécutif du vomissement.

C'est ainsi qu'on l'administre chaque jour dans les fièvres bilieuses, muqueuses et intermittentes, accompagnées de surcharge gastrique. Elle est signalée comme un puissant antidysentérique. A petites doses, souvent répétées, cette racine est recommandée et produit de bons effets dans les affections des voies aériennes, dans les engouements des poumons, tels que le catarrhe pulmonaire, l'angine trachéale, le croup, l'asthme, la coqueluche.

On l'emploie aussi en pommade comme rubéfiant.

Dose de poudre : pour enfants, 0 gr. 50 c. ; adultes, 1 à 2 grammes.

IRIS DES MARAIS

Iris faux açore, Flambe bâtarde, Iris jaune, Iris glaïcul, Flamme bâtarde, Flamme d'eau, Açore adultérin.

L'Iris des Marais se plaît au bord des eaux et dans les prairies marécageuses.

Sa racine, douée de propriétés beaucoup plus actives à l'état frais que lorsqu'elle est sèche, exerce sur l'économie une impression tonique avec une légère astriction. Son suc, introduit dans les narines, irrite vivement la membrane pituitaire, produit un sentiment d'ardeur dans les fosses nasales, le pharynx, ainsi que dans la bouche, et détermine un écoulement abondant de mucosités par le nez. Cet effet a quelquefois dissipé des céphalalgies opiniâtres et des douleurs de dents qui avaient résisté à tous les autres moyens ; aussi elle est recommandée contre l'odóntalgie et les fluxions aux gencives. Son suc est si actif, qu'appliqué sur une dent malade il en détruit sur-le-champ la sensibilité. L'ingérence de cette racine provoque la purgation sous forme d'abondantes évacuations alvines.

Bouillie dans l'eau avec de la limaille de fer, cette racine produit une assez bonne encre dont se servent les montagnards d'Ecosse. On l'emploie aussi, dans le même pays, pour la teinture des draps en noir.

IRIS GERMANIQUE

Iris des jardins, Flambe, Glaïeul bleu, Iris commun, Courtrai, Lirguo, Flamme.

Sa racine exhale, lorsqu'elle est fraîche, une odeur forte et désagréable qui se change par la dessiccation en une agréable odeur de violette. Dirigée dans les fosses nasales, sous forme pulvérulente, elle excite l'éternuement et la sécrétion du mucus nasal. Mâchée, elle provoque l'écoulement de la salive, et c'est pour cette raison qu'on la fait entrer si fréquemment dans la composition des poudres sternutatoires et dentifrices. Toutefois, elle est spécialement réputée pour ses effets purgatifs à la dose de 75 grammes de son suc. On l'a aussi employée avec succès dans les hydropisies.

La racine de l'Iris germanique est employée par les parfumeurs pour aromatiser des poudres, des pommades, destinées à la toilette des femmes. On l'emploie aussi dans les buanderies pour parfumer lés lessives.

Le suc exprimé des corolles de cette plante, mêlé avec de l'alun, donne une couleur verte dont on se sert pour écrire en vert.

IRIS DE FLORENCE

La saveur amère, âcre et persistante que présente cette espèce d'Iris à l'état frais, disparaît par la dessiccation et alors elle exhale une odeur très suave, analogue à celle de la violette.

On l'applique avec avantage en poudre, comme détersive, sur les ulcères, pour y activer le travail de la cicatrisation. On emploie le rhizome ou racine à l'état sec pour fabriquer de petites boules, de diverses grandeurs, appelées pois à cautères, qui entretiennent dans la plaie, une irritation et une suppuration nécessaires.

Cette racine entre dans la composition d'une multitude de poudres dentrifices et sternutatoires. Les fumeurs en mâchent les copeaux pour corriger l'odeur du tabac. Les parfumeurs en font un continuel usage pour aromatiser des poudres, pommades, huiles, eaux distillées, etc., et préparer une teinture (eau de violette). Les marchands de vins la mettent aussi à profit.

IRIS FÉTIDE

Iris gigot, Glaïeul puant, Iris de mer, Spatule, Glaïeul sauvage.

L'odeur désagréable qu'exhalent ses feuilles lorsqu'on les froisse entre les doigts annonce sa présence et forme un de ses caractères.

On attribue à sa racine des propriétés surtout hydragogues, diurétiques, narcotiques, antispasmodiques, apéritives, etc. Son action purgative est surtout très énergique et a pu justifier les éloges qu'on lui a donnés dans le traitement des hydropisies, des affections scrofuleuses, de l'hystérie. Le suc se prescrit de 2 à 4 gr. La décoction de la racine se donne à la dose de 25 grammes par kilogramme d'eau.

IVRAIES

L'Ivraie vivace ou le ray-grass, cultivé en Angleterre, est surtout connue comme propre à former des gazons. Elle constitue dans les sols frais d'excellentes prairies. Très importante pour l'économie rurale, elle n'intéresse que médiocrement le médecin. Cette plante engraisse promptement les chevaux et les bœufs qui s'en nourrissent.

On fait avec l'Ivraie d'Italie des prairies artificielles.

L'Ivraie enivrante, herbe d'ivrogne, herbe à couteau, zizanie, est ainsi nommée parce qu'elle détermine une sorte d'ivresse chez les personnes qui en font usage. Il paraît incontestable que l'Ivraie enivrante agit sur l'homme à la manière des poisons narcotiques irritants, en excitant l'appareil gastrique d'abord et ensuite le système nerveux. L'expérience a constaté ses effets pernicieux sur l'économie.

Autrefois, les brasseurs mêlaient de l'Ivraie à l'orge pour donner à la bière des propriétés enivrantes.

La dégénération du blé en Ivraie est regardée comme certaine par plusieurs cultivateurs.

JALAP

Méchoacan noir, Tolonpalt des Mexicains, Jalap Véra-Cruz, Jalap lourd.

Le Jalap officinal est fourni par un liseron qui croît en abondance, aux environs de Xalapa, au Mexique, d'où il tire son nom.

Pulvérisée et introduite dans les fosses nasales, la racine de jalap irrite la membrane pituitaire et provoque l'éternuement. Portée dans l'estomac, elle produit peu d'altération de cet organe, mais elle agit avec force sur le canal intestinal et provoque d'abondantes évacuations alvines. Ce purgatif convient très bien aux tempéraments lymphatiques, aux individus fort peu nerveux, aux femmes et aux enfants dont le canal intestinal est habituellement surchargé d'épaisses et abondantes mucosités. Il entre dans la composition de plusieurs médicaments, parmi lesquels le plus populaire est appelé vulgairement eau-de-vie allemande. Il est la base de la médecine Leroy. Son usage est beaucoup plus étendu en Allemagne et en Angleterre qu'en France.

Dose : 1 à 3 grammes.

JASMINS

Le Jasmin officinal, à fleurs blanches, d'un parfum très agréable, est surtout usité pour aromatiser des préparations de parfumerie. Il est antispasmodique et a été recommandé en infusion contre les toux opiniâtres.

On cultive également en Europe le jasmin jonquille à fleurs jaunes très odorantes; le jasmin d'Espagne.

Le jasmin luisant, jasmin sauvage, jasmin odorant de la Caroline, est employé en teinture, aux Etats-Unis, à la dose de 15 à 20 gouttes, en frictions, pour combattre les rhumatismes, la sciatique, les névralgies dentaires ou faciales. On l'a vanté contre la fièvre jaune.

JOUBARBE

Grande joubarbe, Herbe aux cors, Artichaut sauvage,
Joubarbe des toits.

Cette plante vient sur les vieux murs, les toits en chaume; jeune, elle a l'aspect d'une tête d'artichaut. Elle exhale une odeur à peine sensible. Sa saveur est aqueuse, fraîche, âpre, styptique et comme salée. Ses feuilles renferment une grande quantité de suc aqueux, opaque, acidule et astringent. A l'intérieur, on fait usage de ce suc, dans la dysenterie. De nos jours, on utilise surtout la Joubarbe à l'extérieur pour calmer l'irritation de l'érysipèle, des dartres vives, des brûlures, des coupures, des ulcérations. On l'emploie aussi, associée au miel, dans les aphtes des enfants et contre l'angine. Cette plante réfrigérante peut être appliquée avec succès sur les fissures des mamelles; quelques auteurs se louent beaucoup de son application, sous forme de cataplasme, sur les tumeurs hémorroïdaires.

Cette plante est un remède populaire contre les cors.

Le suc peut être administré intérieurement à la dose de 65 gr. et plus. On en prépare un sirop qui est souvent incorporé, ainsi que le suc lui-même, dans des collyres, des gargarismes.

Rien n'est meilleur pour les chevaux fourbus que de leur faire boire une chopine de suc de joubarbe.

JOUBARBE (Petite)

Joubarbe des vignes, Trique-madame, Orpin, Grassette, Herbe aux charpentiers, Reprise, Crassule, Vermiculaire, Poivre des murailles, Sedon brûlant, Illécébra, Pain d'oiseau, Herbe Saint-Jean.

Cette plante croît sur les vieux murs, dans les

lieus secs, arides, exposés au soleil. Elle n'appartient pas au même genre que la précédente. Le suc des tiges et des feuilles, pris à la dose de 25 à 30 gr., introduit dans l'estomac, produit des vomissements et une purgation plus ou moins violente. Cette plante est très usitée en Suède contre le scorbut, en décoction dans le lait ou la bière. Le suc ainsi que la pulpe de cette joubarbe a une grande efficacité contre les ulcères, la teigne, le charbon, les chancres et les cancers. On pile la plante, on la réduit en pâte, en y ajoutant un peu d'huile d'olive et on en fait un cataplasme qui est appliqué soir et matin sur la partie malade. Plusieurs faits publiés en Allemagne, semblent annoncer que cette plante a été administrée avec succès dans quelques cas d'épilepsie.

Ses feuilles conservées dans l'huile servent à la destruction des cors aux pieds, à la guérison des hémorroïdes, à la cicatrisation des plaies.

JUJUBIER, JUJUBES

Sous une pellicule rouge, qui se ride après la maturation, les jujubes renferment un parenchyme blanchâtre, mou, pulpeux, succulent, qui devient spongieux par la dessiccation et acquiert un goût vineux et sucré à la place de la saveur douce, légèrement acidulée qu'elles présentent à l'état frais. On les mange ainsi dans le Languedoc, le Midi, l'Italie, en Afrique. Leur décoction dans l'eau a été surtout préconisée contre les maladies de poitrine, telles que les catarrhes pulmonaires, l'enrouement et les toux d'irritation. On administre les jujubes en décoction, dans l'eau ou dans le lait à la dose de 60 gr. par kilog. de liquide.

Le mucilage des fruits sert à la préparation d'un sirop pectoral; on fait aussi de la pâte et des pastilles de jujubes dont le goût est aussi agréable que leur effet est salutaire.

JUSQUIAME

Hanebane, Potelée, Porcelet, Herbe aux engelures, Mort aux poules, Fève de cochon, Jusquiame noire, Herbe à teigne, Careillade.

Un feuillage d'un vert pâle et livide, couvert d'un duvet visqueux, la couleur triste et sombre de ses fleurs, l'odeur repoussante qui s'exhale de toutes ses parties, sont autant d'attributs qui écartent de cette plante ces attraits répandus sur la plupart des autres fleurs. Très commune, elle se plaît parmi les décombres, sur le bord des chemins, aux lieux incultes.

La Jusquiame noire sert exclusivement de nourriture à une espèce de punaise très puante; les chèvres, les vaches, les brebis la broutent sans inconvénient, les cochons l'aiment beaucoup. Certains maquignons la mêlent quelquefois à l'avoine des chevaux pour les engraisser. Sa seule présence, dit-on, fait fuir les rats; elle est funeste aux oies, à

15*

tous les gallinacés, à beaucoup d'oiseaux et mortelle pour les poissons. Enfin, elle est un poison redoutable pour l'espèce humaine. Même simplement exposé à ses émanations, elle a fait éprouver à certains individus un état d'ivresse, de délire furieux ou extravagant et la stupeur.

Cependant cette plante vireuse est considérée à la fois par les praticiens comme excitante et comme narcotique. Elle jouit de propriétés antinévralgiques et antispasmodiques, grâce à un principe actif nommé hyosciamine ou jusquiamine. Son action est semblable à celle de la belladone, mais moins énergique. Son efficacité n'est pas douteuse dans le tic douloureux de la face, la sciatique. Dans ce dernier cas, il faut appliquer un vésicatoire et panser la plaie avec de la pommade de Jusquiame. Ses feuilles fraîches mises sur la tête soulagent les douleurs névralgiques de cette partie; appliquées sur le front en cataplasme elles soulagent à l'instant même dans la migraine. Contre les engelures, on expose les parties affectées à la fumée produite par les semences projetées sur des charbons ardents. La Jusquiame noire exerce, on le voit, à l'extérieur, comme sédative, des effets non douteux. Sa décoction chaude est employée avec avantage, en fomentations, dans les entorses, les diastasis et les contusions. Ses feuilles cuites dans l'eau et appliquées en cataplasmes, ont été vantées contre là podagre et ont quelquefois réussi à calmer d'horribles douleurs de la goutte et du rhumatisme; à résoudre l'inflammation et les engorgements douloureux des mamelles. Les praticiens anglais font un très grand usage des préparations de cette plante. Elle entre dans la composition du baume tranquille et de l'onguent populeum.

La Jusquiame blanche jouit des mêmes propriétés que la noire. Quelques médecins la préfèrent toutefois comme moins irritante.

La Jusquiame dorée possède les mêmes propriétés que les deux précédentes.

Une autre espèce entre dans la fabrication du bang, sorte de préparation énivrante, qui est devenue un besoin de première nécessité pour les peuples des contrées brûlantes de l'Inde.

La dose de la Jusquiame, en infusion, est de 3 à 4 gr. de feuilles sèches par litre d'eau, et le suc se donne à la dose de 3 à 4 gr. et progressivement.

Quelques charlatans vendent de la semence de Jusquiame contre le mal de dents. « Vos dents contiennent des vers, disent-ils, prenez ma graine, faites-la rôtir légèrement sur une pelle et jetez-la dans un bol d'eau bouillante au-dessus duquel vous resterez la bouche ouverte pendant quinze minutes, vous trouverez ensuite les vers de vos dents dans l'eau et vous serez guéri ». On trouve en effet dans l'eau les embryons des graines que la chaleur a fait sortir et qui ressemblent à des petits vers blancs.

KOLATIER, COLA

*Noix de kola, Noix du Soudan, Café du Soudan, Golat,
Kourou, Ombéné mangoné.*

La noix de Kola, est le fruit du Kolatier ou
Sterculier qui croît dans l'Afrique centrale; elle
est très en faveur chez les indigènes qui lui attribuent des propriétés merveilleuses. C'est un
masticatoire qui aurait la faculté d'apaiser la faim.
Il permettrait de rester plusieurs jours sans manger, de supporter de grandes fatigues et des exer-
cices qui demandent de grands efforts musculaires. Il a des propriétés analogues à celles du
coca. La cola est un aliment d'épargne comme le
thé, le café; son principe actif est la caféine.

KOUSSOTIER D'ABYSSINIE, KOUSSO

Brayère anthelmintique, Cousso, Habi, Cobotz.

Le Koussotier croît sur les montagnes d'Abyssinie, à une grande altitude. Ses fleurs désignées
sous le nom de kousso ont un peu l'aspect de fleurs
de tilleul brisées. Elles ont d'abord une saveur fade,
légèrement mucilagineuse, puis âcre. Elles ont une
odeur rappelant celle du sureau et qui se développe
sous l'influence de l'eau chaude. C'est un vermifuge, un tænicide énergique. La dose est de 15 à
20 gr. Réduit en poudre, on verse dessus 250 gr.
d'eau bouillante et on laisse infuser pendant une
demi-heure. Poudre et liquide sont avalés par

le patient mis à la diète dès la veille. On doit aussi, la veille, vider l'intestin par un purgatif. Le Kousso provoque la soif, mais le malade doit éviter de boire. On peut modérer la soif en suçant un citron. Au bout d'une heure, l'effet commence, les premières selles contiennent souvent des débris de tænia; mais c'est à la quatrième que le ver est entièrement expulsé. Si une dose ne suffit pas, il faut en donner une seconde.

LAICHE

Chiendent rouge, Salsepareille d'Allemagne, Carex des sables, Herbe à couteau, Carex à vessie.

On l'emploie comme dépuratif. Elle sert surtout à falsifier la salsepareille. La Laiche précoce et la Laiche en gazon font un fourrage vert excellent. Les Laiches des sables servent à fixer les sables mouvants. Les feuilles du carex brizoïdes sont récoltées dans le pays de Bade, en Suisse, dans l'est de la France, et employées comme crin végétal.

LADANIER, CISTE DE CRÈTE

La matière visqueuse qui exsude des rameaux et des feuilles de cet arbrisseau, est recueillie par les habitants de l'île de Candie et autres contrées orientales, puis livrée au commerce sous le nom de ladanum ou labdanum, qui entre dans la composition des clous odorants. On l'a employé dans le traitement d'un grand nombre de maladies. A l'intérieur, on a administré cette gomme-résine comme stomachique dans les dyspepsies ; comme pectoral dans les catarrhes pulmonaires chroniques et autres affections de la poitrine ; à l'extérieur, on l'emploie sous les différentes formes d'emplâtre, d'onguent, de liniment.

Les parfumeurs font entrer le labdanum dans plusieurs préparations cosmétiques. Dans les sérails de l'Orient, les femmes l'associent à certaines compositions narcotiques, dont elles font usage pour se procurer une sorte de délire extatique qui les dédommage, jusqu'à un certain point, des dures privations qui leur sont imposées.

LAITUE

Herbe des sages, Herbe des philosophes.

Il existe des variétés infinies de Laitues. Les principales sont la laitue pommée, la laitue romaine et la laitue frisée. Chacune de ces variétés se divise en des sous-variétés très nombreuses.

La Laitue est émolliente, rafraîchissante, apaise la soif, procure le sommeil et calme les désirs vénériens ; elle renferme beaucoup d'eau et de mucilage. Admise, de temps immémorial, dans les jardins, la Laitue a donné lieu par la culture à un grand nombre de variétés qui sont employées aux usages culinaires. Les jardiniers savent la rendre plus tendre, plus douce et plus succulente, en réunissant et en liant les feuilles extérieures autour de la plante, avant que la tige s'élève. Privée ainsi du contact de la lumière, elle blanchit et s'abreuve de sucs aqueux. On la mange en salade ou cuite.

Parvenue à la maturité, presque toutes les parties des Laitues contiennent un suc lactiforme, amer, âcre et de nature résineuse. Leurs propriétés médicales paraissent résider essentiellement dans leur suc laiteux, propriétés médicales et qualités physiques beaucoup plus prononcées dans plusieurs espèces de la même famille.

Les anciens lui attribuaient la propriété de provoquer le sommeil. Sa décoction fournit une boisson utile contre la constipation, les embarras intestinaux, les douleurs d'entrailles. Cuite et appliquée, en cataplasme, dans l'ophthalmie, l'érysipèle, elle a guéri ces inflammations.

La Laitue sauvage, laitue vireuse ou méconide, laitue fétide, Lerceron, contient un suc laiteux abondant, douée de propriétés narcotiques plus élevées que dans la laitue cultivée. Le suc est moins excitant que l'opium qui produit la constipation ; il rend de grands services dans les cas d'engorgement des viscères abdominaux, l'ictère, les phlegmasies chroniques des organes digestifs, etc. Dose : 1 à 60 gr. de suc exprimé de plantes fraîches.

On cultive la Laitue vireuse en Ecosse, pour obtenir du lactucarium.

La Laitue gigantesque fournit le lactucarium d'Aubergier. Ce lactucarium s'emploie comme calmant, pour combattre l'insomnie, contre la toux des phtisiques, pour calmer l'éréthisme nerveux.

LAMINAIRE SUCRÉE

Baudrier, Ceinture de Neptune.

La Laminaire est une algue des plus riches en iode. Par la dessiccation, il se produit à la surface de cette plante des efflorescences sucrées; cuite dans le lait, dans le beurre, elle est bonne à manger. C'est une nourriture peu agréable, mais nourrissante, répandue sous le nom de tangle. Les Laminaires sont récoltées pour brûler dans les maisons et pour fumer les terres. Elles sont fourragères.

LASER

Laser à larges feuilles, Faux turbith, Gentiane blanche, Turbith des montagnes.

La racine de cette plante est un excellent purgatif, en usage chez les montagnards des Pyrénées.

LATHRÉE

Clandestine, Herbe à la matrice, Madrate.

Cette plante qui croît sur les racines du hêtre, a été vantée contre la stérilité. Elle n'est plus en usage.

LAURIER

*Laurier commun, Laurier d'Apollon, Laurier des poètes,
Laurier franc, Laurier sauce, Laurier à jambon, Laurier
noble.*

Presque toutes les parties de cet arbre exhalent une odeur balsamique. Les feuilles et les fruits ont une saveur chaude, aromatique et un peu amère. Ils occupent un rang distingué parmi les toniques. L'excitation prompte et vive qu'ils déterminent sur l'appareil digestif sert à augmenter l'appétit, à activer la digestion et sous ce rapport qu'ils ont été décorés des propriétés stomachiques, carminatives. Leur infusion est utile en lotions pour stimuler les ulcères; en bains, pour raffermir les tissus et fortifier les enfants délicats. L'huile qu'on en extrait est utilisée en frictions dans les névralgies, le rhumatisme, la paralysie restreinte. Les baies jouissent absolument des mêmes propriétés que les feuilles. Elles contiennent seulement une plus grande quantité d'huile volatile, circonstance qui les fait considérer par quelques auteurs comme beaucoup plus stimulantes que ces dernières. On les a particulièrement recommandées contre la suppression des règles. C'est en effet un emménagogue populaire. A l'extérieur, les baies et les feuilles ont été recommandées en lotion et en injection, contre le relâchement des organes génitaux des deux sexes.

Le Laurier est généralement réservé aux usages culinaires, comme condiment dans la préparation des sauces.

Les feuilles et les fruits entrent dans la préparation d'une pommade très employée par les vétérinaires.

Si les bouchers veulent se débarrasser des mouches qui vont se poser sur les viandes, ils n'ont qu'à frotter leurs portes, leurs fenêtres, leurs tables, avec de l'huile de laurier. Cette opération, facile, n'a besoin d'être renouvelée qu'une fois par an.

La couronne de laurier est devenue un des attributs d'Esculape, fils d'Apollon et dieu de la médecine. Symbole de la victoire, elle était la récompense des vainqueurs, des héros; plus tard, elle devint une distinction académique, d'où le mot lauréat. Aujourd'hui on la voit figurer sur la tête des souverains dont l'effigie est gravée sur les pièces de monnaie. Au moyen-âge, le Laurier a servi dans nos Universités à couronner les poètes, les artistes et les savants distingués par de grands succès.

Les autres espèces de Lauriers sont toutes exotiques : on distingue parmi elles le Laurier camphrier, qui fournit le camphre; le Laurier cannellier, dont l'écorce est connue sous le nom de cannelle; le Laurier avocatier, dont les fruits se servent, en Amérique, sur les meilleures tables; le Laurier sassafras, souvent employé comme sudorifique, etc.

LAURIER-CERISE

Cerisier, Laurier amandier, Laurier de Trébizonde, Laurier au lait, Laurier tarte, Laurier royal, Laurine, Laurier à languette.

Le Laurier-cerise, originaire de l'Asie-Mineure, aux environs de Trébizonde, n'appartient nullement au genre laurier ainsi que son nom paraîtrait l'indiquer. Les différents produits de cet arbre vénéneux sont également délétères. Les feuilles soumises à la distillation donnent de l'essence d'amandes amères et de l'acide cyanhydrique. Le Laurier-cerise est un calmant sédatif, un antispasmodique qui calme le spasme nerveux. Les feuilles sont employées dans les crampes d'estomac, les vomissements incoercibles, la toux nerveuse, la phtisie pulmonaire, l'asthme, la bronchite, l'angine de poitrine, la pneumonie, les palpitations du cœur, mais son administration exige la plus grande prudence. La médecine homéopathique en fait usage dans les palpitations du cœur, les névralgies, la dyspnée, etc. En un mot le Laurier-cerise est très employé en médecine. A l'extérieur, on l'emploie contre le prurit dartreux, les cancers ulcéreux, les brûlures, les plaies anciennes.

Tous les principes vénéneux du Laurier-cerise sont concentrés dans le noyau. Ce dernier, qui est un poison des plus redoutables, est quelquefois employé par les ivrognes pour donner de la force au vin et aux liqueurs alcooliques. Les confiseurs s'en servent également, ainsi que des feuilles, pour faire des ratafias, et pour aromatiser certaines liqueurs de table. Les cuisiniers font journellement usage des feuilles vertes pour relever le goût de certains mets doux, fades ou sucrés, tels que le lait, les crèmes. En petite quantité, deux feuilles pour un litre de lait, par exemple. Le Laurier-cerise constitue un condiment très utile.

LAURIER-ROSE

Laurose, Nérion, Rhododendron de Pline, Rosage, Oléandre, Rhododaphné, Laurier-rose des Alpes, Nérier.

Ses feuilles contiennent beaucoup d'acide prussique. Le Laurier-rose est très vénéneux. Il altère l'eau des ruisseaux en Algérie. Sa poudre est sternutatoire. Son action toxique est utilisée pour détruire les rats en Provence.

Le Laurier-rose a la même action que la Digitale. Il est employé dans le Midi contre les maladies de la peau, notamment contre la gale et certaines maladies du cuir chevelu. On fait une solution des feuilles dans l'eau avec laquelle on lave la tête.

LAVANDE (Grande)

Lavande en épis, Lavande aspic, Aspic, Spic, Faux nard.

On retire de cette plante une huile riche en camphre, connue dans le commerce sous le nom d'Huile de spic ou d'aspic. Ses fleurs et ses feuilles exhalent une odeur forte et très suave. Leur saveur est aromatique, chaude et amère. Elles sont employées comme stomachiques, carminatives, cordiales et emménagogues. Elles sont utilisées avec avantage dans les indigestions et contre les flatuosités intestinales.

La teinture alcoolique de Lavande est utilisée en gargarisme contre la paralysie de la langue, le bégaiement et, en friction, dans l'amaurose.

La Lavande est antispasmodique et comme telle employée dans le vertige, l'apoplexie, les spasmes, les vapeurs, etc.

L'eau-de-vie de Lavande est un bon vulnéraire. L'huile passe pour chasser les poux de la tête et ceux du pubis, ainsi que les mites et les teignes qui dévorent nos étoffes, nos livres. Cette huile est employée dans les arts, pour la composition de plusieurs vernis. L'eau distillée est d'un grand usage dans la toilette. Lorsqu'on en met une petite quantité dans l'eau, qu'elle aromatise agréablement, elle entretient la fraîcheur du teint, la souplesse de la peau et l'éclat des couleurs. Les anciens parfumaient leurs bains avec cette plante. L'essence entre encore de nos jours dans la composition des bains aromatiques.

La Lavande officinale, cultivée dans nos jardins, a les mêmes propriétés que la Lavande aspic, mais elle est plus abondante.

La Lavande stœchas, qu'on trouve aux îles

d'Hyères, est quelquefois confondue, par les herboristes, avec l'Elichryse stœchas, qui n'a avec elle aucun rapport. Elle est antispasmodique, elle est aussi employée en infusion, à la dose de 8 grammes, dans l'asthme humide et les catarrhes pulmonaires.

LEDON DES MARAIS
Romarin sauvage.

Il croît dans les lieux humides des montagnes. On lui attribue des propriétés narcotiques. Il a été employé contre la coqueluche, la lèpre.

L'huile qu'on en retire, connue sous le nom de Camphre de Ledum, éloigne les teignes, les blattes, donne au cuir de Russie l'odeur particulière qu'on lui connaît.

LENTISQUE

Le Lentisque, qui croît surtout en Orient, fournit, à la suite de petites incisions qu'on fait à son écorce, une matière résineuse appelée mastic. Cette substance est employée en médecine comme stimulante, tonique, antiseptique. Cette résine est utilisée comme un excellent cosmétique pour remplir les vides qui se produisent dans les dents cariées, et donne de la force aux gencives comme masticatoire.

LICHEN D'ISLANDE
Mousse d'Islande, Orseille d'Islande.

Les Lichens présentent un très grand nombre de variétés.

Ce cryptogame croît sur les hautes montagnes de l'Auvergne, des Pyrénées, des Alpes, des Vosges, en Suisse et surtout en Islande ; il se développe aussi dans les lieux bas et sous tous les climats. L'eau froide enlève au Lichen son principe amer. Cuit à l'eau ou dans le lait, il fournit aux habitants de l'Islande et aux Laponais une nourriture saine. La teinture en tire quatre couleurs : le brun, le jaune, le pourpre et le bleu.

Nous nous occuperons plus spécialement dans cet article du Lichen d'Islande. Il est inodore, sa saveur est extrêmement amère. L'eau s'empare de la plus grande partie de son amertume, soit par infusion, soit par décoction, et fournit un mucilage qui augmente l'action de l'estomac, excite l'appétit, facilite la digestion, active les fonctions nutritives, remédie à l'amaigrissement, soutient les forces dans la plupart des maladies de langueur et d'épuisement. Débarrassé de son principe amer, il est recommandé dans les bronchites, les maladies de poitrine en général, les catarrhes.

On en prépare une pâte avec du sucre, de la gomme et de l'eau.

Les brasseurs se servent du Lichen d'Islande pour clarifier la bière.

LICHENS DIVERS

Ces cryptogames se trouvent partout, sur les murs, les bois, les écorces, les feuilles, les rochers, le marbre et même le fer. Ils peuvent rendre des services à l'homme comme aliments, médicaments et plantes tinctoriales.

Nous signalons les principaux :

1° Le Lichen d'Islande, indiqué séparément sur cet ouvrage ;

2° Le L. des rennes ou rangiferin, abondant dans les contrées glaciales, peut servir de nourriture à l'homme dans les temps de disette ; il est utilisé, à cet effet, en hiver, en Laponie, pour le renne ;

3° Le L. pulmonaire ; L. du chêne, herbe aux poumons, croît sur le chêne, les vieux arbres. Débarrassé de son principe amer, il est adoucissant, jouit de propriétés nutritives. Il est employé dans les bronchites, les catarrhes pulmonaires. On en fait des pâtes, des gelées, des tablettes. Dans les pays septentrionaux, on le met dans la bière à la place du houblon. Il est utilisé pour la teinture et le tannage ;

4° Le L. pyxide, très répandu sur les pelouses sèches. Pas usité en médecine ;

5° Le L. des rochers, L. des murailles, est le plus commun. C'est un astringent. On l'emploie dans les diarrhées et comme fébrifuge. On prétend qu'il peut remplacer le Quinquina. Il fournit à la teinture une belle couleur d'un jaune doré ;

6° Le L. parelle, Lécanore parelle, fournit l'Orseille d'Auvergne. Cette orseille, traitée par la chaux et l'urine, donne une belle couleur rouge violet;

7° Le L. roccelle, roccelle pourpre des anciens, croît sur les rochers au bord de la mer. La teinture en obtient des couleurs rouges, violettes ou lilas.

On distingue l'orseille des îles et l'orseille de terre, fournies par plusieurs Lichens qui ont des propriétés tinctoriales. L'orseille des îles, dite Orseille des Canaries, qui est la plus estimée, croît à Madère, aux Açores. L'orseille de terre se récolte sur les montagnes de la France, surtout en Auvergne et dans le nord de l'Europe. On retire de ces Lichens les pains de Tournesol.

LIERRE, LIERRE GRIMPANT

C'est un arbrisseau très commun en Europe. Il couvre d'une verdure perpétuelle les rochers, les murailles, les masures; il embrasse de ses rameaux flexibles le tronc des arbres; il sert à l'ornement des parcs et des jardins.

Les baies passent pour purgatives; à la dose de 2 grammes, en poudre dans du vin, elles ont guéri des fièvres vernales et automnales.

La décoction vineuse des feuilles de Lierre opère un changement favorable sur les ulcères indolents et les plaies de mauvaise nature; leur infusion dans du vinaigre, employée en lotions matin et

16

soir, guérit la gale en huit jours; elle sert au pansement des cautères.

Les anciens avaient consacré le Lierre à Bacchus; par suite de cet usage antique, le Lierre est encore suspendu de nos jours à l'entrée des cabarets.

Ses feuilles amères sont alimentaires pour le mouton.

LIERRE TERRESTRE

*Rondote, Herbe de Saint-Jean, Glécome, Rondelette,
Drienne, Terrotte.*

Des tiges rampantes, une sorte de ressemblance entre les feuilles de cette plante et celles du Lierre ont donné lieu à son nom vulgaire.

Il exhale une légère odeur aromatique qui est beaucoup plus sensible lorsqu'on le froisse entre les doigts. Sa saveur est balsamique, amère, un peu âcre. Les ouvrages de matière médicale ne tarissent pas en éloges sur ses merveilleuses vertus contre la toux, l'asthme, le catarrhe pulmonaire, l'empyème. Ses effets s'étendent non-seulement sur les organes respiratoires, mais encore sur les organes digestifs et génito-urinaires. Il est aussi considéré comme vulnéraire, béchique et diurétique.

Les feuilles de cette plante, infusées dans la bière, lui donnent plus de limpidité. Certains auteurs assurent qu'elles peuvent servir de nourriture aux vers à soie, à défaut de feuilles de mûrier.

LIN

La médecine ne fait usage que des semences de cette plante. La nature de l'huile et du mucilage dont les semences sont composées les rend éminemment adoucissantes, relâchantes, émollientes et telles pour combattre la constipation, la dysenterie, la gastrite, les catarrhes pulmonaire, vésical, urétral et vaginal. On l'administre surtout contre la néphrite, dans les affections calculeuses accompagnées d'ischurie, cystite, blennorrhagie. L'infusion, plus ou moins concentrée, est administrée avec beaucoup d'avantage, en lavement, dans les coliques, les inflammations des intestins et de la vessie. Les semences de Lin servent à faire des cataplasmes émollients qu'on applique avec succès dans les inflammations externes, phlegmons, panaris, furoncles, sur les plaies douloureuses. Les cataplasmes sur le ventre des enfants constituent un bon moyen pour chasser la fièvre; ils doivent être tièdes et non trop chauds. On ne doit employer la farine de graine de Lin que douce et fraîche, car elle rancit en vieillissant. L'huile de Lin, à la dose d'une cuillerée prise le matin à jeun pendant quelque temps, guérit le carreau; battue avec partie égale d'eau de chaux, elle forme un liniment employé avec succès contre la brûlure.

Le Lin est célèbre par ses usages multiples dans les arts et l'économie domestique. Il est surtout précieux par les fibres qu'on retire de son écorce et qui sont transformés de mille manières par l'industrie de l'homme. On en fait des toiles, des batistes, du tulle, des dentelles et une foule de tissus qui sont la base de nos vêtements. Il sert à la fabrication du papier. On utilise plus particulièrement l'huile pour l'éclairage; elle entre dans la composition de l'encre d'imprimerie. Réduite sur le feu, elle donne une sorte de glu très connue des chasseurs à la pipée. Dans les arts mécaniques, elle est en usage pour adoucir les frottements des rouages. Les peintres en composent plusieurs vernis. Enfin, la pâte qui reste sous le pressoir après l'extraction de l'huile sert à engraisser la volaille et les bestiaux.

Le Lin purgatif jouit de la propriété purgative. Quelques médecins s'en servent avec succès pour expulser les ascarides vermiculaires qui s'accumulent parfois dans le rectum des enfants. Dose : 10 grammes, en infusion, dans 120 grammes d'eau bouillante.

LINAIRE, LIN SAUVAGE

On prépare avec cette plante un ongent contre les hémorroïdes.

L'eau distillée ou le suc de Linaire, en collyre, dissipe les ophthalmies.

LIS BLANC, LIS CANDIDE

Ses fleurs exhalent une odeur exquise.

Par l'élégance de son port, la beauté de sa fleur et la blancheur éclatante de sa corolle, le Lis est un des plus beaux ornements de nos jardins. Il est le symbole de la virginité, de la candeur, de l'innocence, de la pureté, de la paix.

Les fleurs, macérées dans l'eau-de-vie, sont d'un usage journalier pour calmer la douleur des plaies, un excellent remède contre les coupures et les brûlures.

L'huile qu'on retire des fleurs constitue un remède populaire contre les maux d'oreilles.

Ses bulbes sont éminemment émollientes et adoucissantes. Cuites sous la cendre, dans l'eau ou dans le lait, elles sont employées en cataplasmes, d'un usage fréquent pour favoriser la résolution et la suppuration dans les inflammations locales du tissu cellulaire, les tumeurs, les engelures, le furoncle, le panaris, etc. On administre, en certains cas, la décoction des fleurs en lavement; en collyres, dans diverses maladies de l'œil. Les bulbes et les fleurs infusées dans l'huile sont préconisées contre les douleurs et les engorgements rebelles et contre le squirre de l'utérus en particulier.

Les anthères, qui paraissent être le siège principal de l'arome du Lis, ont été décorées de pro-

16*

priétés antispasmodiques et emménagogues. Certains auteurs les ont préconisées pour favoriser l'expulsion du fœtus dans les accouchements difficiles et pour provoquer la menstruation dans l'aménorrhée.

On se sert, à la campagne, pour colorer le beurre en jaune, du pollen des anthères. Mêlée au sel de tartre, l'eau odorante qu'on retire des fleurs du Lis est employée par les parfumeurs pour parfumer des essences, des huiles, pour embellir la peau, enlever les taches du visage et autres préparations destinées à la toilette des courtisanes et des femmes qui les imitent.

Il est dangereux de conserver ses fleurs dans les appartements dont l'air est difficilement renouvelé, à cause des accidents auxquels ses émanations donnent lieu, surtout la nuit.

LISERON

Liseron des haies, Liseron des champs, Liset, Grand Liseron, Manchettes de la Vierge, Soldanelle ou Chou marin, Convolvule, Clochette, Scammonée des champs.

C'est un purgatif énergique, qui purge moins à dose élevée qu'à dose plus faible. On le donne en poudre, à la dose d'un gramme, dans de la confiture, du miel, du vin ou du lait. C'est aussi un vermifuge.

LIVÈCHE

Ache des montagnes.

Elle a des propriétés carminatives et emménagogues, analogues à celles de l'Impératoire et de l'Angélique, mais moins développées que dans cette dernière plante. Elle aurait la faculté d'expulser le fœtus mort et le placenta retenu dans la matrice. On la prend en infusion, de 15 grammes de semences par kilogramme d'eau.

LOBÉLIE

Lobélie antisyphilitique, Cardinale bleue, Mercure végétal.

Une odeur vireuse, une saveur âcre, nauséeuse, persistante, analogue à celle du tabac, sont autant de qualités physiques qui semblent annoncer que cette Lobélie renferme des propriétés médicales très énergiques. On attribue à sa racine, qu'on emploie également à l'état frais ou sec, de brillants succès contre la maladie vénérienne. Les médecins américains lui accordent une grande confiance comme antisyphilitique, et en France on la considère comme succédané de la salsepareille; pourtant elle est peu usitée chez nous.

La Lobélie enflée, tabac indien, est employée contre l'asthme, le croup, la coqueluche, le catarrhe, etc. Elle est d'un usage populaire dans l'Amérique du Nord. Dose : 25 à 50 centigrammes, en poudre ; à double dose, elle est vomitive.

LUPIN

A raison de la grande quantité de fécule qu'elles renferment, les semences du Lupin blanc, réduites en farine et cuites à l'eau, servent à faire des cataplasmes qui joignent à la qualité émolliente celle d'activer légèrement l'action des parties sur lesquelles on les met. Ces cataplasmes sont en grande réputation comme résolutifs, maturatifs, etc.; les chirurgiens les appliquent journellement avec succès sur les tumeurs inflammatoires, sur les indurations et autres engorgements dont la douleur est modérée. La décoction de ses semences, en lotions ou en fomentation, a été vantée par quelques auteurs contre les dartres, la gale et autres affections cutanées. C'est un aphrodisiaque très estimé chez les Arabes.

Les Grecs et les Romains servaient chaque jour les lupins sur leurs tables et en faisaient un grand usage alimentaire. Dépouillés de leur amertume par l'ébullition dans l'eau, ils constituent, pour les personnes robustes, un aliment aussi salutaire que les lentilles et les haricots. La plante entière, verte, donne un excellent engrais pour les terres, surtout les vignobles. Les Savoyards la cultivent spécialement pour fertiliser leurs champs.

LYCOPODE

Pied, Griffe ou Patte de loup, Soufre végétal, Herbe aux massues, Mousse terrestre, Herbe à la plique.

Il s'échappe du Lycopode une poussière jaunâtre très abondante, que l'on nomme vulgairement Soufre végétal et qui s'enflamme avec facilité en contact avec un corps en ignition. Cette poudre est excessivement fine, douce et comme onctueuse au toucher. Essentiellement desséchante, elle jouit, comme topique, d'une réputation méritée pour la guérison de la phlogose et des ulcérations superficielles de la peau, connues sous le nom d'intertrigo, qui surviennent fréquemment aux jointures chez les jeunes enfants et les personnes très grasses. On l'emploie de la même manière contre les ulcérations qui surviennent souvent au périnée et à la partie interne des fesses chez les sujets qui font de longues routes, soit à pied, soit à cheval. On en saupoudre la peau dans quelques affections cutanées, telles que l'érysipèle, l'eczéma.

La plante entière paraît avoir une action très marquée sur l'estomac. Les montagnards alpins s'en servent, à la dose de 2 grammes, en poudre, pour provoquer le vomissement.

Le Lycopode, introduit dans le vin qui file, fait disparaître ce genre d'altération. Les Russes et les Persans en font grand usage pour les feux d'artifice; il est employé dans les grands théâtres pour imiter les éclairs par sa déflagration et pour composer des torches qui répandent une lumière éclatante.

Les étoffes de laine qu'on fait bouillir avec le Lycopode, acquièrent la propriété de se colorer en bleu lorsqu'on les fait passer ensuite dans un bain de bois de Brésil.

Le Lycopode selago ou selagine est un violent purgatif. Les filles de mauvaise vie y ont quelquefois recours pour se faire avorter. En Suède, on s'en sert, en lotions, pour détruire la vermine des bestiaux, d'où son nom vulgaire d'Herbe aux porcs.

MAÏS ou BLÉ DE TURQUIE

Blé d'Inde, Gros Blé, Blé d'Espagne, Gros Millet des Indes.

Ses grains renferment une matière farineuse, blanche, sucrée et très nourrissante. On mange la fécule en bouillie, appelée Gaude; elle sert aussi à préparer des galettes. Verte ou sèche, la fane est une excellente nourriture pour le bétail; les chevaux, les porcs, la volaille aiment le grain avec passion. La farine, délayée dans du lait, engraisse très bien les dindes, les poulardes, les oies. Jeté dans un vivier, le Maïs engraisse le poisson et lui donne une chair plus savoureuse. Les jeunes épis, confits au vinaigre, sont un assaisonnement agréable. Les feuilles de Maïs ont été employées pour la fabrication du papier, et les bractées pour remplir les paillasses, faire des chapeaux, des nattes, etc. Les cataplasmes de farine de Maïs ont, sur ceux que l'on fait avec la farine de lin, l'avantage de sécher lentement et de ne pas s'aigrir.

MARRONNIER D'INDE

Châtaigne de cheval, Châtaignier d'Inde.

Cet arbre, dont l'écorce et le fruit sont employés en médecine, a été introduit dans la matière médicale vers le milieu du XVIIIe siècle. Son écorce se rapproche de celle du quinquina par sa couleur d'un gris foncé ou brunâtre, par sa saveur astringente et amère. Les fruits, analogues aux châtaignes par leur aspect, par leur couleur et par leur farine, joignent à une amertume extrême une âpreté repoussante et une grande stypticité. A en croire certains auteurs modernes, l'écorce des jeunes branches, employée en poudre très fine, 15 grammes dans du miel, aurait contre les fièvres intermittentes de tous types une efficacité égale à celle du quinquina. Cette poudre, introduite dans les fosses nasales, excite l'éternument et provoque la sécrétion d'une grande quantité de mucus nasal.

La décoction de l'écorce du marron d'Inde guérit les engelures.

Les fruits sont employés de temps immémorial par les hippiatres, dans certaines affections pulmonaires des chevaux, d'où le nom qu'on lui donne parfois d'Hippocastanum. En Turquie, on broie ces fruits et on les mêlé avec du son pour servir à la nourriture ordinaire des chevaux.

On fait avec la fécule amère du marron d'Inde une colle qui adhère très fortement et que les insectes n'attaquent pas.

Ce Marronnier offre un accroissement très rapide. Par la majesté de son port, l'épaisseur et la beauté de son feuillage, par l'élégance de ses tyrses, au temps de la floraison, il est un des arbres les plus propres à ombrager les places, les avenues, à orner les jardins publics et les parcs.

MARRUBE

Marrochemin, Herbe vierge, Bonhomme.

Elle exhale une odeur fragrante, vineuse, agréable d'abord et ensuite fatigante. Ses qualités physiques annoncent des propriétés toniques qui se manifestent par l'excitation que cette plante exerce sur l'économie. Elle augmente l'action de l'estomac, excite la sécrétion des urines, active la transpiration, facilite l'expectoration des crachats, provoque l'écoulement menstruel, détermine la résolution des tumeurs froides et indolentes, et paraît même exciter dans certains cas le système nerveux. On obtient par son usage de grands avantages dans les catarrhes chroniques, l'asthme humide, les toux rebelles qui suivent souvent la coqueluche et la rougeole chez les enfants. On la recommande comme vermifuge et contre les engorgements du foie; son suc, 100 grammes avec du miel et même quantité de lait, riche en tannin, en se mêlant au sang, le rend plus fluide et plus vermeil. On l'a vanté contre les scrofules, le scorbut, l'hydropisie primitive, la dyspepsie idiopathique des vieillards cacochymes, et même contre les fièvres intermittentes muqueuses.

Infusion : 30 grammes par kilogramme d'eau.

MASSETTE

Thypha, Masse, Chandelle ou Quenouille d'eau, Roseau de la Passion, Masse au bedeau, Massette à larges feuilles, Asperges de Cosaques.

Dans les contrées où la Massette est abondante, on emploie leurs feuilles pour former le siège des chaises communes, pour faire des paillasses et des nattes. Les Cosaques mangent les jeunes pousses à la manière des asperges en France. Le pollen de la Massette, très abondant, est quelquefois substitué à la poudre de Lycopode; son duvet ou aigrette, appelé édredon végétal, est employé au lieu de coton dans le pansement des brûlures.

MATRICAIRE

Espargoutte, Œil de soleil, Matricaire camomille.

L'odeur vive qu'exhale la Matricaire est analogue à celle de la Camomille et de la Tanaisie; cette odeur disparaît en grande partie par la dessiccation. Cette plante exerce une action puissante et tonique sur l'économie. De l'excitation vive qu'elle imprime au système nerveux et aux organes de la vie organique, résultent les effets antispasmodiques, stomachiques, diurétiques, emménagogues, résolutifs, etc., qu'on lui attribue. Elle est devenue célèbre surtout par l'action spéciale qu'on lui suppose sur l'utérus, par les brillantes vertus qu'on lui a libéralement accordées de provoquer l'écoulement des règles et celui des lochies, de favoriser l'expulsion du placenta, d'activer les accouchements difficiles et de guérir l'hystérie en faisant cesser l'état spasmodique de l'utérus qui en est la cause. Dans ce dernier cas, on doit prendre, de demi-heure en demi-heure, un verre de décoction tiède de Matricaire (une poignée pour 1 kilog. 1/2 d'eau réduite aux deux tiers à vase clos), trois ou quatre matins de suite à l'époque des règles, pendant trois ou quatre mois. Le remède procure d'abord du soulagement et fait ensuite cesser les douleurs. Quelques médecins s'en sont servis avec succès pour expulser le ver solitaire.

On recommande aux personnes qui sont exposées à la piqûre des abeilles de se munir d'un bouquet de Matricaire pour chasser ces insectes que l'odeur de cette plante met en fuite.

MAUVE

Herbe à fromage, Fromageon, Mauve sauvage.

Elle est inodore ; sa saveur fade et herbacée

devient mucilagineuse quand on la mâche. Elle renferme une grande quantité de mucilage visqueux, doux et nutritif, qui semble réparti en abondance dans toute la plante; mais les feuilles et les fleurs en paraissent plus copieusement pourvues que la racine.

En honneur chez les anciens comme plante culinaire, la Mauve est entièrement réservée, de nos jours, aux usages pharmaceutiques. A l'exemple de la Guimauve, de la semence du Lin, elle calme l'irritation des parties sur lesquelles on l'applique, et jouit manifestement des propriétés émollientes, adoucissantes, rafraîchissantes, lubrifiantes et relâchantes que tous les observateurs s'accordent à lui attribuer.

L'infusion des fleurs, 15 grammes par litre d'eau édulcorée avec le sucre, constitue une boisson extrêmement utile dans presque toutes les maladies aiguës. On s'en sert avec succès dans les aphtes, l'angine, la gastrite, le rhume de cerveau, dans les divers empoisonnements par des substances âcres ou corrosives, dans la diarrhée, la dysenterie et le catarrhe pulmonaire. Pour le traitement de l'hématémèse (vomissement de sang), de l'hémoptisie, la dyspepsie, l'infusion de Mauve est aussi avantageuse et souvent préférable à cette foule de préparations chèrement payées et vainement préconisées contre ces maladies. On l'emploie avec succès dans les exanthèmes aigus, tels que la variole, la rougeole, la scarlatine, l'érysipèle simple, la pneumonie, la pleurésie, l'hépatite. Enfin, tous les praticiens ont reconnu l'utilité de cette boisson dans la néphrite, soit calculeuse, soit inflammatoire, dans le catarrhe de la vessie, la blennorrhagie, et en général dans toutes les affections de l'appareil urinaire.

Il ne faut cependant pas perdre de vue que l'usage abusif de cette infusion finit par affaiblir l'estomac et altérer les fonctions digestives. On l'administre en lavement pour combattre les constipations chez les sujets secs, ardents et très irritables ; pour calmer les coliques, pour apaiser les douleurs du rectum chez les hémorroïdaires et le ténesme des dysentériques. On en compose des gargarismes adoucissants, extrêmement avantageux pour combattre les aphtes de la bouche, l'angine guttural. On l'applique en collyre sur les yeux atteints d'inflammation d'épiphora, d'ulcérations et la suite des opérations de la cataracte. On l'injecte tiède dans le conduit auditif pour calmer les vives douleurs dont l'oreille est souvent le siège. Enfin la décoction de cette plante salutaire est appliquée aussi avec avantage soit en fomentation, soit en cataplasme, sur les tumeurs inflammatoires, telles que le phlegmon, le furoncle, le panaris, même sur les plaies et les ulcères, pour calmer la douleur, dissiper l'engorgement, favoriser la résolution et faciliter la formation de la cicatrice. Il ne faut cependant pas croire que la Mauve ait une vertu spécifique contre ces différentes maladies ; elle n'agit à leur égard que comme toutes les substances mucilagineuses. Mais il suffit qu'elle soit une des plus communes, et qu'on la trouve en quelque sorte partout sous la main, pour qu'on y ait recours de préférence.

Ses feuilles, préparées de différentes manières, sont encore, dit-on, servies sur les tables des Chinois.

MÉLILOT

Trèfle de cheval, Mirlirot, Couronne royale, Lotier.

L'odeur fragrante qu'il exhale, est suave et analogue à celle du miel ; elle est beaucoup plus forte après la dessiccation qu'à l'état frais. Sa saveur, herbacée et mucilagineuse, devient amère, un peu âcre et styptique quand on le mâche. On a vanté son efficacité contre les coliques et la dysenterie, contre la dysurie, la néphrite et l'ischurie. De graves auteurs ont préconisé les succès de son infusion aqueuse contre les douleurs de l'utérus qui précèdent et suivent l'accouchement, contre l'inflammation de cet organe, du péritoine et des viscères abdominaux. On l'emploie surtout à l'extérieur en fomentation sur le ventre, en lavement contre les douleurs et l'inflammation de l'utérus. Les applications locales de sa décoction ont été recommandées contre les douleurs pleurétiques.

Son infusion est un excellent collyre contre les maladies des yeux, dans la conjonctive.

Ses fleurs constituent une des quatre fleurs dites carminatives.

La plante entre dans la composition du fameux emplâtre de Mélilot.

Le nom de Trifolium (nom latin du trèfle) caballicum, trèfle de cheval, qui a été donné à cette plante et que les Italiens lui conservent, indique que le Mélilot plaît singulièrement aux chevaux. Les anciens le cultivaient comme plante fourragère. Ce nom de Mélilot lui vient du miel abondant et parfumé que donnent les abeilles, qui ont beaucoup de goût pour leurs fleurs. Il est employé par les parfumeurs pour aromatiser divers cosmétiques. Valmont de Bomade assure qu'il suffit d'en introduire une petite quantité dans le corps d'un lapin domestique nouvellement tué et vidé, pour que la chair de cet animal contracte le goût des meilleurs lapins de garenne. On extrait de ses feuilles et de ses fleurs un principe colorant employé dans la teinture.

MÉLISSE

Citronelle, Herbe au citron, Citronade, Céline,
Piment des abeilles, Ponchirade.

La Mélisse a reçu des Latins le même nom que les abeilles portent dans la langue grecque, probablement à cause de l'avidité de ces insectes pour cette plante. Ses fleurs répandent une odeur aromatique qui se rapproche de celle du citron. Son arome paraît intimément uni à l'huile volatile d'une odeur citrine qu'elle fournit par la distillation.

La Mélisse exerce sur le système nerveux et sur différents appareils de la vie organique une excitation plus ou moins vive, qui est la source des propriétés toniques, céphaliques, cordiales, stomachiques, dont elle est revêtue. Elle est propre à fortifier les nerfs, a activer l'action cérébrale, à exciter la gaieté et à relever les forces abattues. Elle exerce une impression tonique sur l'estomac, augmente l'appétit et facilite la digestion. On l'emploie chaque jour contre les vertiges, la syncope, la paralysie, l'apoplexie commençante légère ; on la recommande contre la mélancolie et autres affections nerveuses. Son infusion théiforme, 40 grammes de sommités fleuries par litre d'eau, est d'un usage très utile contre l'inappétence et pour remédier aux indigestions. Dans certains cas d'aménorrhée, elle a paru singulièrement influer sur le retour de l'écoulement menstruel. Elle est aussi usitée comme vulnéraire.

Cette plante forme la base de l'eau de mélisse des Carmes. Ses feuilles sont quelquefois employées dans le commerce à la sophistication du thé.

MELON

Melon sucrin, Cantalou, Melon d'eau.

Cette plante, si intéressante par la saveur délicieuse de ses fruits, par le parfum agréable qu'ils exhalent, est cultivée depuis longtemps dans tous les jardins de l'Europe. Il en existe un grand nombre de variétés qui se distinguent par leur grosseur, leur forme arrondie, ovale ou oblongue, par la saillie, lisse ou tuberculée de leurs côtes, par la couleur, plus particulièrement par la saveur de leur chair. Quoi qu'il en soit, ces fruits possèdent à un haut degré les propriétés tempérantes, rafraîchissantes, adoucissantes dont ils sont redevables, à la grande quantité d'eau et de mucilage qu'ils renferment; ils calment l'irritation de poitrine, celle des voies digestives et urinaires. Les sémences de melon font partie des quatre semences froides majeures; on en prépare des émulsions qui sont d'un grand usage et d'une utilité réelle dans le traitement des fièvres ardentes, des phlegmasies aiguës de la poitrine, de l'abdomen et des organes urinaires.

Les melons se mangent crus, soit en entrée, soit au dessert. Ils sont un fort bon aliment, surtout en été, pour les tempéraments bilieux et pour les personnes qui digèrent bien; toutefois, en trop grande quantité, ils troublent l'action de l'estomac, produisent des coliques, la diarrhée et des indigestions ; il est très utile d'être sobre à leur égard et il est bon de leur associer le sel, le sucre et le poivre.

Le Melon d'eau ou astèque est plus aqueux que le Melon ; il est très désaltérant ; aussi la consommation en est grande dans le Midi et l'Afrique.

MENTHES

La Menthe poivrée a une odeur très pénétrante, camphrée, qu'elle doit à un camphre particulier qu'on retire de la plante, appelé menthol, très employé en médecine comme antiseptique. La Menthe poivrée, originaire d'Angleterre, ce qui la fait nommer Menthe anglaise, a une saveur chaude et piquante qui détermine sur la langue et dans l'intérieur de la gorge une sensation brûlante qui est immédiatement suivie d'un sentiment de fraîcheur fort agréable. Ses propriétés physiques semblent acquérir plus d'intensité par la dessiccation. Elle jouit à un haut degré des propriétés stomachiques, carminatives, résolutives et emménagogues. Elle détermine une action très vive sur l'appareil digestif.

Cette action sur le système nerveux est extrêmement énergique, ce qui la fait considérer comme un des antispasmodiques les plus puissants. On s'en est servi avec succès pour faire cesser des vomissements nerveux, pour arrêter certaines diarrhées chroniques, ainsi que la lienterie. Son usage est utile dans la chlorose et a fait disparaître, en certains cas, la céphalalgie. On l'administre contre les affections soporeuses, dans l'asthme des vieillards et la toux convulsive des enfants. On a particulièrement préconisé son application sur les mamelles des nourrices pour s'opposer à la sécrétion du lait et favoriser l'absorption de celui qui s'y accumule à l'époque du sevrage. On a signalé ses bons effets dans la syncope, l'hystérie, l'hypocondrie, etc. Comme tonique, elle est employée contre la débilité de l'estomac et l'état de torpeur du canal intestinal. On la regarde aussi comme très propre à rappeler l'écoulement menstruel, lorsque l'inertie ou le défaut d'action de l'utérus sont la cause de sa suppression. On peut s'en servir avec le même succès, soit pour ramener la transpiration cutanée, soit pour exciter l'exhalation pulmonaire et faciliter l'expectoration chez les individus d'un tempérament lymphatique.

Comme topique, la menthe poivrée, en poudre, peut être employée en cataplasmes et en infusion contre les tumeurs indolentes et certains ulcères sordides. Son huile essentielle est en usage contre le gonflement indolent des gencives ; elle est appliquée avec succès sur les dents cariées dans l'odontalgie. On lui accorde la propriété aphrodisiaque. Aristote et Hippocrate lui attribuaient la singulière vertu de détruire la faculté fécondante du sperme humain, par cela même qu'elle excite trop vivement aux plaisirs de l'amour. Dans ce cas, il faut attribuer l'effet aphrodisiaque à l'usage prolongé de la menthe.

Pour obtenir de grands effets de cette plante aromatique, on a plus souvent recours à son infusion théiforme ; on peut l'administrer en macération dans le vin. Infusion des feuilles sèches, à vase clos, 10 grammes d'eau chaude et sucre pour 1,000 grammes. Son infusion vineuse est plus active. Son eau distillée de 10 grammes à 120 grammes, et son huile volatile d'une à cinq gouttes sur du sucre.

Les parfumeurs l'emploient souvent pour aromatiser des huiles, des pommades et autres préparations cosmétiques. C'est avec la Menthe poivrée que les distillateurs font une excellente liqueur de table, très rafraîchissante avec de l'eau. Les confiseurs en préparent d'excellents bonbons. La Menthe crêpue, la Menthe verte ou Menthe romaine et Baume vert, ont des propriétés identiques.

La menthe Pouliot, herbe aux puces, herbe de Saint-Laurent, avolon, est remarquable par une odeur spiritueuse, par une saveur aromatique, chaude, comme camphrée, qui répand un sentiment de chaleur dans l'intérieur de la bouche. Ses qualités physiques établissent une grande analogie avec la Menthe poivrée, de laquelle elle se rapproche également par ses propriétés médicales.

Appliquée à demeure sur la peau, cette plante l'irrite vivement.

Chez les Grecs, le pouliot était employé aux usages culinaires et servait comme condiment.

MENYANTE

Trèfle d'eau, de marais ou de castor.

Il est sans odeur ; il offre une saveur extrêmement amère, qu'il communique à l'eau et à l'alcool, soit par infusion, soit par simple macération. A l'exemple de la plupart des gentianées et de beaucoup d'autres plantes amères, le trèfle d'eau exerce sur l'économie une action tonique qui se manifeste, soit par l'augmentation de l'énergie vitale de certains organes, soit par des sécrétions plus abondantes. On a vanté son efficacité dans une foule de maladies nerveuses, telles que les céphalées périodiques, l'otalgie, les spasmes abdominaux, l'hypocondrie, l'asthme, les palpitations de cœur, la paralysie, etc. On l'administre aux enfants pour leur faire évacuer les vers intestinaux. Les succès du Menyante ont été également préconisés contre l'ictère et les obstructions abdominales, contre l'aménorrhée et les hémorragies utérines ; comme emménagogue, contre l'hydropisie et la cachexie, contre les rhumatismes et les scrofules. Mais cette plante amère doit surtout sa réputation à son emploi contre le scorbut et la goutte. C'est un remède vulgaire chez les Anglais comme antiscorbutique. Les feuilles fraîches, appliquées sur la partie affectée, calment les douleurs de la goutte. Sa décoction a été administrée, soit en bains, soit en fomentations, contre la teigne, la gale, les dartres et autres maladies de la peau. On en faisait également usage pour faire disparaître les poux.

Le Menyante est souvent employé en Angleterre et dans l'Allemagne du Nord, à la place du houblon dans la fabrication de la bière.

Il entre dans la composition du sirop antiscorbutique. On le donne le plus souvent, en infusion, 25 grammes par kilogramme d'eau, à prendre par petites tasses. Son suc est administré à la dose de 40 à 100 grammes.

MERCURIALE

Foirole, Foirode, Vignoble, Vignette, Chiole, Cagarelle, Caquenlit, Rimberge, Ortie bâtarde.

Les qualités purgatives de la Mercuriale sont bien connues. Elle est administrée surtout en lavement, sous forme de miel de Mercuriale. On fait également un sirop qui a joui d'une grande vogue sous le titre pompeux de Sirop de longue vie. Des personnes constipées, asthmatiques, des goutteux ont éprouvé du soulagement par l'usage de ce sirop.

Une tige de Mercuriale introduite dans l'anus, en suppositoire, et enduite du suc de cette plante provoque la sortie des fèces ou excréments solides, en augmentant les sécrétions du rectum.

On la met dans les potages, soit pour provoquer une purgation, soit pour tuer les vers chez les enfants. La décoction de 25 à 50 grammes dans un demi-kilogramme d'eau est laxative, et à la dose de 50 à 100 de suc, elle a une action purgative.

MÉZÉRÉON

Bois-gentil, Merlin, Faux Garou, Malherbe,
Bois d'oreille, Lauréole femelle.

Il est cultivé dans les jardins pour ses fleurs rouges très belles et d'une odeur suave. La racine, l'écorce, les fleurs, les fruits sont employés en médecine. Leur saveur est âcre, brûlante, et quand on les mâche, elles produisent un sentiment de chaleur intolérable dans toute l'étendue de la bouche et de la gorge. L'écorce, macérée pendant quelques heures dans le vinaigre, appliquée sur la peau, y détermine de la douleur, de la rougeur, le soulèvement de l'épiderme et même de profondes ulcérations. On s'en est servi avec avantage contre d'anciennes douleurs ostéocopes et des périostoses vénériennes qui avaient résisté au mercure. Cette écorce est surtout réservée pour l'établissement des exutoires cutanés (voir Garou). Les Russes appliquent la racine, en décoction, sur les dents cariées pour dissiper la vive douleur qu'elles occasionnent. Ses fruits, à petite dose, chez les sujets robustes, produisent une purgation abondante; à dose élevée, ils sont délétères.

MILLEFEUILLE

Herbe aux charpentiers, aux voituriers, aux militaires, aux coupures, Sourcils de Vénus, Herbe du cocher, Endove, Achillée.

Ses propriétés physiques lui assignent naturellement une place parmi les toniques. Elle agit, en effet, en excitant les propriétés vitales des organes et exercent une influence manifeste sur le système nerveux. Aussi toutes les vertus antispasmodiques, apéritives, emménagogues, surtout vulnéraires, dont elle a été décorée, découlent-elles de cette double manière d'agir. Ses succès sont attestés par plusieurs auteurs qui en ont fait usage dans l'hypocondrie, l'hystérie et l'épilepsie, les tumeurs hémorroïdales. Les Norwégiens l'utilisent dans le rhumatisme. Elle est utile dans certaines affections nerveuses accompagnées de l'inertie de l'estomac, de l'intestin ou d'une débilité générale, comme cela a lieu chez des sujets lymphatiques, soumis à un mauvais régime ou à une vie sédentaire.

La Millefeuille jouit surtout d'une grande réputation comme vulnéraire, à cause de ses prétendues propriétés pour la guérison des coupures, des brûlures, des contusions. On ne prépare la Millefeuille qu'au moment de s'en servir. La dose est de 20 grammes de racine broyée ou de sommités fleuries pour 500 grammes d'eau bouillante.

Dans certaines parties de la Suède, la Mille-feuille remplace le houblon dans la fabrication de la bière.

L'achillée est remarquable par la délicieuse odeur aromatique qu'elle exhale ; elle a des propriétés analogues à celles de la Millefeuille. Les Suisses et les Savoyards en retirent leur fameux genépi, avec lequel ils font une liqueur délicieuse. D'après certains auteurs, les feuilles filées et introduites dans le creux de l'oreille, calment la douleur des dents.

MILLEPERTUIS

Herbe à mille trous, Chasse-diable, Herbe de Saint-Jean, Trescalan perforé, ¦Trucheron jaune.

L'odeur balsamique de cette plante est beaucoup plus prononcée dans les fleurs et dans les feuilles, surtout lorsqu'on les écrase, que dans les autres parties. On s'en est servi quelquefois avec avantage dans l'aménorrhée pour ramener l'écoulement des règles et dans certains cas pour favoriser l'accouchement. Antiasthmatique, antihystérique, vermifuge, c'est toutefois comme vulnéraire que le Millepertuis a joui d'une grande réputation. On l'emploie, à l'extérieur, sous forme de liniment, de baume, d'onguent, d'emplâtre, de décoction, pour résoudre les épanchements, suite des contusions. On le fait infuser dans le vin rouge, à la dose de 50 grammes par kilogramme d'eau, ou dans l'huile pour cicatriser les blessures. On s'en sert pour faire disparaître les ecchymoses, déterger les ulcères et les plaies. Il entre dans la composition du baume du commandeur, excellente préparation pour le pansement des blessures.

Cette plante est en usage dans la teinture, pour obtenir des couleurs rouge et jaune, que l'on fixe sur diverses étoffes à l'aide de mordants.

On fait un ratafia avec les feuilles infusées dans l'eau-de-vie.

MOMORDIQUE

Concombre sauvage, Concombre d'âne, Elatérium, Pomme de merveille.

On retire de ses fruits un suc connu sous le nom d'élatérium, qui est un drastique très violent. On l'administre dans les hydropisies, la néphrite albumineuse, comme emménagogue et anthelmintique. La dose est de 10 milligrammes. Les Anglais en font grand usage.

MORELLE

Mourette, Crève-chien, Herbe aux magiciens, Raisins de loup, Morelle noire, Herbe maure.

On ne se sert de cette solanée qu'à l'extérieur. Sa décoction est employée pour laver les parties enflammées, tuméfiées, douloureuses. On a retiré de grands avantages de l'application de ses feuilles

en cataplasme, sur les dartres vives et rongeantes, sur les brûlures et sur les hémorroïdes comme
calmante ou sédative ; on l'applique en fomentation, en bain, en cataplasme, sur les furoncles,
les panaris, les phlegmons ; on en fait un fréquent usage dans le pansement des chancres,
des cancers et des ulcérations des mamelles.
Dose : 50 grammes par kilogramme d'eau pour
lotions, injections, bains.

La Morelle entre dans la composition du baume
tranquille. Dans certaines contrées de la France,
on mange les jeunes pousses, comme les épinards,
en salade, en marinade.

MOUSSE DE CORSE

Mousse de mer, Coraline de Corse, Varech vermifuge.

La Mousse de Corse paraît avoir été en usage
contre les vers, depuis un temps immémorial, par
les habitants de la Corse. Elle convient surtout chez
les enfants. Elle est employée contre les engorgements des glandes, à cause de l'iode qu'elle contient.

L'infusion est de 30 grammes pour 1,000 grammes. Les enfants la prennent facilement, en poudre,
1 et 2 grammes. Elle est donnée en suspension dans
du lait, de l'eau sucrée ou étendue sur du pain,
avec du beurre, des confitures ou du miel.

MOUTARDES

Sénevé des champs, Moutarde des champs.

La Moutarde noire et la Moutarde blanche ou herbe au beurre, se trouvent presque dans les mêmes lieux. Les semences de cette crucifère répandent, lorsqu'on les écrase, une odeur légèrement piquante ; quand on les mâche, leur saveur amère, chaude et d'une âcreté fugace, se répand dans l'intérieur de la bouche et de la gorge. Appliquées sur la peau, elles y déterminent de la douleur, du gonflement, de la rougeur, et si leur application se prolonge, il en résulte le soulèvement de l'épiderme et l'exhalation d'une certaine quantité de mucosités.

Un curé de campagne était sûr de guérir la sciatique en faisant prendre 65 grammes de graine de Moutarde, autant de figues grasses, le tout exactement mêlé et appliqué sur la douleur sous forme de cataplasme. On répète plusieurs fois cette application, s'il le faut.

Ces semences, administrées intérieurement, font éprouver à l'estomac un sentiment de chaleur agréable ; elles excitent l'appétit et accélèrent la digestion. Leur action stimulante se fait sentir à toute l'économie. La graine de Moutarde blanche pulvérisée et mêlée à du vin blanc est très utile dans le scorbut. On la donne en décoction de 15 grammes dans 150 grammes d'eau. Cette graine avalée par cuillerée entière sans être mâchée, est excellente contre la constipation.

L'huile douce de la Moutarde noire, à la dose de 60 grammes, est purgative; administrée comme anthelmintique, elle peut remplacer l'huile de ricin. On fait avec les graines de Moutarde noire, réduites en farine, des cataplasmes et des sinapismes. Appliqués sur différentes parties du corps pour irriter la peau, amener une excitation générale, comme dans la paralysie et les affections comateuses, les fièvres typhoïdes, ils opèrent une dérivation salutaire, et appellent à la surface du corps une inflammation aiguë ou chronique.

Il faut éviter, pour utiliser les sinapismes, l'eau chaude (l'eau très tiède est préférable) et le vinaigre. Ils ne doivent pas rester plus de quarante minutes.

Les bains de pieds de Moutarde sont ordonnés dans les congestions sanguines, telles que l'apoplexie, etc., etc.

Les Moutardes de diverses couleurs, servies sur nos tables, sont un des condiments les plus universellement répandus parmi nous.

MUGUET DES BOIS

Lis des vallées, Muguet de mai.

Le Muguet a une odeur suave. Les fleurs, utilisées en médecine, sont réputées antispasmodiques, céphaliques, purgatives et vomitives ; 2 grammes de ces fleurs fraîches, mêlées avec un peu de miel, produisent d'abondantes évacuations intestinales ; séchées et pulvérisées, elles fournissent un sternutatoire très énergique contre les maux de tête, les migraines, des vertiges succédant à la suppression du mucus nasal. Les tiges, fleurs et racines contiennent de la convallamarine et sont employées contre les palpitations valvulaires du cœur. Dans ce but, on vend en pharmacie la Convallaria maïalis.

MUSCADIER

Noix de muscade.

La semence ou l'amande du Muscadier connue sous le nom de muscade, a une chair blanche, huileuse, odorante. On retire du macis, de l'arille et du noyau de son fruit, une huile solide nommée beurre de muscade et une huile aromatique. Elles exercent une action très énergique sur l'estomac, l'intestin et la plupart des appareils de la vie organique. Elles paraissent exercer en outre une puissante influence sur le système nerveux. A raison de ces différents effets, on les a employés dans l'anorexie et l'inappétence, dans la chlorose, la goutte atonique. On s'en est servi quelquefois avec succès contre le vomissement spasmodique et contre certains flux du ventre.

La muscade est l'objet d'un très grand commerce. On s'en sert dans les cuisines pour aromatiser les aliments. Confite au sucre, elle constitue un mets de dessert très agréable.

Le beurre de muscade entre dans la composition du Baume nerval et de l'élixir de Garus.

MYRTE

On distille les feuilles de Myrte en eau, appelée eau d'ange, pour la toilette. Toutes les parties de la plante fournissent une huile volatile recherchée comme stimulant, propre à raffermir certains organes relâchés et donner de la fraîcheur à la peau. On emploie en Provence, en Italie, en Grèce, ses feuilles pour le tannage.

NARCISSE

Porillon, Fleur de coucou, Clochette des bois, Aïault, Narcisse sauvage, Jeannette, Herbe à la Vierge, Zouzinette.

Les bulbes passent pour purgatifs et émétiques. Les fleurs agissent comme la racine de violette et peuvent comme elle remplacer l'ipéca ; elles passent aussi comme antispasmodiques et on les donne avec succès dans la coqueluche, la dysenterie. Doses : 2 grammes pour 125 grammes d'eau, feuilles sèches en infusion, à boire par cuillérées, dans la coqueluche ; racine, en poudre, pour purger et vomir, 5 à 8 grammes.

NARDS

Nard indien, Spica-Nard

Le véritable Nard indien, très rare dans le commerce, croît dans les Indes Orientales, à Java, aux Moluques, dans l'île de Ceylan. Il a joui dans l'antiquité, d'une très grande réputation. Le parfum que les anciens retiraient de cette plante exhalait l'odeur la plus suave. Les médecins modernes lui ont attribué des principes toniques, stomachiques, céphaliques, emménagogues, alexitères. On rapporte que Galien guérit Marc-Aurèle d'une langueur d'estomac, en lui appliquant sur l'épigastre de l'huile de Nard étendue sur de la laine. On la faisait rentrer jadis dans des collyres et surtout dans des liniments précieux dont on ne fait presque plus usage.

Les nations de l'Orient faisaient particulièrement usage des préparations du Nard, pour oindre les voyageurs auxquels ils accordaient l'hospitalité. L'Ecriture sainte nous représente Marie-Madeleine, dans la maison de Simon le Lépreux, oignant les pieds de Jésus-Christ, avec de l'huile de Nard. Certains passages d'Horace nous apprennent que les Romains l'employaient aussi en onctions.

Le Nard celtique ou Valériane celtique qui croît au Mont-Cenis, a une odeur forte, agréable, des propriétés beaucoup moins actives.

NAVET, RAVE

Navet tendre, Turneps, Navette, Rabiole.

Le Navet et la Rave exhalent une odeur forte, analogue à celle de la plupart des crucifères. Son parenchyme est blanc, ferme, charnu, d'une saveur fraîche et sucrée, surtout après la coction. A raison de la grande quantité de sucre et de mucilage dont se composent ses racines, elles sont bien plus remarquables par leurs qualités nutritives, que par leurs propriétés médicales. Leur saveur douce et agréable les font servir sur nos tables, préparés de mille manières. Ils figurent avec avantage parmi les substances pectorales, adoucissantes, émollientes, relâchantes. Ils sont employés avec succès dans la plupart des maladies aiguës inflammatoires.

On fait avec la pulpe du navet cuite et pelée des cataplasmes qui sont appliqués sur les engelures; ces cataplasmes modèrent les démangeaisons et les inflammations. On fait usage de sa décoction contre la toux, l'enrouement, les affections de poitrine, la coqueluche et contre le catarrhe. Cette racine mérite surtout l'attention comme antiscorbutique. Le Navet, toutefois, passe pour venteux, mais cet effet n'a lieu ordinairement que chez quelques personnes très nerveuses, très délicates, douées d'une idiosyncrasie (propre à chaque tempérament) particulière et qui, pour cette raison, doivent en faire un usage modéré.

La Navette est cultivée pour sa graine.

NÉFLIER

Les fruits connus sous le nom de Nèfles, offrent avant leur parfaite maturité un parenchyme d'une consistance dure, mais par l'influence des premiers froids, leur substance devient molle, pulpeuse et acquiert une saveur douce, acidule.

Les nèfles étaient connues d'Hippocrate par leur propriété astringente et divers médecins les ont recommandées, sous ce rapport, contre les diarrhées chroniques. On emploie aussi les feuilles en gargarisme dans les aphthes et les inflammations de la gorge. Les nèfles sont utilisées avec succès dans le traitement du scorbut.

On accélère leur ramollissement, en les froissant fortement dans un panier ou dans un sac et en les exposant pendant quelque temps sur de la paille.

Le bois du Néflier est flexible et très dur; les tourneurs en font des manches de fouet, des cannes et autres objets.

NÉNUPHAR

Lis des étangs, Lis et blanc d'eau, Volet, Plateau, Lune d'eau, Volant d'eau, Baratte, Cruchon, Nymphe, Pyrotte, Herbe d'enfer, Nénuphar blanc.

Rien n'est plus vague, plus hypothétique ni plus contradictoire que les idées qui se sont accréditées sur la puissance de cette plante. Sa réputation comme réfrigérante et antiaphrodisiaque remonte

à l'antiquité la plus reculée. On fait encore aujour-
d'hui un sirop de nymphæa, comme calmant. Les
anciens auteurs reconnaissaient à sa semence et à
sa racine, la vertu d'éteindre les désirs vénériens et
même d'abolir la faculté génératrice. (L'infusion,
pour l'intérieur, est de 250 grammes de racine par
kilog. d'eau.) Personne n'ignore la confiante et
aveugle crédulité avec laquelle les moines et les religieuses de nos couvents faisaient usage de cette
plante pour réprimer la révolte des sens et pour
étouffer des désirs qui ne sont pas le moindre supplice
plice de ceux qui se dévouent aux rigueurs de la
chasteté. Du sein des cloîtres, la prodigieuse renommée des effets merveilleux du Nymphæa s'est
répandue dans toutes les classes du peuple et depuis le prince jusqu'à la dernière garde-malade, il
n'est personne qui ne s'imagine donner de
solides preuves de ses connaissances en médecine,
en signalant ce végétal aquatique, comme l'antiaphrodisiaque par excellence et comme la vraie sau-
vegarde de la chasteté.

Le Nénuphar ou nuphar, à fleurs jaunes, appartient au même genre que le célèbre lotos du Nil.
Les Egyptiens avaient consacré le lotos au soleil,
dont il était l'emblême, qu'on représentait sur la
tête d'Osyris et de plusieurs autres divinités. Les
rois d'Egypte s'en formaient des couronnes, le
faisaient représenter sur les monnaies et les médailles.

NERPRUN

Noirprun, Bourguépine, Epine de Cerf.

L'écorce intérieure ou liber de cet arbrisseau jouit, comme ses baies, de propriétés purgatives, vomitives et anthelmintiques; les baies surtout occupent une place distinguée parmi les drastiques. Si, à haute dose, elles provoquent le vomissement, leur action s'opère pour l'ordinaire par le canal intestinal, dont elles augmentent prodigieusement les sécrétions muqueuses, en même temps qu'elles sollicitent avec énergie ses contractions. Elles purgent ainsi avec force. Vingt à trente grammes de ces baies, en décoction, par litre d'eau ou dix à vingt baies, fraîches ou sèches, avalées comme des pilules, suffisent pour purger. Il est bon de boire, presque en même temps, une tisane mucilagineuse pour prévenir les coliques. Ces baies sont aussi d'un grand usage dans l'hydropisie.

Le suc des baies du Nerprun, convenablement épaissi et associé à l'alun, fournit une couleur verte très en usage dans la peinture, connue dans le commerce sous le nom de vert de vessie ou vert végétal. Ce même suc est employé dans la teinture pour colorer les laines et différentes étoffes. Le commerce désigne ses fruits sous le nom de graines d'Avignon.

NIGELLE

Nielle, Fleur de Sainte-Catherine, Faux cumin.

Les semences de la Nielle cultivée sont en usage comme assaisonnement en Orient et ailleurs depuis un temps immémorial. Ces semences portent le nom de poivrette.

Les semences du Nigella sativa, tout-épice, quatre épices, ont des propriétés emménagogues très prononcées. Celles du Nigella damascena, appelé aussi Barbiche, Cheveux de Vénus, Barbe de capucin, Barbeau, Patte d'araignée, donnent dans les parterres de belles fleurs ; elles ont une odeur de fraise et passent pour fortifiantes, carminatives, anticatarrhales et emménagogues.

NOISETIER OU COUDRIER

Son fruit, noisette ou aveline, d'un goût agréable, fournit une huile douce qui peut remplacer l'huile d'amandes douces. Les charlatans ont employé longtemps ses rameaux, sous le nom de baguettes divinatoires, pour découvrir les sources, les mines, les trésors cachés, etc.

Quelques personnes prétendent que l'écorce de cet arbrisseau est astringente et fébrifuge.

NOIX VOMIQUE

Les Noix vomiques sont les fruits du Vomiquier ; elles sont connues depuis longtemps dans le commerce. C'est à sa substance amère que la Noix vomique est essentiellement redevable de ses propriétés vénéneuses et médicales, de la violence de son action sur l'économie. On en retire la strychine. Elle doit être administrée avec la plus grande circonspection. Toutefois, entre des mains habiles, elle a produit des résultats aussi heureux qu'inattendus dans le traitement de plusieurs maladies graves et rebelles. On a constaté les bons effets de la Noix vomique contre les vers intestinaux, particulièrement contre les ascarides lombricoïdes, contre les paralysies essentielles, et ses avantages pour exciter l'action de la moelle épinière et des nerfs qui en partent.

La strychine, introduite dans les viandes ou autres substances alimentaires, est aussi en usage pour empoisonner les chiens errants, pour détruire les loups, les renards, les fouines et les animaux rongeurs, tels que rats, souris, mulots, etc.

NOYER

Gland divin, Gognier, Gauquier.

Le Noyer est le plus beau de nos arbres fruitiers; il porte une cime large et touffue; son écorce est lisse dans les jeunes arbres, épaisse et gercée dans les plus vieux. L'enveloppe extérieure du fruit du Noyer, connu sous le nom de brou de noix ou drupe, est verte, charnue, d'une saveur amère, styptique et excessivement acerbe. Elle renferme

beaucoup de tannin, d'acide gallique et noircit
fortement la peau des doigts lorsqu'on la touche.
Le brou jouit manifestement de propriétés toniques
et astringentes. Pour l'ordinaire, il agit sur le
canal intestinal dont il provoque les contractions
et c'est probablement à cette manière d'agir qu'il
doit ses propriétés anthelmintiques, célébrées par
les anciens et confirmées par les modernes.

La liqueur ou ratafia de brou de noix a la réputation d'être stomachique; elle est conseillée dans
les crampes d'estomac.

La seconde enveloppe, dure, cassante, sillonnée
à sa surface, est de nature purement ligneuse.

L'intérieur de la noix offre une substance quadri-
lobée, recouverte d'un épiderme jaunâtre, très
mince. Cette substance est blanche, d'une saveur
douce, agréable; elle contient une certaine quantité de fécule amylacée et environ la moitié de son
poids d'une huile grasse, siccative qui ne se concrète
pas par l'action du froid. Cette huile a des propriétés relâchantes, adoucissantes, lubrifiantes. Très
agréable au goût, elle est employée avec avantage
à tous les usages culinaires.

On fait, avec la décoction des feuilles, des injections dans le vagin, contre les fleurs blanches. Les bourgeons et les feuilles ont la propriété
de faire pousser les cheveux; leur décoction (50
grammes par kilog. d'eau), sert aussi à combattre les scrofules, les ulcères, les ophthalmies

scrofuleuses ; ils sont employés en bains, comme fortifiants ; en cataplasmes ou en lotions, contre la teigne.

L'infusion ou la décoction des feuilles fraiches ou sèches, 25 gr. pour 1 kilogr. d'eau, est administrée à la dose de cinq à six tasses par jour. Le traitement convient aux scrofuleux, aux tempérament lymphatiques ; il est un peu long, son action ne se manifeste guère avant la fin du premier mois, mais les guérisons sont généralement permanentes.

Voici un remède qui a réussi pour des plaies invétérées qui avaient résisté à plusieurs traitements. Un homme avait une plaie depuis fort longtemps ; on lui conseille de faire une forte décoction, mêlée de feuilles de Noyer sèches ou vertes, avec de l'écorce de chêne, de s'en laver quatre ou cinq fois par jour et d'y mettre chaque fois une compresse de cette eau. Cet homme fut complètement guéri en peu de temps.

Les fruits avant la formation de leur partie nutritive, sont confits ou servis sur nos tables sous le nom de cerneaux.

Le magma ou pain de noix, qui reste sous le pressoir lorsqu'on a exprimé l'huile, sert à engraisser les bestiaux, mais donne à la volaille un goût fort désagréable.

Par sa dureté, par sa couleur agréablement veinée et par le beau poli dont il est susceptible, le bois de cet arbre est très précieux et très recherché comme bois de travail.

Sa racine, ses feuilles et l'enveloppe extérieure de son fruit, fournissent une couleur jaunâtre utilement employée dans la teinture.

Pour mettre les chevaux à l'abri des piqûres des mouches et des insectes, on les lave avec un décocté de feuilles de Noyer.

ŒNANTHE

Pausacre, Persil des marais, Œnanthe safranée.

La racine de cette plante est blanche, inodore et d'une saveur analogue à celle du panais. Elle renferme de la fécule, une certaine quantité de sucre et un principe entièrement délétère. Elle exerce une violente irritation sur l'appareil digestif et consécutivement sur le système nerveux. Son absorption amène presque toujours la mort. Elle doit être administrée avec une extrême prudence et on doit admettre avec une grande réserve, l'efficacité qu'on lui a vaguement attribuée dans certaines maladies, telles que la paralysie de la vessie, l'épilepsie, les scrofules.

La plupart des racines des espèces d'Œnanthes sont vénéneuses. Il faut en excepter l'Œnanthe pimpinelloïde dont les tubercules très nourrissants, sont mangés dans l'Ouest, sous les noms de jouanettes, agnote, anicot, navette, méchons.

OIGNON, OGNON

L'Oignon exhale une odeur alliacée, forte et pénétrante. Sa saveur est à la fois douce, âcre et piquante. Les parties volatiles qui en émanent, produisent un picotement douloureux sur la conjonctive et déterminent généralement un écoulement de larmes.

Les espèces cultivées, de la famille des liliacées, portent les noms d'échalotte, de civette, de rocambole, etc., et servent à l'usage culinaire. (Voir ail, poireau.)

Extérieurement, on l'applique cuit, sous forme de cataplasme, sur les tumeurs inflammatoires, contre les phlegmons, les furoncles, les brûlures, les panaris. Un curé de campagne prétend que trois jours suffisent pour guérir un panaris. Dans ce but, on prend un Oignon blanc; cuit dans la cendre, on le coupe en deux et on en entoure le doigt malade. Cette opération doit être renouvelée deux fois par jour.

Ingéré cru, son action stimulante se manifeste dans l'intérieur de la bouche par un picotement âcre; dans l'estomac par un sentiment de chaleur. C'est ainsi que l'Oignon augmente l'appétit, excite la sécrétion de l'urine, provoque la transpiration cutanée, active l'exhalation pulmonaire et favorise l'écoulement des règles. Comme topique, le suc de l'Oignon injecté à la dose de quelques gouttes dans le conduit auditif, a été recommandé contre la surdité. Quelques personnes mangent un Oignon cru pour guérir un mal de dents. Son usage est également utile dans le scorbut. On lui prodigue des éloges contre l'alopécie. Les oignons broyés dans du vinaigre, employés en frictions, font disparaître, paraît-il, les taches de rousseur.

L'Oignon cru ne convient pas aux tempéraments bilieux, aux sujets délicats et très irritables, aux personnes trop ardentes ni à celles qui sont sujettes aux hémorragies, aux dartres. Il est d'ailleurs assez difficile à digérer. Mais lorsque la coction a suffisamment ramolli son parenchyme et a transformé son âcreté en une saveur douce, il constitue une nourriture aussi agréable que salutaire. On le sert sur nos tables, préparé de diverses manières; on l'associe aux viandes et aux légumes, dans la plupart des ragoûts; il sert de condiment dans toutes les salades; il entre dans la composition des sauces, des coulis, des jus de viandes, des gelées animales, etc. On le confit au sel et au vinaigre à la manière des cornichons.

L'Oignon blanc passe pour être plus doux et plus sucré que le rouge. Il est certain qu'il acquiert dans les climats chauds, une saveur plus grande, beaucoup plus agréable et qu'on le mange avec plus de plaisir en Provence, en Espagne et en Italie que dans la France septentrionale et autres contrées du Nord.

ONOPORDE

Artichaut sauvage, Pet-d'Ane, Epine blanche, Chardon-aux-Anes, Fausse Acanthe.

Son suc passe pour être utile dans les ulcères chancreux de la face. On en imbibe la charpie destinée au pansement. Ce suc n'a aucun effet sur le cancer du sein.

OLIVIER

Il existe plusieurs variétés d'Oliviers, d'après la forme, la couleur, la précocité du fruit. La chair de l'olive verte est dure et amère; ce qui permet d'en faire usage comme aliment, qu'après avoir subi une macération dans la saumure avec différents aromates. Les olives ont alors un goût très agréable qui les fait rechercher pour le service des tables et fournissent un aliment extrêmement savoureux. L'huile qu'on en retire par expression est d'un blanc jaunâtre, transparente, très liquide, inodore et d'une saveur très douce. Elle se concrète à la température de quelques degrés au-dessous de zéro et rancit en vieillissant, quoique moins facilement que la plupart des autres huiles.

On a recours à l'huile d'olive comme contre-poison. On l'emploie dans les toux sèches et spasmodiques, accompagnées de beaucoup d'irritation. On la donne aussi soit par la bouche, soit en lavement, dans les coliques qui suivent les accouchements difficiles ou qui sont produites par l'accumulation des matières stercorales durcies. Outre ses propriétés relâchantes et émollientes, l'huile d'olive jouit encore d'une vertu purgative et paraît exercer une influence délétère sur les vers intestinaux dont elle détermine souvent l'expulsion. On s'en sert encore en onctions, dans l'ascite et l'anasarque, pour diminuer la tension et la douleur des parties enflammées, à la suite des piqûres d'abeilles, de guêpe et des frelons. Deux cuillerées d'huile, mélangées avec un blanc d'œuf et mises sur des brûlures, sont d'un effet très calmant.

Dans le Midi, elle remplace le beurre comme assaisonnement. L'huile, jadis en usage pour les onctions des athlètes, était exprimée des olives vertes non mûres.

L'huile d'olives est la base des huiles odoriférantes et d'une foule de préparations cosmétiques en usage pour la toilette; elle sert à la préparation de cires à cacheter parfumées.

Enfin, les prêtres catholiques s'en servent pour sacrer la tête des rois et pour oindre les mourants dans le sacrement d'Extrême-Onction.

Les feuilles de l'Olivier sont amères, extrêmement acerbes et astringentes. On s'en sert avec avantage dans la plupart des cas qui réclament la médication tonique avec astriction.

Le magma ou marc que fournissent les olives

dont on a exprimé l'huile, a quelquefois été recommandé comme topique contre le rhumatisme et la goutte.

L'huile d'olive est l'assaisonnement le plus général, le plus agréable et le plus utile de nos aliments. Il préside à toutes les salades et à un grand nombre de préparations culinaires. Elle est l'objet d'un très grand commerce.

L'Olivier paraît avoir été un des premiers arbres cultivés parmi les hommes. Les nombreux et utiles usages auxquels sont employés ses produits l'ont fait regarder, de tous temps, comme un des végétaux les plus précieux pour l'espèce humaine. Ses rameaux ornés de feuilles et chargés de fruits sont le symbole de l'abondance, de la paix et de la concorde.

Son bois, bien veiné, remarquable par sa dureté extrême, susceptible de prendre un très beau poli, est employé dans l'ébénisterie de luxe.

ORANGER.

En nommant l'Oranger, l'imagination se transporte aussitôt dans les jardins enchantés des Hespérides ; elle se promène au milieu de ces belles forêts composées d'arbres élégants, dont les feuilles nombreuses et touffues conservent leur brillante verdure dans toutes les saisons de l'année. Là, des bosquets de fleurs s'épanouissent, parfument l'air d'une odeur suave et balsamique ; des fruits d'une couleur d'or leur succèdent et contrastent agréablement avec le vert foncé du feuillage.

Les feuilles dont la saveur est chaude, amère, exhalent lorsqu'on les froisse, une odeur agréable qui est due à l'huile volatile qu'elles renferment. La présence du principe amer et de cette huile essentielle, leur donne une propriété tonique. Aussi sont-elles employées avec succès, en infusion, contre les affections de l'appareil digestif, telles que l'inappétence, les flatuosités, les mauvaises digestions. Elles sont surtout recommandées contre les maladies nerveuses et convulsives, comme spasmodiques, dans les palpitations, la toux, l'hystérie, l'épilepsie.

Les fleurs d'Oranger, ont aussi une saveur très-amère. Elles renferment beaucoup d'huile volatile, rouge, très odorante, un peu âcre. Par la distillation, cette huile essentielle passe entièrement dans l'eau, à laquelle elle donne toutes les propriétés des fleurs elles-mêmes et que l'on emploie sous le nom d'eau de fleurs d'oranger. Cette essence porte le nom de néroli ; elle entre dans la composition de l'eau de Cologne. Le néroli de Paris s'obtient avec les feuilles du bigaradier. L'eau de fleur d'oranger exerce plus particulièrement son influence sur le système nerveux. Il est même peu de substances médicamenteuses auxquelles on ait recours plus fréquemment et avec moins de danger, pour apaiser les douleurs de tête, procurer du sommeil, dissiper les spasmes de la poitrine, les palpitations de cœur et pour soulager cette longue série de maux de nerfs qui accablent la plupart des savants, des artistes et qui abreuvent d'amertume la vie d'une foule de femmes charmantes.

L'écorce d'orange renferme un suc avec lequel on prépare l'orangeade, boisson journellement employée pour étancher la soif des malades. Cette écorce tenue dans la bouche, diminue la fétidité de l'haleine. Elle renferme une huile volatile inflammable, une odeur aromatique très agréable, une saveur chaude, piquante et amère. Elle sert plus particulièrement à la préparation des liqueurs de table et des ratafias.

Les oranges se distinguent entre tous les fruits par leur belle couleur dorée, par la suavité de leur arome, par la douceur de leur goût acidulé et sucré. L'orange fait éprouver un sentiment de chaleur douce dans l'intérieur de la bouche; elle active la digestion et favorise l'exercice de la plupart des fonctions organiques. Selon divers auteurs, elle a été administrée contre les fièvres intermittentes avec autant de succès que le quinquina. On s'en sert dans le traitement des catarrhes chroniques des bronches, de la vessie, ainsi que dans la chlorose. Elle peut être d'une grande utilité dans plusieurs névroses. Le parenchyme des oranges mûres dont la saveur fraîche, acidulée et sucrée est si délicieuse, contient une grande

quantité de suc aqueux. Il jouit de qualités rafraîchissantes, adoucissantes et légèrement nourrissantes. Sous ces derniers rapports, il est extrêmement avantageux pour calmer la soif, diminuer et
apaiser la chaleur fébrile qui accompagne presque
toutes les maladies aiguës et beaucoup de maladies
chroniques. Comme il est dit plus haut, on ne peut
pas administrer de boisson plus utile que l'orangeade préparée avec le suc, l'eau et le sucre, dans
les fièvres ardentes, bilieuses, inflammatoires, dans
la fièvre jaune, la peste et le typhus. Elle est également utile dans les embarras gastriques et intestinaux, dans la dysenterie, la péritonite, etc. Par
ses vertus analeptiques, le suc convient dans
le scorbut, soit comme curatif, soit comme préservatif.

On connaît plusieurs variétés d'oranges, qui sont
la mandarine, la portugaise, l'orange de Malte, etc.
L'orange amère se nomme bigarade ; on fait avec
son écorce le curaçao de Hollande. Le fruit appelé
chinois, que l'on confit et que l'on met aussi à
l'eau-de-vie, est une variété de la bigarade.

Les zestes frais d'orange renferment une huile
essentielle connue sous le nom d'essence de Portugal.

Les limonadiers et les distillateurs préparent
avec l'Orange, du punch, des limonades, des glaces
d'excellent goût. En les associant au sucre, les
confiseurs préparent avec les oranges entières et

avec leur écorce isolées, par tranches, des pâtes, des conserves et toutes sortes de bonbons très délicats.

Les cuisinières les coupent par tranches et en font ce qu'on appelle une salade d'oranges, qu'on aromatise avec de la bonne eau-de-vie ou du rhum ; elles en font aussi d'excellentes confitures. Les fleurs sont très utiles aux parfumeurs pour aromatiser les pommades, les huiles, destinées à la toilette, pour composer des essences et autres cosmétiques.

ORCHIS MALE

Satyrion, Testicule de chien, Patte de loup.

Les tubercules de l'orchis, desséchés, sont connus dans le commerce, sous les noms de salep ou salap. Ils se ramollissent dans l'eau et s'y dissolvent en partie. Pulvérisés et jetés dans ce liquide, ils donnent la consistance d'une gelée tremblante. Ils sont entièrement composés de mucilage et de fécule amilacée ; c'est à ces principes qu'ils doivent leurs qualités analeptiques et adoucissantes, en vertu desquelles ils sont employés avec succès dans la plupart des maladies de consomption et d'irritation. Son usage est réellement très utile dans le traitement des fièvres hectiques et des fièvres lentes nerveuses, dans celui des diarrhées, des dysenteries. Différents auteurs en ont recommandé l'emploi contre les coliques et le ténesme, la néphrite, les affections calculeuses des reins et de la vessie. Ils conviennent aux sujets épuisés par une longue abstinence, par des excès d'études, par de longs chagrins, par la pernicieuse habitude de l'onanisme et autres causes débilitantes. Les vieillards décrépits se trouvent très bien de son usage, qui est surtout d'une grande utilité dans le scorbut.

Le salep de Perse ou le salep indigène s'emploie en poudre. On en fait des bouillies, des gelées, un chocolat, qui surpassent en qualités nutritives la plupart des aliments tirés du règne végétal. C'est un des mets favoris des Persans et des Turcs. Ils en font provision pour rétablir leurs forces épuisées par la fatigue ou par un trop long abus des plaisirs. A cause de son peu de volume et de la facilité de le conserver, il serait un aliment très utile dans les voyages maritimes, dans les longues expéditions militaires, dans les sièges ou les blocus. Trente grammes environ d'orchis pulvérisé et autant de gelée animale, dissous dans deux litres d'eau, suffisent pour bien nourrir un homme pendant vingt-quatre heures, de sorte que trois livres de chacune de ces subsistances peuvent nourrir un homme pendant un mois entier. Cet aliment a de plus l'avantage précieux de masquer ou de faire disparaître la saveur salée de l'eau de mer, dont il peut ainsi permettre l'usage à bord des vaisseaux.

Exactement pulvérisé, le salep se donne en solution dans l'eau, le lait, le bouillon ou des jus de viandes. On peut donner à ce liquide la consistance d'une gelée que l'on administre par cuillerées de deux heures en deux heures.

Les bulbes de plusieurs orchis indigènes jouissent absolument des mêmes propriétés que ceux de l'orchis mascula. Tels sont ceux de l'O. morio, latifolia, bifolia, pyramidalis, militaris, etc. Ils sont substitués chaque jour, avec avantage, au salep de Perse.

ORGE CULTIVÉE

Grosse orge, Escourgeon, Epeautre, Soucrion.

Les semences de cette graminée, une des plus anciennement cultivées parmi les hommes, sont également recommandables par leurs propriétés médicales et alimentaires. Dépouillées de leur enveloppe corticale, ces semences portent le nom d'orge mondé ; lorsqu'en les privant de leur écorce, on leur donne la forme sphérique, elles portent le nom d'orge perlé. L'orge réduit en farine constitue l'orge gruée, gruotte ou gruau. La décoction de ces semences, convenablement épaissie, forme la crème d'orgeat, qui est à la fois si agréable et si rafraîchissante. Sa décoction concentrée sert à faire le sucre d'orge. La farine d'orge, est une des quatre farines résolutives et entre dans la composition des cataplasmes. Enfin, l'orge germé et séché, constitue le malt, substance dont on fabrique la bière. Les brasseurs nomment drêche le malt épuisé par l'eau. Sous toutes ces formes, l'orge est douée de vertus assez nourrissantes, émollientes, adoucissantes, rafraîchissantes, relâchantes et lubrifiantes. C'est ainsi, qu'on l'emploie journellement en décoction, dans les aphtes, l'angine, la gastrite, la diarrhée, la dysenterie, la dyspepsie. Son usage est également utile dans les hémorragies pulmonaires, intestinales et urinaires. Toutefois, pour obtenir de la décoction d'orge des effets salutaires, il ne suffit pas de faire bouillir quelques grains d'orge dans une grande quantité d'eau ; il faut, après avoir dépouillé l'orge de son enveloppe, prolonger sa décoction à un feu doux, pendant sept à huit heures, afin que sa matière amidonnée puisse se dissoudre entièrement dans l'eau.

La bière faite avec de l'orge germé et du houblon, apaise très bien la soif, augmente l'action de l'estomac et excite la sécrétion des urines.

La farine d'orge bouillie avec l'eau, le lait ou le petit-lait, forme des pâtes et des bouillies très nourrissantes, dont on fait usage dans diverses contrées de l'Allemagne et de la Russie. L'orge perlé est souvent employé pour faire des soupes et des potages aussi agréables que salutaires. En Espagne et en Afrique, l'orge entier est la principale nourriture des bestiaux et des chevaux en particulier.

ORIGAN

*Origan commun, Marjolaine d'Angleterre,
Marjolaine bâtarde ou sauvage.*

Son odeur se rapproche de celle du serpolet. Par infusion, l'eau lui enlève presque tout son arome. Cette plante jouit d'une propriété tonique absolue; c'est un stimulant stomachique, on le prescrit comme diaphorétique, emménagogue, antispasmodique. Elle a été décorée du titre de céphalique et recommandée particulièrement dans l'asthme.

A l'extérieur on recommande l'application de l'origan, en fomentation sur les tumeurs, les engorgements froids pour en favoriser la résolution ou la suppuration. Haché et appliqué très chaudement, sur la partie atteinte de rhumatisme et sur le cou dans le torticolis, sous forme de cataplasme sec, l'origan réussit souvent à les guérir.

Substitué au houblon dans la fabrication de la bière, il rend cette boisson plus forte et plus susceptible de se conserver. On dit que suspendu dans un tonneau de bière, elle empêche ce liquide de tourner à l'aigre.

C'est un succédané du thé et du tabac.

On s'en sert pour teindre certaines étoffes en rouge brun. L'huile volatile d'origan, introduite dans la cavité des dents cariées, a quelquefois calmé de vives douleurs dentaires.

19*

ORME, ORMEAU

L'écorce de l'Ormeau est astringente ; elle est employée à l'extérieur contre les affections cutanées, telles que les exanthèmes, les croûtes lépreuses, les dartres, les scrofules, le zona. La décoction de l'écorce des rameaux, à laquelle on ajoute un tiers d'eau-de-vie, le tout bien réduit et appliqué, en fomentation, sur la partie douloureuse, calme la sciatique. Dose : décoction, 125 gr. pour un kilog. d'eau réduit à 500 gr.

Le bois est très dur, se conserve fort bien sous l'eau et en terre ; il est très estimé pour le charronnage.

Les fruits, appelés pain de hanneton, sont mangés par les enfants.

ORTIE

Ortie brûlante, Petite Ortie, Ortie grièche.

Chacun connaît l'ortie ; son contact avec la peau cause une démangeaison vive, une piqûre cuisante, douloureuse, puis la formation de papules, dont l'éruption suit constamment la piqûre de l'ortie. Cette éruption est désignée sous le titre d'urtication. C'est en vertu de la vive irritation que les feuilles de cette plante déterminent sur la peau qu'on l'a mise en usage dans le traitement de différentes maladies. C'est ainsi que l'urtication a été recommandée contre les rhumatismes chroniques, la paralysie et certaines affections comateuses. On s'en est servi également pour favoriser le développement de la sensibilité et amener du sang dans les organes flétris par l'abus des jouissances. Mais, si des êtres avilis et corrompus ont pu tirer parti de l'urtication pour faire disparaître momentanément les signes d'une honteuse impuissance, des accidents très graves en ont souvent été le résultat.

L'ortie, administrée intérieurement, a été préconisée contre les hémorragies utérines (100 à 200 gr. de suc matin et soir). Ce suc introduit, sur du coton, dans les narines, arrête facilement les saignements de nez. On emploie aussi l'ortie contre l'hémoptysie, la ménorrhagie, contre les maladies de la peau, particulièrement l'eczéma chronique.

La substance filamenteuse que l'on retire des tiges de l'ortie, préalablement soumises à l'opération du rouissage, fournit une filasse qu'on peut employer à toutes sortes d'ouvrages.

De même que les autres plantes oléacées, l'ortie jeune et tendre peut être employée comme aliment et servi sous la forme d'épinards. J'ai mangé des épinards d'ortie, c'est réellement bon. En Suède, on cultive la grande ortie comme fourrage ; on la donne aux bestiaux au commencement du printemps et l'on en fait pendant l'été deux ou trois coupes que l'on conserve pour l'hiver.

Cette plante, fraîche, cuite et réduite en pâte est employée avec avantage à la nourriture de la volaille pour la faire pondre davantage ; dans quelques provinces, elle est même exclusivement réservée dans cet état à la nourriture des dindonneaux, des jeunes canards. On attribue à l'ortie, plantée autour des ruches, la propriété de chasser les grenouilles dont le voisinage est, dit-on, un obstacle à la sortie des essaims d'abeilles.

Les maquignons en mêlent une certaine quantité à l'avoine pour donner aux chevaux un air vif et un poil brillant. L'ortie blanche ou lamier blanc, ortie morte, mise en contact avec la peau ne cause ni piqûre, ni démangeaison. Ses fleurs, seules employées en tisane sont un remède populaire contre la leucorrhée.

L'ortie puante, stachys des bois ou épiaire, passe pour emménagogue. Son suc prise à la dose de 60 gr. chaque soir, dans un verre de vin blanc chaud, a ramené les règles supprimées par l'immersion des mains dans l'eau glacée.

OSEILLE

Vinette, Aigrette, Surelle, Patience acide, Surette, Parelle, Patience des moines.

Cette plante est remarquable par une saveur acide, piquante, agréable. On la cultive dans les jardins potagers et l'art culinaire en retire beaucoup d'avantages.

Le jus d'Oseille a été administré avec utilité

dans les fièvres intermittentes à la dose de trois verres, pendant l'intervalle des accès.

L'Oseille est un acidule rafraîchissant. Elle fait la base du bouillon aux herbes, pour venir en aide aux purgatifs. Elle contient beaucoup d'acide oxalique ou sel d'Oseille. C'est à la présence de ce sel que l'Oseille est redevable de la propriété rafraîchissante qui la caractérise spécialement. On s'en sert avec succès dans le traitement des fièvres pétéchiales. Sous son emploi, on a vu les vomissements cesser, l'amertume de la bouche disparaître et l'appétit se rétablir. La décoction acide convenablement édulcorée, offre une boisson très utile dans le traitement des embarras gastriques.

Sa racine est dépurative, diurétique.

Le sel oxalique qu'on retire de l'Oseille dissout les oxydes de fer, décompose l'encre et enlève les taches sur le linge, le papier ou la peau.

OXALIDE

Surelle (nom donné aussi à l'Oseille), Alleluia, Pain de coucou, Herbe de bœuf, Trèfle aigre, Oseille de bûcheron, Oseille de Pâques, Oseille à trois feuilles.

L'Alleluia est surtout antiscorbutique. On retire de l'Oxalide, l'oxalate de potasse, le sel d'oseille ou le sel à détacher.

L'oxalate de potasse est non-seulement très usité pour enlever les taches d'encre, mais encore on l'utilise dans les arts, pour enlever la couleur du carthame et dans quelques fabriques de toiles peintes pour détruire les couleurs à base de fer.

PANAIS CULTIVÉ

Pastenade, Pastenaille, Grand chervi.

On attribuait autrefois au panais toutes sortes de vertus, d'où son étymologie de panacée. On emploie la semence comme fébrifuge à la dose de 10 gr. en infusion dans le vin. La racine renferme une assez grande quantité de sucre et de fécule. C'est une bonne plante potagère. Elle est recommandée comme un excellent fourrage, ainsi que la fane. Sans donner de goût désagréable, le lait des vaches qui se nourrissent de cette plante est plus abondant et plus crémeux.

Elle est cultivée en grand en Bretagne et en Belgique pour la nourriture des chevaux.

PAREIRA BRAVA

Herbe Notre-Dame, Liane à cœur ou à serpent, Liane à glacer l'eau, Liane quinze-heures, Vigne bâtarde du Brésil.

Cette plante appelée butua par les Brésiliens, a été apportée en France en 1788. La racine seule est en usage en médecine. C'est un puissant diurétique. Elle est aussi regardée comme fébrifuge et emménagogue. On lui attribue une certaine efficacité contre l'ischurie ou rétention d'urine, contre la morsure des serpents venimeux, l'asthme, la jaunisse, les coliques néphrétiques, les suffocations, la dyspepsie, etc.

On lui accordait autrefois la faculté merveilleuse de dissoudre les calculs urinaires ; c'est ainsi qu'elle a été pompeusement proclamée comme un lithontriptique par excellence.

La racine de persil peut être substituée, dans certain cas, à celle du Pareira brava.

PARIÉTAIRE

Casse-pierre, Perce-muraille, Herbe de Notre-Dame ou de Sainte-Anne, Espargoule, Vitriole, Panatage, Epinard de muraille, Helxine, Herbe au verre, Paritoire.

Il se fait à peine quelque dégradation à nos murailles, que la pariétaire vient aussitôt y établir son séjour ; elle se plaît également dans les décombres, aux lieux incultes. Cette plante jouit, depuis des siècles, de la faculté d'exciter la sécrétion des urines. On la conseille dans toutes les maladies des voies urinaires, la néphrite, la strangurie, la dysurie. On emploie encore la plante fraîche pour faire des cataplasmes résolutifs. Elle est très riche en nitrate de potasse. On en fait une tisane en faisant infuser environ 30 gr. de la plante entière et fraîche dans un litre d'eau.

PARISETTE

Raisin de renard, Herbe à Paris, Etrangle-loup, Pariette.

C'est une plante vénéneuse. Elle est vomitive et

purgative à dose élevée. Les feuilles passent pour sudorifiques et antispasmodiques.

Les teinturiers se servaient des feuilles bouillies avec l'alun, pour quelques teintures.

PASSERAGE

Moutarde des Anglais, Grande passerage.

Toute la plante, principalement les feuilles, offre une saveur poivrée, âcre. Ces feuilles appliquées sur la peau la font rapidement rougir. C'est un puissant antiscorbutique ; leur infusion à la dose de 50 gr. environ par kilogr. d'eau ou de vin, se prend en trois ou quatre fois.

Il y a aussi la petite Passerage, la Passerage sauvage et enfin la Passerage cultivée dont les feuilles remplacent le cresson dit alénois. Toutes les trois sont stimulantes, utiles dans le scorbut et les maladies scrofuleuses.

PATIENCE

Parelle, Dogue, Rhubarbe des moines, Rhubarbe sauvage.

La racine est la seule partie de cette plante qui soit utilisée. Elle renferme un principe astringent et une substance gommeuse toujours unie à une matière colorante orangée qui lui donne la faculté de teindre l'eau et la salive en jaune.

On fait usage de la racine en décoction à la dose de 60 gr. par litre d'eau. On la prescrit quelquefois dans les fièvres intermittentes. Elle a été recommandée surtout comme dépurative, et à ce titre, vantée dans le traitement des maladies cutanées, telles que la gale, les dartres, la teigne, la lèpre et autres affections psoriques. Les gens de la campagne mélangent la pulpe de cette racine à la fleur de soufre et à l'axonge et en font un bon onguent contre la gale.

Les pousses de cette plante et ses jeunes feuilles, sont employées comme aliment, dans nos cuisines, à la manière des épinards.

PAVOT

Pavot blanc, Pavot noir.

Le Pavot cultivé est une des plantes des plus utiles et des plus anciennement employées en médecine.

Ses capsules et ses semences sont d'un très grand usage; mais le suc qu'on retire de presque toutes les parties du pavot d'Orient lui a surtout acquis une grande et juste célébrité. Ce suc qui découle sous forme de gouttes lactescentes, à la suite des incisions obliques et superficielles qu'on fait à la tige et surtout aux capsules un peu avant leur maturité, est recueilli dans des vases où on le laisse épaissir au contact de l'air. Après sa dessiccation, il est connu dans le commerce sous le nom d'opium.

Les propriétés médicales du pavot somnifère paraissent avoir été connues des médecins longtemps avant Hippocrate. Sa vertu hypnotique le rend, entre des mains habiles, le plus précieux des médicaments que la nature nous offre pour combattre nos maladies et calmer la douleur.

L'Opium administré à petite dose, augmente l'action de l'estomac et celle du cœur; il agit sur l'organisme comme modérateur du système nerveux, et comme tel, il est utilisé dans l'ataxie locomotrice; le pouls devient plus fort, plus plein et plus fréquent; la chaleur générale s'élève, la face se colore, la respiration est plus active, la transpiration cutanée devient plus abondante; il y a sommeil ou excitation des fonctions du cerveau. Mais, à la suite de ces différents phénomènes, le ralentissement notable des mouvements volontaires, la constipation, la rétention d'urine et un état général de torpeur ou d'engourdissement ne tardent pas à se manifester.

L'Opium, à haute dose, produit le vomissement, un assoupissement plus ou moins voisin du coma ou bien du délire, la rougeur des yeux et de la face, l'intumescence, un état apoplectique, diverses anomalies nerveuses ou bien l'abolition des fonctions des sens, la paralysie des membres, des convulsions, diverses inflammations de l'intestin et des poumons, et, enfin, la mort.

Tels sont aussi les effets produits par la morphine qu'on retire de l'Opium et qui en est le principe le plus actif.

Les Orientaux en font un usage continuel pour s'arracher momentanément à cette espèce d'apathie invincible qui a pour cause la chaleur excessive et l'abus des plaisirs les plus énervants. Au moyen de ce suc précieux, dont l'usage est devenu pour eux un objet de première nécessité, ils acquièrent une énergie passagère, physique et morale ; ils deviennent gais, belliqueux, ardents aux plaisirs de l'amour ; alors, leur imagination en délire étale à leurs yeux les tableaux les plus voluptueux ou terribles. Au bout de quelques heures, cet état d'excitation disparaît et fait place à la langueur de toutes les fonctions, à un grand abattement moral, à une extrême faiblesse musculaire et à une sorte d'engourdissement qui les poussent à recourir de nouveau à cette précieuse substance dont l'habitude neutralise en quelque sorte chez eux l'action délétère.

Le lactucarium ou affium, opium indigène, suc épaissi qui s'écoule par incisions pratiquées aux tiges de la laitue gigantesque, se donne en extrait alcoolique, en sirop, en pâte, etc. Il calme bien la toux. Aubergier, de Clermont-Ferrand, est un des premiers qui ait extrait de l'opium, des pavots cultivés dans nos climats.

Les têtes de pavot en infusion (une ou deux capsules par litre d'eau) sont calmantes et soporifiques. On les administre aussi sous forme d'injections, de lotions, de lavements, de gargarismes et de cataplasmes.

C'est un médicament antinerveux des plus énergiques. Il a souvent fait cesser des vomissements spasmodiques, des palpitations du cœur, des spasmes abdominaux et autres affections de ce genre qui avaient résisté à tous les moyens. Chaque jour on en obtient les plus grands succès dans l'asthme et la toux convulsive, dans l'hystérie, les névroses de l'appareil génital, la néphrite, la strangurie, la chorée, le delirium tremens, l'angine de poitrine, le délire des blessés, les névralgies, le rhumatisme, la goutte, les fièvres intermittentes, etc. C'est un remède précieux pour prévenir l'avortement.

Enfin, on se sert avec avantage de l'opium pour engourdir la sensibilité des sujets qui sont soumis à de graves et douloureuses opérations chirurgicales. On le donne en lavement contre les coliques, la diarrhée, la dysenterie, etc.

Les semences du Pavot qui se trouvent quelquefois, suivant Linné, jusqu'au nombre de 32,000 dans la même capsule, sont dépourvues des propriétés narcotiques de la plante; elles fournissent l'huile d'œillette dont les qualités pour les usages alimentaires se rapprochent de l'huile d'olive, à laquelle on la mêle en plus ou moins grande quantité. Il est facile de reconnaître cette fraude : l'huile d'olive se coagule à huit ou dix degrés au-dessus de zéro, tandis que celle d'œillette ne se congèle qu'à dix degrés au-dessous.

Les feuilles de Pavot entrent dans la préparation du baume tranquille ; le suc de ces feuilles appliqué sur la piqûre des guêpes et des abeilles fait cesser la douleur presque instantanément.

PÊCHER

On compose avec les fleurs un sirop que l'on donne surtout aux enfants comme purgatif et vermifuge. L'infusion dans du bouillon de veau ou dans du lait, à la dose d'une poignée de fleurs par 500 grammes de liquide, est administrée par portions, de demi-heure en demi-heure, jusqu'à ce que l'action du remède commence à se faire sentir.

Les feuilles sont aussi purgatives, fébrifuges, anthelmintiques et diurétiques. Administrées à la dose de deux poignées, infusées dans 2 kilogrammes de bière, elles ont fait disparaître plusieurs fièvres intermittentes. Elles ont été vantées dans la néphrite, l'hématurie et autres affections des voies urinaires. Un cataplasme des feuilles pilées calme la douleur des dartres enflammées, des ulcères, des contusions. Leur décoction est employée par quelques femmes musulmanes pour provoquer la stérilité.

L'amande des noyaux de pêche renferme beaucoup d'acide prussique.

Les fruits du Pêcher fournissent un grand nombre de variétés ; ils se distinguent par leur volume, leur couleur, leur velouté ou la nudité de leur surface, la chair se détachant du noyau ou adhérente au noyau, leur saveur, etc. Ils sont remarquables par une odeur suave, une saveur délicieuse. Les sujets faibles et les personnes sédentaires associent à ces fruits du sucre, des aromates ou du vin généreux. Les cuisiniers et les confiseurs, les bonnes ménagères en préparent des confitures d'excellent goût. On fait aussi un vin de pêche.

PENSÉE SAUVAGE

Petite jacée, Fleur de la Trinité, Herbe à la clavelée, Violette des champs.

La Pensée sauvage est dépurative. On en prépare une infusion avec 50 gr. de plante sèche par litre d'eau.

On s'en sert pour guérir les croûtes de lait, la teigne, la gale, les dartres. L'infusion doit être administrée à jeun, coupée avec un quart de lait sucré, pendant une vingtaine de jours. Sous son influence, l'urine acquiert une odeur fétide qui rappelle celle de l'urine de chat.

La racine de Pensée sauvage est émétique comme celle de violette.

PERSICAIRE

Poivre d'eau, Curage, Piment d'eau, Renouée âcre, Herbe Saint-Innocent.

Cette plante est douée d'une saveur âcre et piquante, à laquelle elle est redevable du nom vulgaire de poivre d'eau. Appliquée fraîche sur une plaie contuse, elle y détermine de la rougeur, de la chaleur et peut ainsi être employée comme rubéfiante. Mise en contact avec des parties dénudées, elle les irrite, et, sous ce rapport, elle est très propre à déterger les ulcères et à réprimer les végétations blafardes de leur surface.. C'est à raison de cette propriété détersive qu'elle a été recommandée contre la gangrène pour favoriser la séparation et la chute des escarres. Ses feuilles cuites dans l'eau, appliquées sur les parties œdématiées et sur les engorgements séreux, en favorisent la résolution.

Cette plante peut remplacer la moutarde dans la préparation des sinapismes. Sa décoction constitue un bon gargarisme dans l'angine, les aphtes, les ulcérations de la gorge; elle calme les maux de dents nerveux.

Elle perd beaucoup de son énergie par la dessiccation.

Les vétérinaires s'en servent pour résoudre les engorgements lymphatiques des articulations. Donnée en poudre aux moutons, à la dose de 5 gr. dans du miel, elle détruit une espèce de ver auquel ces animaux sont exposés et qui leur est souvent funeste.

La Persicaire douce, pied rouge, pélingre, persicaire tachetée, fer à cheval, est recommandée comme un des meilleurs moyens d'arrêter la gangrène. On applique, toutes les trois heures, sa décoction dans le gros vin rouge (deux poignées pour 1 kilogramme), en compresses que l'on humecte de temps en tèmps, dans l'intervalle de chaque pansement.

La Persicaire de Sakhalin est destinée à rendre de grands services à l'agriculture comme plante fourragère. Le Polygonum Sakhalinénse est d'une vigueur excessive, très vivace, car sa souche émet continuellement des rejetons nouveaux. Les animaux des espèces ovine et chevaline s'en sont montrés très friands.

PERSIL

Ache persil, Persin, Persil cultivé.

Le Persil, cultivé dans tous les jardins potagers, est connu depuis fort longtemps. Presque toutes les parties de cette plante sont odorantes. Leur saveur est chaude, piquante et un peu amère. La racine contient en outre de la fécule, ce qui lui donne quelque chose de doux et la faculté de nourrir.

La décoction des racines, fraîches ou sèches, à la dose de 75 grammes par kilogramme d'eau, est stimulante ; elle provoque la sécrétion des urines et des sueurs ; aussi rend-elle des services dans les engorgements du foie, l'hydropisie, les irrégularités de la circulation du sang, les obstructions viscérales, l'anasarque, les exanthèmes, la variole, les fièvres intermittentes, etc.

Les semences sont carminatives et préconisées contre les flatuosités.

Voici un remède très efficace contre la loupe ou tumeur :

Prenez une poignée de persil et autant de cerfeuil, une cuillerée de sel et autant d'eau-de-vie; pilez le tout ensemble pour en faire une pulpe que vous appliquerez sur la loupe. Cette application doit être renouvelée toutes les vingt-quatre heures.

Autre excellent remède pour les contusions :

Bassinez trois fois par jour avec de l'eau-de-vie camphrée la partie contusionnée, et mettez ensuite un cataplasme de persil cuit dans du vin. Le cataplasme doit être chauffé dans le même vin où il a cuit. En moins de deux jours on se sent presque guéri.

Il existe aussi un remède populaire employé avec succès contre la gangrène, les ulcères. Le voici :

Prenez, suc de persil, trois cuillerées à bouche; sel et poivre pulvérisé, de chaque une cuillerée à bouche; vinaigre très fort, 500 grammes; faites macérer pendant trois jours; passez. On imbibe de ce mélange des compresses qu'on applique sur la partie malade et qu'on renouvelle fréquemment.

Le Persil broyé dans le creux de la main avec un peu de sel, puis introduit dans l'oreille du côté malade, apaise les douleurs de dents.

On attribue aux feuilles une grande efficacité contre les engorgements des seins. On les applique, fraîches et hachées sur ces organes pour faire disparaître le lait chez les femmes qui veulent se dispenser d'accomplir les devoirs de la maternité et pour résoudre les engorgements squirreux. Leur application est également recommandée contre la piqûre des insectes, les ecchymoses, les contusions et les coupures.

Le suc de Persil, versé goutte à goutte sur les yeux, a guéri un grand nombre d'ophthalmies purulentes chez les nouveau-nés et les adultes.

MM. Homolle et Joret ont extrait des semences, l'apiol, qui est un excellent fébrifuge et un puissant emménagogue. Comme emménagogue, il réussit presque toujours, sans que son emploi occasionne le moindre accident.

A cause de leur arome, les feuilles de Persil sont employées sans cesse, comme condiment, par les cuisiniers et les charcutiers pour relever le goût des viandes et de plusieurs préparations culinaires.

Ne pas confondre la petite ciguë, qui est un poison violent, avec le Persil avec lequel elle a une assez grande ressemblance. La petite ciguë n'a pas d'odeur.

PERVENCHE

Violette des sorciers, Herbe à la capucine.

Cette jolie plante se montre dans les beaux jours du mois de mai, parée de ses fleurs d'un bleu pur et céleste, relevées par le lustre vernissé des feuilles.

Elle est utilisée, sous forme de gargarisme, dans les engorgements pâteux et atoniques de la bouche et du pharynx, l'angine.

Les feuilles, seules usitées en médecine, sont astringentes ; elles cèdent facilement à l'eau leur principe amer et une assez grande quantité de tannin. Elles sont employées pour tarir le lait chez les nourrices, dans le crachement de sang, contre les fleurs blanches.

La Pervenche fait partie du faltrank ou thé suisse.

Les feuilles, ont été employées au tannage des cuirs. On s'en sert aussi pour guérir les vins qui tournent au gras.

PEUCEDANE

Peucedan, Fenouil de porc, Queue de pourceau.

Ses racines ont, paraît-il, des propriétés excitantes et antihystériques.

PEUPLIERS

Les principales espèces sont le Peuplier pyramidal ou d'Italie, le Peuplier blanc (ypréau, blanc de Hollande), le Peuplier grisard (grisaille), le Peuplier noir ou franc, indigène; le Peuplier baumier ou de la Caroline; le Peuplier tremble; etc.

Le Peuplier baumier est cultivé dans nos jardins. Il est regardé par nos campagnards comme le vulnéraire par excellence. Les bourgeons sont les seules parties de cet arbre dont on fasse usage en médecine. Ils exhalent une odeur balsamique et agréable. Leur saveur est chaude, un peu aromatique et légèrement amère. Ils renferment à l'état frais un suc épais et visqueux qui rend leur surface poisseuse et adhère fortement aux doigts.

On attribue à ces bourgeons, à la dose de 20 gr. en infusion dans un demi-litre d'eau bouillante, la propriété de produire des effets diurétiques et sudorifiques, de favoriser l'écoulement des menstrues, d'arrêter les flux du ventre et de guérir les ulcérations des viscères.

La décoction des bourgeons est utilisée pour la guérison de la leucorrhée. Trois verres par jour, pendant quinze jours, suffisent pour tarir tout à fait l'écoulement. On a accordé à leurs applications extérieures une grande efficacité contre les douleurs hémorroïdales, les gerçures des lèvres et des mains, les ulcérations des mamelles. Les liniments, préparés avec ces bourgeons, sont particulièrement vantés en onctions sur la peau contre les douleurs rhumatismales et néphrétiques. Ils sont la base de l'onguent populeum qui a une si grande vogue. Le bois de peuplier donne le charbon végétal (charbon de Belloc).

Le bois est surtout employé pour les boiseries communes.

Le duvet des aigrettes des semences de ce peuplier sont susceptibles de fournir un excellent et très beau papier. On est même parvenu à le filer et à en fabriquer des toiles fines.

La résine qu'on retire du Peuplier baumier exhale une odeur basalmique très suave, analogue à celle de l'ambre ou de la lavande. Elle est employée à la préparation des parfums et des cosmétiques. L'écorce de ces arbres est utilisée en Russie pour l'apprêt des maroquins.

Le Peuplier blanc se distingue du Peuplier noir par ses feuilles d'un vert sombre en dessus, blanches et cotonneuses en dessous.

PHELLANDRE

Phellandrie, Cicutaire des marais, Algue d'eau, Millefeuille aquatique, Fenouil d'eau, Ciguë aquatique, Œnanthe phellandre, Persil des fous.

L'odeur forte et nauséabonde que cette plante exhale, sa saveur qui est à la fois aromatique, chaude, amère et désagréable, sont autant d'indices certains de ses propriétés vireuses.

Administrée à l'intérieur, on lui attribue des vertus diaphorétiques, diurétiques, apéritives, carminatives, détersives, vulnéraires, etc. Quelques médecins l'ont employée avec succès, par petites doses, dans les catarrhes chroniques, la phtisie, la toux, l'hystérie et contre les fièvres intermittentes.

Ce médicament est surtout en vogue en Allemagne.

A l'extérieur, on a vanté ses bons effets contre les contusions, les meurtrissures, les plaies, les ulcères et les tumeurs.

PIED D'ALOUETTE

Dauphinelle des blés, Consoude, Herbe du cardinal.

La plante et les semences doivent être administrées avec circonspection à l'intérieur.

A l'extérieur, on l'utilise dans l'ophthalmie. Les semences pulvérisées détruisent la vermine de la tête. La décoction de ces mêmes semences, en lotions, peut rendre des services contre la gale et l'affection pédiculaire.

PIGAMON

Rue des prés, Fausse rhubarbe, Rhubarbe des pauvres, Pied de Milan, Rue des chèvres.

La décoction de ses racines, à la dose de 25 gr. dans 250 grammes d'eau, est purgative.

PILOSELLE

Oreille de souris ou de rat, Epervière.

Cette plante est employée contre la dysenterie, l'hydropisie, la gravelle et comme fébrifuge.

PIMENT

Piment des jardins, Poivre long, Piment rouge, Piment enragé, Poivron, Capsique, Corail des jardins, Poivre de Guinée, d'Inde, de Turquie, d'Espagne.

Le Piment est cultivé dans tout le midi de la France et aux environs de Paris.

C'est un excitant plutôt culinaire que médical.

A l'extérieur, c'est un rubéfiant énergique. Les Arabes l'emploient comme aphrodisiaque.

Introduit dans l'estomac, il y provoque un sentiment de chaleur qui se répand bientôt dans tout le corps.

Il est employé dans les Indes orientales pour le traitement du delirium tremens. On en a obtenu de bons résultats dans le traitement des hémorroïdes; il produit un soulagement considérable. On le donne en extrait aqueux à la dose de 75 gr., moitié le matin et moitié le soir.

PIMPRENELLE

Sanguisorbe, Burnet (mot anglais), *Pimprenelle des prés.*

Les feuilles servent surtout d'assaisonnement dans la salade.

On lui a attribué, appliquée sur les seins, la propriété d'activer la sécrétion du lait; les Anglais le prescrivent comme vulnéraire; ils l'utilisent en topique, contre les brûlures.

PINS ET SAPINS

Pin sylvestre, Pinéastre, Pin sauvage, Pinceau, Pin de Bordeaux, Grand pin, Pin à pignons, Sapin du Canada.

Le Pin sauvage ou pinéastre, pin d'Ecosse, est un des plus communs. C'est celui dont on obtient le plus de produits. Les autres principales espèces de Pin, qui croissent en France, sont : le Pin sylvestre, le Pin maritime, le Pin à crochets des Pyrénées, le Pin mugho, le laricio, le cembro ; le Pin de Corse, le Pin d'Italie, le Pin à pignons, etc.

Les Pins à pignons cultivés, pins d'Italie, renferment des semences, cônes ou fruits, appelées pignes, pignons, qui ont la forme d'une amande allongée, blanche, huileuse, d'un goût approchant celui de la noisette. Ils se mangent en Provence et en Italie.

Le Pin maritime abonde dans les landes de Bordeaux. Ses émanations sont recommandées aux malades atteints d'affections de poitrine. La station d'Arcachon est entourée de ces pins. On a préconisé contre les affections catarrhales, les bronchites, les crachements de sang, un sirop de sève de pin maritime, qui se fabrique à Arcachon, au sein même de la forêt.

On prépare avec les bourgeons de Sapin, en infusion, une tisane (25 grammes par kilogramme d'eau) et un sirop qui sont employés dans les affections chlorotiques, scorbutiques, catarrhales, rhumatismales et la cystite chronique. Ils entrent dans la bière sapinette ou bière antiscorbutique.

L'essence de Spruce, très connue aux Etats-Unis, est un extrait fluide de bourgeons de sapin du Canada. L'écorce de ce sapin y est très employée pour le tannage des cuirs.

On fabrique avec les feuilles de Pin, lavées et cardées, une espèce de laine végétale dont on confectionne des flanelles hygiéniques, de la ouate, des étoffes moelleuses et chaudes, d'excellents matelas.

Les bois de Pins, très durables à cause de leur nature résineuse, servent à la construction des navires, à la charpente des bâtiments, etc.

La résine sert à la fabrication des torches, des flambeaux.

On fait avec le Pin d'excellent charbon.

Les principaux produits des Pins et des Sapins, sont : la sève, la térébenthine, le galipot, un goudron, la colophane, la poix noire, la poix blanche ou poix de Bourgogne, la créosote, etc.

La sève s'obtient en forçant de l'eau à traverser des troncs de sapin, par suite d'une forte pression. C'est un liquide d'une saveur balsamique, fraîche, térébenthinée. En petite quantité, elle augmente l'appétit, facilite la digestion. On le donne à la dose de 2 à 4 verres par jour. Elle calme la toux, facilite l'expectoration dans la phthisie commençante, dans la bronchite et les catarrhes.

Le suc résineux qui coule spontanément du tronc du Pin présente dans le commerce plusieurs variétés, selon les procédés employés pour l'obtenir. Pour l'avoir en plus grande quantité, au printemps et en automne, on fait au tronc de longues et larges entailles; il coule jusqu'au pied de l'arbre où il vient s'accumuler dans un trou qu'on a soin d'y pratiquer pour le recevoir. Alors il constitue la térébenthine brute ou résine du pin, appelée aussi gomme. On la purifie par la filtration ou en la plaçant au soleil dans une caisse dont le fond est percé de trous. Les térébenthines indigènes sont la térébenthine de Bordeaux, la térébenthine de Briançon ou de mélèze, la térébenthine d'Alsace, de Strasbourg.

Le sapin élevé, sapin commun, sapin de Norwège, faux sapin, Pesse, fournit une térébenthine qui donne la poix de Bourgogne.

La térébenthine est employée avec avantage dans les catarrhes pulmonaires et vésicaux, dans le rhumatisme, la goutte, surtout dans la cystite chronique. Elle entre dans la composition de plusieurs médicaments. A l'extérieur, elle est utilisée au pansement des plaies, des ulcères. La distillation de la térébenthine de Bordeaux donne une essence qu'on emploie en médecine et dans les arts. Donnée à petite dose, elle produit une chaleur douce et passagère dans l'estomac. L'huile essentielle de térébenthine est généralement employée dans les névralgies, la sciatique, le lombago, le tic douloureux, le tétanos. On l'administre à la dose de 6 à 8 gr., mêlés à 30 gr. de miel. On prend une cuillerée de ce mélange, matin et soir, pour guérir les névralgies sciatiques. On l'emploie aussi pour le dégraissage des étoffes. Les peintres en font un usage continuel. Elle entre dans la composition de plusieurs vernis.

La partie du suc résineux qui se concrète sur le tronc du Pin, quand on en extrait la térébenthine, porte le nom de galipot, barras ou résine blanche.

Le goudron végétal, qu'on retire par la combustion des éclats et des buchettes du Pin, est administré dans les mêmes cas que la térébenthine. L'eau de goudron qu'on prend le matin à jeun, pure ou coupée avec du lait, du vin, de la bière, etc., excite l'appétit, accélère la digestion, augmente le cours des urines et l'exhalation cutanée. Sous forme de fumigation, le goudron est recommandé dans les affections des bronches, des poumons, la phthisie pulmonaire, etc. Le goudron est aussi d'un grand usage dans les arts.. On l'emploie pour la conservation des bois enterrés, pour le calfatage des coques de navires, pour recouvrir les cordages, les voiles, les agrès des vaisseaux, etc., pour les préserver de l'humidité. En vétérinaire, on emploie beaucoup le goudron à l'extérieur, seul ou mélangé au savon vert dans les affections invétérées de la peau, la gale, la fourchette pourrie, le crapaud, pour maintenir la souplesse du sabot.

La colophane ou arcanson est surtout utilisée par les musiciens pour frotter les crins de leurs instruments. C'est le résidu de la distillation de la térébenthine.

La poix noire est le produit résineux de la combustion du Pin. On s'en sert pour préparer des emplâtres.

La poix blanche ou poix de Bourgogne, poix jaune, est inusitée à l'intérieur. On ne l'emploie que sur la peau, à l'extérieur, comme emplâtre. Elle adhère fortement à la peau. Elle entre dans la préparation de l'emplâtre épispastique de Vigo.

La créosote produite par la distillation du goudron n'est utile qu'à l'extérieur. C'est un antiseptique. Elle est employée surtout comme caustique, dans les caries dentaires.

La distillation du goudron de Pin, fournit aussi de l'acide phénique.

Lorsqu'on brûle le bois de pin et ses résidus, il s'exhale une épaisse fumée qui dépose sur les parois des appareils une poussière noire, légère, insoluble dans l'eau, qui constitue le noir de fumée.

PISSENLIT

*Florion d'or, Dent de lion, Salade de taupe,
Couronne de moine.*

La tisane de pissenlit est rafraîchissante, diurétique, apéritive ; elle purifie le sang, ramène l'appétit, donne du ton à l'estomac. Son amertume franche n'a rien de désagréable. C'est un aliment fort sain pour les hommes. La décoction ou infusion des racines ou feuilles, 60 gr. par kilog. d'eau, est utile dans la débilité des organes digestifs. Le pissenlit est très employé en Angleterre, il est efficace dans les engorgements du foie et de la rate.

Ses jeunes feuilles se mangent en salade ou cuites comme la chicorée.

C'est un bon fourrage pour les animaux.

PISTACHIER

Les fruits de cet arbre, connus sous le nom de pistaches sont de petites noix de la forme et de la grosseur des avelines. Cette amande est d'un vert clair, d'une odeur légèrement balsamique et d'une saveur oléagineuse très agréable.

Les pistaches doivent, à la fécule qu'elles renferment des propriétés nutritives et analeptiques et à l'huile douce qu'on en extrait facilement par l'expression, les vertus adoucissantes, relâchantes, émollientes, dont elles jouissent à un haut degré. On les donne en émulsion dans les maladies inflammatoires des poumons et contre la toux.

Elles peuvent servir à la préparation du sirop d'orgeat. Elles sont surtout employées pour faire des dragées, des glaces. L'huile qu'on en retire, convenablement aromatisée est employée à la toilette, sous le nom d'huile antique.

PIVOINE

Herbe Sainte-Rose, Herbe chaste, Pione, Rose de Notre-Dame, Rose bénite, Fleur de Mallet, Rose royale.

La Pivoine, avant d'être admise au nombre des plus belles fleurs de nos jardins, jouissait depuis longtemps d'une grande réputation chez les plus célèbres médecins de l'antiquité. La pivoine officinale, qu'on nomme aussi pivoine femelle ou pione, agit fortement sur le système nerveux et peut, par conséquent, produire des effets utiles dans les affections spasmodiques, la coqueluche, les convulsions, l'épilepsie, les toux nerveuses. On l'a surtout vantée contre l'épilepsie, l'éclampsie. Dose : Décoction et infusion de la racine, environ 50 gr. par litre d'eau.

PLANTAIN

Plantain commun, Grand plantain.

On lui attribuait la merveilleuse faculté de dissiper les fluxions, de faire disparaître les hémorragies, de guérir les dysenteries et les flux intestinaux.

Ses semences renferment une grande quantité de mucilage. Aussi, l'eau de plantain, à laquelle on ajoute de l'eau de rose et quelques gouttes de sulfate de zinc, est-elle un collyre excellent et très populaire. On emploie aussi le plantain en gargarisme, en clystères et en fomentations dans les affections inflammatoires. Ses feuilles, triturées, hachées, pilées, sont préconisées sous forme de cataplasmes, pour guérir les coupures, les dartres suppurantes et rongeantes de la face.

Les oiseaux sont très friands de ses graines.

On peut encore citer le Petit Plantin; le Plantin des sables; le Plantin psyllion ou Herbe aux puces dont les semences sont noires et grosses comme des puces; elles abondent en mucilage.

PLANTAIN D'EAU

*Plantain aquatique, Fluteau plantagine, Fluteau trigone,
Pain de crapauds, Pain de grenouilles.*

Il était considéré, à tort, comme un spécifique contre la rage. Son infusion aqueuse a guéri des rétentions d'urine, rétraction des testicules et érection involontaire.

POIREAU

Il est essentiellement diurétique.

Pour faire fondre et réduire les tumeurs, on prend le blanc d'un gros poireau qu'on enveloppe d'un papier mouillé, et qu'on fait cuire sous les cendres pendant 15 ou 20 minutes; puis, il est écrasé et mélangé avec un morceau de graisse de porc. Ce mélange est appliqué, en forme de cataplasme, sur la tumeur, et renouvelé toutes les sept heures, jusqu'à ce que la matière de la tumeur soit fondue et dissoute.

C'est un légume d'un usage très commun en cuisine. Le blanc de poireau cuit à point se mange à la vinaigrette.

POIVRIER

Le poivre qu'on retire du fruit du Poivrier est un aromate d'un usage fort ancien et il n'en est point de plus généralement répandu. Quoique les racines, les rameaux et presque toutes les parties de ce végétal exotique soient âcres et stimulantes, on ne fait usage que de ses fruits. Ces fruits desséchés par l'action du soleil et tels qu'on les trouve dans le commerce sous le nom de poivre noir, sont de petites baies sphériques, d'une couleur brune à l'extérieur et blanche intérieurement. Leur saveur chaude et piquante laisse pendant longtemps, quand on les mâche, un sentiment de chaleur brûlante dans l'intérieur de la bouche.

Le poivre blanc est le même fruit dépouillé de son écorce brune. Le poivre excite l'appétit, facilite la digestion, lorsque l'estomac est exempt d'inflammation et d'irritation. Ses bons effets dans l'anorexie, les flatuosités, les vertiges, certaines hémicranies, ont été signalés par un grand nombre de médecins de l'antiquité et modernes. On lui attribue une certaine efficacité contre les vers intestinaux et dans l'incontinence d'urine. Ses effets aphrodisiaques paraissent en rapport avec ses propriétés stimulantes.

On en fait une consommation prodigieuse pour l'assaisonnement des aliments dans les cinq parties du monde.

Le poivre bétel est l'objet d'une culture importante dans toutes les Indes orientales, à cause de ses feuilles qui servent à former une pâte masticatoire. La racine d'une espèce des îles Fidji, le Kawa sert à la préparation d'une liqueur très appréciée par les Océaniens.

On prétend que les poules aiment beaucoup le poivre et qu'il les excite à pondre.

La cupidité commerciale a trouvé le moyen de sophistiquer le poivre. On vend, en effet, des grains fort ressemblants aux fruits du Poivrier, composés d'une pâte faite avec la farine de seigle et le piment de Provence, enveloppés de poudre de moutarde.

POLYGALAS

Laitier, Polygale, Polygalon, Herbe au lait.

Cette plante est sans odeur ; mais sa saveur est remarquable par une amertume très tenace et qui persiste longtemps dans l'intérieur de la bouche. Ses propriétés actives paraissent essentiellement résider dans l'écorce de la racine dont la saveur amère a quelque chose de balsamique. On ne peut s'empêcher de reconnaître dans le Polygala les propriétés toniques qui caractérisent les amers. Son herbe, en infusion alcoolique, stimule le canal intestinal, au point de déterminer la purgation. On lui a attribué de grands succès dans le traitement de diverses maladies inflammatoires et particulièrement contre les phlegmasies aiguës de la poitrine, l'hémoptysie, la phtisie commençante, l'asthme, le croup.

Il a la propriété d'augmenter le lait des bêtes qui s'en nourrissent. Son infusion théiforme est quelquefois employée, à cause de son odeur agréable, en guise de thé.

La racine du Polygala de Virginie, Polygala seneka, a donné les meilleurs résultats dans la bronchite chronique ; elle produit le vomissement, la purgation ; donnée à haute dose elle excite la sueur. En Amérique, cette racine fraîche est utilisée contre la morsure des serpents ; ce traitement est dû à une tribu indienne appelée Sénéka, qui a donné son nom à la plante.

L'infusion du Polygala vulgaire se donne à la dose de 75 gr. par kilog. d'eau.

POLYPODE

Polypode de chêne, Fougère douce, Réglisse des bois.

La racine de cette fougère est presque inodore. Sa saveur qui est d'abord douceâtre et comme sucrée, devient amère, nauséeuse et légèrement astringente lorsqu'on la mâche. On lui attribue la faculté d'exciter les évacuations alvines et d'expulser la bile. C'est un anticatarrhal ; on l'emploie avec quelque succès contre les toux chroniques, les vieux rhumes.

On donne la racine en infusion à la dose de 100 gr. par litre d'eau.

POLYTRIC

Perce-mousse, Capillaire rouge.

Les anciens lui accordaient de grandes propriétés. De nos jours, cette mousse est considérée comme emménagogue.

On peut la récolter pendant toute l'année.

POMME DE TERRE

Parmentière, Morelle tubéreuse, Patate.

La Pomme de terre signale à notre reconnaissance les noms de Walter Raleigh et de Parmentier ; le premier, comme auteur de la découverte de cette précieuse racine ; le second, comme en ayant propagé la culture et fait connaître les bonnes qualités par ses expériences et ses écrits.

Les racines de cette solanée sont longues, fibreuses, chargées çà et là de gros tubercules oblongs ou arrondis qui portent exclusivement le nom de pommes de terre, dont il existe un grand nombre de variétés.

La quantité des parties solubles contenues dans le suc de la pomme de terre se compose de sept à huit substances. La fécule qu'on tire de la pomme de terre est insoluble dans l'eau froide, mais soluble dans l'eau bouillante. C'est un aliment peu coûteux, salubre et qui peut remplacer avantageusement toutes les fécules exotiques. On en fait de l'amidon et diverses espèces d'empois.

Si les propriétés médicamenteuses de la Pomme de terre sont douteuses, il n'en est pas de même de ses qualités nutritives. Elle occupe un des premiers rangs parmi les substances alimentaires. Après le froment et le riz, aucune production végétale n'est, en effet, aussi précieuse et aussi universellement utile. Elle est d'une digestion facile et d'un emploi très salubre. Elle convient surtout aux personnes robustes, mais en leur faisant subir différentes préparations, en les associant à différents condiments et à d'autres substances alimentaires, elle est d'une digestion facile pour les estomacs les plus délicats. On la cuit sous la cendre, au four, dans l'eau ou la vapeur. On l'associe avec avantage aux viandes et aux jus qu'on en retire, aux graisses, au beurre, au lait, aux œufs, au sucre, etc., etc. On la transforme ainsi en une variété innombrable de mets plus ou moins délicats et qui figurent avec le même succès sur les tables les plus modestes comme sur celles qui sont le plus somptueusement servies. On en fait des soupes, des pâtes, des salades, des bouillies, des purées, des ragoûts, des fritures, des beignets et des gâteaux. Coupée en tranche et séchée au four, on peut la conserver très longtemps sans altération, avec toutes ses qualités nutritives, la transporter à de grandes distances et s'en servir dans les voyages de long cours.

Les vaches mangent les feuilles ou fanes de la pomme de terre à l'état frais. Les fanes de la pomme de terre chardon sont mangées comme des épinards. Mais ses tubercules sont surtout donnés avec avantage, cuits, aux veaux, aux cochons et à la volaille de toute espèce en vue de leur engraissement.

La Pomme de terre est antiscorbutique; râpée, elle constitue un bon topique pour les brûlures. Cuite et réduite en bouillie avec des décoctions de plantes mucilagineuses, elle est appliquée en cataplasme comme calmant et maturatif sur les contusions, les phlegmons. La fécule peut aussi servir à préparer des cataplasmes adoucissants, à saupoudrer les excoriations de la peau des enfants et des personnes trop grasses.

Il est généralement admis aujourd'hui que la maladie des pommes de terre est due à un champignon analogue au mildiou de la vigne, sinon le même, et que le même remède doit leur être appliqué, non après, mais avant la première apparition du parasite.

L'aubergine violette longue, mélongène, mérigeanne, morelle et la tomate ou pomme d'amour, appartiennent à la même famille que la pomme de terre; ces fruits sont bien connus dans l'art culinaire. On emploie aussi l'aubergine en cataplasmes dans les inflammations, les abcès, panaris et contre les hémorroïdes.

POMMIER

Le Pommier est un arbre enlevé depuis longtemps à nos forêts et livré à l'industrie des agriculteurs. Ses fruits ou pommes, adoucis par leurs soins donnent une chair ferme et succulente, exhalent une odeur éthérée et offrent une saveur à la fois sucrée, acidulée et comme vineuse. Toutefois, sous ces différents rapports et sous ceux du volume, de la forme, de la couleur, de l'époque de leur maturité et de leur goût plus ou moins agréable, les pommes offrent un très grand nombre de variétés. D'après leurs qualités, elles sont dites à couteau ou à cidre. A raison de leurs qualités acides, mucilagineuses et sucrées, les pommes ainsi que le suc qu'on en exprime, jouissent à un haut degré des propriétés nourrissantes, tempérantes, rafraîchissantes, émollientes et légèrement laxatives. Leur décoction dans l'eau, peut être administrée avec avantage, comme boisson, dans les irritations de l'appareil digestif, telles que les fièvres bilieuses, muqueuses et adynamiques; elle n'est pas moins utile dans la néphrite, la cystite, la strangurie et autres maladies inflammatoires des voies urinaires. On en fait particulièrement usage dans les catarrhes bronchiques, les engoue-

ments des poumons, l'asthme, la toux, l'enrouement, les maux de gorge.

Cuites, dépouillées de leur épiderme, de leurs
pépins et des cloisons qui les séparent, réduites en
pulpe, les pommes peuvent être employées à l'extérieur avec avantage, sous forme de cataplasmes,
pour calmer la douleur et favoriser la résolution
des phlegmons, de furoncles et autres tumeurs inflammatoires. On en a surtout recommandé l'application sur les yeux, dans certains cas d'ophthalmie. Cette même pulpe associée à la cire, sous
forme d'onguent, jouit de beaucoup de réputation
contre les hémorroïdes, les gerçures des lèvres,
l'intertrigo et autres lésions de la peau.

Par la coction, elles deviennent entièrement
pulpeuses, un peu moins acides et beaucoup plus
sucrées ; cette préparation les rend ainsi, en quelque sorte plus nutritives, plus faciles à digérer et
par conséquent préférables pour les valétudinaires,
les malades et les convalescents.

Le suc de ces fruits, récemment exprimé, a été
employé avec un grand succès contre le scorbut.
Transformé par la fermentation, en une liqueur
vineuse et acide, très connue sous le nom de cidre,
il est également très utile dans cette affection.

Un des plus grands usages des pommes est
relatif à la fabrication du cidre. Pour cela,
on les concasse et on les soumet à l'action
du pressoir. Le suc qui en découle éprouve la

fermentation vineuse et se transforme par cette opération, en un liquide doux, acide, piquant, effervescent et susceptible d'enivrer. Il est à remarquer qu'on préfère pour cet objet les pommes les plus âpres et les plus aigres, tandis que l'on réserve, pour le service des tables, celles dont la saveur est douce et plus ou moins parfumée comme la reinette, etc.

Le cidre constitue une boisson très agréable et fort salutaire, ainsi qu'on peut s'en assurer par la beauté, la force et la vigueur des Normands, des Bretons et des habitants de la Biscaye (Espagne) qui en font leur boisson ordinaire. On a remarqué que le cidre préserve des maladies calculeuses.

Quand le cidre noircit, il faut introduire dans le fût 20 gr. d'acide tartrique ou 20 gr. dé tannin par hectolitre. On peut remplacer le tannin par de l'écorce de chêne râpée ou par des fruits du sorbier, qui sont riches en acide tannique.

La faculté qu'ont les pommes de se conserver d'une année à l'autre, les rend extrêmement précieuses pendant l'hiver. Les cuisiniers les associent avec avantage à plusieurs de nos aliments et en font entre autres, des mets très délicats, des compotes, des beignets, etc. Les confiseurs en préparent des pâtes, des sucres de pomme, des conserves, des gelées d'un goût délicieux.

L'écorce du pommier est astringente, elle est employée fraîche, en décoction, à la dose de

60 gr. par 100 gr. d'eau, pour couper les fièvres ; elle peut remplacer le sulfate de quinine.

POURPIER

Pourcelane, Pourcelaine.

Le Pourpier est dépourvu d'odeur ; il offre une saveur acide, mucilagineuse et un peu âcre. Toutefois cette légère âcreté disparaît par la coction. Ses qualités résident essentiellement dans le suc aqueux et fort abondant que renferment ses tiges et ses feuilles.

Quelques auteurs parlent avec éloge de ses bons effets dans les inflammations des viscères abdominaux, dans les affections bilieuses aiguës, dans la strangurie et autres maladies où il s'agit de calmer une irritation plus ou moins vive et dans le scorbut.

Comme aliment laxatif et rafraîchissant, le Pourpier figure avec avantage parmi les plantes oléacées. Cuit à l'eau, il est très salutaire surtout en été et dans les pays chauds, aux tempéraments bilieux, aux constitutions sèches et irritables, aux sujets qui s'exercent beaucoup. On le mange associé à d'autres aliments, dans la soupe, en salade, aux jus de viandes et à différentes espèces de sauces. On le confie, en outre, à la manière des cornichons avec le vinaigre, le thym et autres aromates.

PRÊLE

Queue de cheval, Queue de renard, Herbe à écurer.

Elle passe pour un puissant diurétique. On conseille dans les hydropisies particulièrement la Prêle d'hiver et la Prêle des marais. Une poignée de Prêle dans 1,500 grammes d'eau produit de bons effets dans l'hémoptysie, la néphrite calculeuse.

On emploie avec succès la décoction de la Prêle dans l'hématurie des bestiaux.

PRIMEVÈRE

Herbe à la paralysie, Herbe de Saint-Pierre, de Saint-Paul, Primerolle, Coucou, Oreilles d'ours, Brayette.

Les bois, les prés humides, le bord des ruisseaux sont parés au retour de chaque printemps de nombreuses Primevères. Les oreilles d'ours sont cultivées dans nos jardins pour l'ornement.

Les fleurs passent pour béchiques et antispasmodiques, mais elles n'ont jamais mérité le nom d'herbe à la paralysie qu'on lui donne parfois. Plusieurs auteurs reconnaissent à ces fleurs la faculté de calmer la douleur, de provoquer le sommeil et d'opérer même différents phénomènes sédatifs. Elles sont remarquables par la suavité de leur arome ; leur infusion théiforme, d'une belle couleur d'or et d'une odeur très agréable est quelquefois en usage comme boisson diététique. Dans quelques contrées on soumet ce liquide à la fermentation en y ajoutant du sucre ou du miel, des citrons, et on en prépare ainsi une liqueur acide et vineuse, assez agréable et fort utile pendant l'été.

La Primevère exerce une action manifeste sur le système nerveux et par conséquent sur le cerveau. Elle est employée de nos jours en infusion contre les rhumatismes et la goutte. On emploie sa racine en décoction contre la gravelle et en infusion dans le vin ou la bière comme fébrifuge.

On attribue à l'infusion de cette plante appliquée en onction sur la tête, la propriété de dissiper les céphalalgies rebelles.

PRUNIER

Le Prunier sauvage ou prunellier est probablement le type de tous nos pruniers domestiques, auxquels il sert de greffe et qu'on cultive depuis très longtemps. Les variétés du Prunier cultivé sont très nombreuses et mentionnées dans tous les ouvrages d'agriculture. Leurs fruits succulents acquièrent quelquefois un arome très suave et toujours une saveur douce, sucrée, légèrement acidule et très agréable.

En vertu de la présence de ses principes constituants, la pulpe des prunes jouit de propriétés éminemment nutritives, analeptiques, rafraîchissantes, adoucissantes, relâchantes et légèrement laxatives. Toutefois lorsque les prunes sont desséchées et transformées en pruneaux, elles sont plus particulièrement laxatives et employées de préférence contre la constipation, dans les embarras gastriques, les fièvres bilieuses et autres irritations intestinales.

Les prunes, riches en sucre fournissent par la fermentation et la distillation de l'eau-de-vie estimée.

La prunelle, fruit du prunellier, fournit un vin assez bon à la suite de sa fermentation. Le noyau de prunelle macéré dans l'eau-de-vie sert à fabriquer une liqueur d'un excellent goût.

Les variétés les plus estimées de ce fruit font l'ornement et les délices de nos tables pendant l'été. Les cuisiniers en préparent des marmelades, des tourtes et autres mets très goûtés ; les confiseurs des pâtes, des dragées et autres bonbons. On les confit au sucre et on les conserve ainsi dans des sirops, dans l'eau-de-vie.

Le bois du Prunier dur et pouvant prendre un beau poli est recherché par les tourneurs.

PULICAIRE

Herbe aux puces, Herbe de Saint-Roch, Psyllium.

Cette plante a la propriété, dit-on, de chasser les puces. Ses semences, surtout celles de la Pulicaire des sables, sont très mucilagineuses ; cette graine appelée psyllium se trouve chez les pharmaciens et les herboristes ; son mucilage est employé en collyre dans l'ophthalmie.

C'est avec ces graines que les parfumeurs préparent la bandoline qui sert à lustrer les cheveux des femmes.

PULMONAIRE

Herbe aux poumons, Herbe au cœur, Herbe au lait de Notre-Dame, Sauge de Jérusalem, Pulmonaire des Français, Herbe de tac.

Des taches d'un blanc livide éparses sur les feuilles de cette plante et que l'on a comparées aux abcès qui affectent le poumon, lui ont fait donner le nom de Pulmonaire, et soupçonner qu'elle pouvait être favorable dans les maladies qui attaquent cet organe. Des idées plus justes éclairent aujourd'hui la science médicale.

Elle a été vantée dans le catarrhe pulmonaire (100 grammes par kilogramme d'eau). Elle a été aussi recommandée contre les maladies de poitrine. On lui a également attribué une certaine efficacité contre les plaies.

Cette plante est employée pour la teinture en noir.

Le Pulmonaire du chêne qui s'attache sur le tronc des vieux arbres, à l'exemple du lichen d'Islande, contient beaucoup de mucilage nutritif, du tannin et offre une saveur très amère. Il jouit des mêmes propriétés que le lichen d'Islande. Son amertume le fait employer avec succès dans plusieurs contrées, en guise de houblon, à la fabrication de la bière.

PULSATILE

Anémone pulsatile, Fleur de Pâques, Coquelourde,
Fleur aux dames ou du vent.

Cette plante est très âcre, vésicante, corrosive. On emploie l'extrait contre les maladies vénériennes, la paralysie, les dartres, l'amaurose, les rhumatismes, la coqueluche. Dans les campagnes si on est privé de sinapismes, on met à contribution ses propriétés rubéfiantes et vésicantes. Les paysans entourent leurs poignets des feuilles pilées pour se guérir de la fièvre intermittente. Sa poudre est un bon sternutatoire ; les feuilles broyées, fraîches, entre les doigts, provoquent un violent éternument. L'eau distillée fait disparaître les taches de rousseur.

Les vétérinaires appliquent les feuilles comme résolutives sur les tumeurs froides et les vieux ulcères des chevaux, pour les déterger.

PYRÈTHRE

Salivaire, Anthémis pyrèthre.

L'odeur de sa racine est à peu près nulle ; sa saveur est piquante, âcre, légèrement acide et laisse pendant longtemps dans la bouche et sur les lèvres un sentiment de chaleur brûlante. Elle excite vivement les glandes buccales, parotides et autres, et produit la sécrétion d'une grande quantité de salive. Sa racine pulvérisée et introduite dans les fosses nasales, provoque de violents éternuments. La Pyrèthre est surtout employée comme masticatoire et en préparations dentrifices.

La poudre de Pyrèthre, surtout la poudre de Pyrèthre du Caucase, mélangée par moitié avec le camphre, a la propriété d'éloigner et même de faire périr les insectes. Elle préserve des insectes les vêtements de laine, les fourrures, etc.

Les fleurs de la Pyrèthre du Caucase pulvérisées constituent la poudre contre les punaises, l'insecticide Vicat, le Morto-insecto de Julien, etc.

PYROLE, PIROLE

La Pyrole est amère, astringente et vulnéraire. On l'emploie contre la ménorrhagie, l'hémoptysie, dans la leucorrhée (50 grammes par kilogramme d'eau). Elle entre dans la composition du thé suisse. En Russie, les personnes affectées de gravelle font usage du thé de racine de Pyrole.

La Pyrole en ombelle, Chimaphylle, Herbe à pisser, Bordure d'hiver, est très employée aux Etats-Unis, comme diurétique, dans l'hydropisie.

QUINQUINAS

Ils sont l'objet d'une culture importante dans les Indes et au Pérou, à cause des vertus pharmaceutiques de leur écorce renfermant la quinine, la cinchonine, du tannin. Les Quinquinas se divisent en Quinquinas gris, Quinquinas jaunes, Quinquinas rouges, Quinquinas blancs. Le Quinquina gris se présente sous la forme de tubes cylindriques ; il renferme plus de tannin que de cinchonine et de quinine ; il est astringent et tonique. Il est préféré pour l'usage médical. Le Quinquina jaune est fourni par le Cinchona-Calisaya ; il contient beaucoup de quinine ; il est essentiellement fébrifuge. Le Quinquina rouge offre deux variétés : le rouge non verruqueux et le rouge verruqueux, lequel est beaucoup plus rouge, moins chargé de quinine que les autres, plus chargé en cinchonine que les gris. Les Quinquinas blancs contiennent peu de cinchonine ; ils sont peu fébrifuges et ne comptent pas au nombre des quinquinas médicinaux. Le Quinquina a une action fébrifuge très prononcée ; c'est un tonique, un fortifiant. Il est utilisé dans l'ataxie locomotrice.

En 1638, la comtesse del Cinchon, femme du vice-roi du Pérou, fut guérie d'une fièvre intermittente rebelle par un gouverneur de Loxa, qui lui fit prendre de la poudre de Quinquina dont un Indien lui avait révélé les propriétés. Revenue en Europe, la comtesse rapporta une certaine quantité de cette poudre qu'elle distribua en Espagne. Les jésuites de Rome la répandirent en Italie. D'où ses noms, Poudre de la comtesse, Poudre des jésuites. Le Quinquina fut introduit en France en 1679, par Talbot.

Le Quinquina indigène est la racine de l'aunée ; il sert surtout en médecine vétérinaire.

Le Quinquina des pauvres ou arnica est recommandé dans les fièvres intermittentes.

Les faux quinquinas ne contiennent ni quinine ni cinchonine et n'appartiennent pas au genre cinchona.

La cascarille désigne, dans l'Amérique du Sud, l'écorce des cinchonas ou vrais Quinquinas, celle de quelques espèces voisines, même les arbres qui fournissent ces écorces.

QUINTEFEUILLE

Potentille rampante, Pipeau, Herbe à cinq feuilles.

Les feuilles et les racines sont astringentes. On emploie plus spécialement la racine. On la dit vulnéraire et propre à guérir les fièvres intermittentes, en décoction concentrée (50 grammes de racine par litre d'eau). On l'emploie aussi en gargarisme, dans les maux de gorge, les ulcérations de la bouche.

RAIFORT CULTIVÉ

Raifort des Parisiens, Radis noir, Radis rose, Rave.

La racine de Raifort offre deux principales variétés : l'une, plus petite, fusiforme, recouverte d'un épiderme blanc-rose ou rouge pourpre, c'est le radis ; l'autre, plus grosse, orbiculaire, plus âcre et d'une couleur brune, est le Raifort cultivé ou des Parisiens. Toutes deux ont un parenchyme blanc, ferme, charnu et succulent, d'une odeur forte, analogue à celle qu'exhalent les crucifères et d'une saveur fraîche, piquante et âcre.

La racine du Raifort râpée et appliquée à demeure à la surface du corps, irrite la peau, la rougit, ce qui la fait employer quelquefois comme rubéfiant et dérivatif. Lorsqu'on mâche cette racine (radis ou raifort), elle stimule vivement la membrane muqueuse de la bouche et détermine la sécrétion d'une grande quantité de salive. Introduite dans l'estomac, elle y occasionne un sentiment de chaleur, augmente l'action de cet organe, facilite la digestion et augmente l'appétit. Il sert de condiment. C'est le plus puissant des végétaux dits antiscorbutiques. Le Radis et le Raifort, plantes à racines alimentaires, sont bien connus. La poudre de Raifort est employée pour faire de la moutarde. La Rave est une variété de cette espèce. La décoction ou soupe aux raves, à laquelle on ajoute du lait, est utile contre la toux. (Voir Navet et Chou.)

Pour le Raifort sauvage, voir Cochlearia.

RAISIN D'AMÉRIQUE

Herbe à la laque, Phytolaque, Epinard des Indes ou de Cayenne, Morelle en grappes, Epinard d'Amérique.

Cette plante est commune dans l'Amérique du Nord. Aux Etats-Unis, on emploie toutes les parties de la plante. La racine est émétique; le suc et la racine sont un purgatif populaire ; ce suc sert à donner aux vins une couleur factice. Ses baies, infusées dans l'eau-de-vie, sont un remède contre le rhumatisme chronique. Les feuilles, réduites en poudre, sont appliquées comme détersives sur les cancers.

' En Hollande, on emploie contre la gale et la teigne une pommade de racine de Phytolaque et d'axonge.

RATANHIA

Cet arbuste croît au Pérou. Sa racine, seule partie active, est employée comme astringent et hémostatique, contre les hémorragies, dans la diarrhée, la dysenterie et en injection dans les catarrhes utérins, vaginaux, urétraux. Elle est aussi utilisée avec avantage contre les fissures à l'anus et celles des mamelles.

C'est un dentifrice.

REDOUL

Sumac des corroyeurs, Vinaigrier, Herbe aux tanneurs, Roudou.

Ses feuilles sont astringentes, même vénéneuses. Réduites en poudre, elles sont employées pour la teinture des étoffes et le tannage des cuirs.

Ces feuilles sont malheureusement quelquefois mélangées à celles du séné.

RÉGLISSE

Bois doux, Racine douce.

Les racines de cette plante ont une saveur douce et sucrée ; elles sont, jusqu'à un certain point, nourrissantes, mais plus particulièrement douées des propriétés adoucissantes, tempérantes qui lui sont reconnues dès l'enfance de l'art. C'est en vertu de ces propriétés que le bois de réglisse sert à édulcorer les tisanes ; elle a la faculté d'étancher la soif, soit mâchée, soit prise en décoction et, dans ce dernier cas, associée au citron, elle convient dans les fièvres. Elle constitue la boisson populaire connue sous le nom de coco. Le suc de Réglisse anisé est aussi un remède populaire contre le rhume et la toux, sous la forme de pâte, de suc blanc. C'est avec le jus de Réglisse qu'on fait, en Italie et en Espagne, un extrait noir solide, appelé sucre noir.

REINE-DES-PRÉS

Ulmaire, Vignette, Herbe aux abeilles, Barbe de chèvre, Spirée, Ornière, Pied de bouc, Grande potentille.

Les effets diurétiques de l'Ulmaire sont utilisés dans les hydropisies. On prépare l'infusion avec 30 grammes pour un kilogramme d'eau et on boit par verrées. Ses fleurs sont prises en guise de thé ; la bière, par leur infusion, acquiert un goût agréable.

RENONCULES

*Clair bassin, Janneau, Bouton d'or, Grenouillette, Herbe
à la tache, Patte de Loup, Codron, Renoncules des
Prés.*

En voici les principales variétés :

La Renoncule âcre (toutes les renoncules sont
âcres à l'état frais) ou bouton-d'or, s'emploie à l'état
frais, car la dessiccation lui fait perdre ses propriétés comme aux autres renoncules.

La Renoncule des marais, Renoncule scélérate,
Renoncule aquatique, Herbe sardonique, Mort
aux Vaches.

La Renoncule Grande-Douve.

La Renoncule Petite-Douve, Flammule, Flam-
minette, Petite Flamme, Herbe de feu.

La Renoncule bulbeuse, Patte de loup, Pied de
poule, de coq ou de corbin, Bassinet, Rave de Saint-
Antoine.

La Renoncule des jardins, Renoncule des fleu-
ristes.

La Renoncule aconit qui croît en Auvergne et
dont on cultive une variété double dans les jardins.

Le Renoncule ficaire, Herbe aux hémorrhoïdes.

La Renoncule des montagnes, Boule d'or,
Trolle, cultivée dans les parterres. Elle est très
vénéneuse.

Les Renoncules sont employées en médecine
comme purgatives, vomitives et résolutives. Elles

sont vénéneuses, et l'énergie de leurs effets délétères sur l'économie, prouve que son administration intérieure doit être faite avec la plus grande prudence. On guérit les hémorrhoïdes au moyen de la Renoncule ficaire, feuille et racine, macérée dans la bière et administrée aux malades, en même temps qu'on applique à l'extérieur l'eau distillée de la même plante. Elle est employée avec succès en infusion, 50 grammes par kilogramme d'eau.

Les émanatious qu'exhalent la Renoncule scélérate, lorsqu'on l'écrase, sont tellement virulentes, qu'elles irritent violemment les yeux et le nez, produisent l'éternument et un abondant écoulement de larmes. Appliquées sur la peau, toutes les parties de cette plante, surtout les feuilles, produisent la rubéfaction, la vésication et même l'ulcération. C'est un moyen que les mendiants emploient quelquefois pour se procurer des ulcères et exciter ainsi la commisération publique. Ils se servent des feuilles de bouillon blanc écrasées pour les guérir. On l'a mise en usage dans le rhumatisme, la goutte, la céphalalgie, l'hémicranie, contre lesquels l'expérience a constaté l'utilité des irritants externes. Les feuilles de cette Renoncule, écrasées et appliquées sur les parties affectées, ont souvent produit la guérison. Toutefois, ce sont contre les fièvres intermittentes que ses effets stimulants et dérivatifs ont été plus particulièrement signalés. Sous ce rapport, elle est appliquée en forme de cataplasme, quelquefois à l'épigastre, d'autres fois sur les poignets. Mais elle doit être employée avec la plus grande circonspection et en petite quantité, à cause des ulcères très douloureux et très rebelles qui peuvent résulter de son application trop prolongée.

On se sert de la Renoncule pour empoisonner les rats.

RHAPONTIC, RHAPONTIQUE

Rhubarbe des moines, Rhubarbe pontique ou du Pont, Rhubarbe anglaise, d'Allemagne, de France, Rhubarbe indigène.

Cette plante a été souvent confondue avec la rhubarbe. Quand on la mâche, elle colore la salive en jaune ; elle laisse dans la bouche une viscosité douce et gluante qui suffirait seule pour la distinguer de la rhubarbe proprement dite. Elle renferme une matière colorante orangée qui lui donne la faculté de teindre l'eau. Sa racine exerce sur l'appareil digestif une excitation tonique, très propre à réveiller l'action de l'estomac et de l'intestin. A haute dose, elle détermine la purgation. On emploie cette racine en infusion à la dose de 30 grammes pour un kilogramme d'eau. Elle est recommandée contre la diarrhée et la dysenterie. La plante entière teint en jaune et s'emploie spécialement à la teinture des cuirs.

On substitue quelquefois à la racine de Rhapontic

diverses racines que l'on apporte des Alpes, des Pyrénées, des montagnes d'Auvergne et qui appartiennent au *rumex alpinus*, fausse rhubarbe.

RHUBARBE

Les Rhubarbes du commerce sont de trois sortes : la Rhubarbe de Moscovie, la Rhubarbe de la Chine, et la Rhubarbe officinale ou palmée qui vient aussi de la Chine. Ces deux dernières sont cultivées en France.

Une matière extractive amère, du tannin, de la résine, une substance amilacée, de l'oxalate de chaux et une matière colorante jaune, composent la racine de Rhubarbe. Elle renferme un principe colorant particulier auquel est due la plupart de ses propriétés médicales. Ce principe s'évapore et disparaît par une longue exposition à l'air, par la décoction prolongée, par la torréfaction, et alors la Rhubarbe cesse d'être purgative; tandis que l'eau qui se charge de ce principe par la distillation acquiert cette propriété.

Les propriétés toniques et purgatives de la Rhubarbe sont constatées depuis des siècles. Elle est d'un usage fréquent, comme tonique, pour exciter le ton de l'estomac et faciliter la digestion. A la dose de 25 centigrammes en infusion, répétée deux fois dans la journée, elle augmente l'appétit. Elle se prescrit comme stomachique, en poudre, à la dose de 25 centigrammes avant le repas, dans la première cuillerée de potage. Elle ne doit pas être employée en décoction. La Rhubarbe est un purgatif doux ; elle convient dans certains embarras intestinaux, dans la plupart des maladies anciennes exemptes d'inflammation, de chaleur et de sécheresse, soit que l'on se propose d'opérer une dérivation salutaire sur l'intestin, soit qu'il faille simplement remédier à la constipation, soit enfin qu'on veuille expulser des vers ou les amas de mucosités qui semblent quelquefois leur servir de foyer. Sous ce rapport, la Rhubarbe peut être considérée pour un excellent anthelmintique. Elle est utilisée contre la diarrhée et la dysenterie. On lui attribue aussi la propriété d'évacuer la bile, ce qui l'a fait appeler la thériaque du foie. Pour entretenir la liberté du ventre, plusieurs médecins en font mâcher la racine et avaler ce que la salive en dissout. Elle entre dans le sirop de chicorée composé, d'un très grand usage pour les enfants.

La Rhubarbe des Alpes, Rhapontique des moines, est un Rumex des Alpes ; la Rhubarbe des pauvres, fausse rhubarbe, est un pigamon ; la Rhubarbe des paysans est l'écorce de la Bourdaine ou la Tithymale.

RICIN

Les semences de cet arbre, très anciennement connues en médecine, recèlent une grande quantité d'huile grasse et douce qu'on en retire facilement, soit par l'expression, soit par infusion. Cette huile appelée encore Palma Christi, huile de Castor, constitue un purgatif très doux. On loue ses bons effets contre les embarras intestinaux, les constipations opiniâtres, la péritonite et presque toutes les coliques, pour évacuer les vers intestinaux après l'administration d'un anthelmintique.

Les feuilles de Ricin fraîches ou légèrement fanées sont appliquées sur les articulations pour calmer les douleurs atroces de l'arthritis et de la podagre. Appliquées sur la tête, on leur attribue la guérison de la migraine et appliquées sur les seins, on prétend qu'elles activent et provoquent le travail de la lactation. Pilées et réduites en cataplasmes, on les met sur les yeux, dans l'ophthalmie.

L'huile de Ricin se donne aux doses de 8 grammes aux enfants en bas âge et de 50 grammes aux adultes, dans une tasse de bouillon dégraissé ou dans une infusion de café.

RIZ

Les semences sont les seules parties de cette graminée que la médecine mette en usage. Le Riz doit ses propriétés nutritives, qui lui assignent le premier rang parmi les substances alimentaires, à la très grande quantité de matière amylacée qui entre dans sa composition. Toutefois, associé à l'eau, il jouit de propriétés médicales très manifestes. Il constitue un aliment analeptique très facile à digérer et très agréable. Il convient à tous les sexes, à tous les âges, à toutes les constitutions. On le prépare avec le lait, le suc, le lard ou le jus des viandes. On en fait des bouillies, des pâtes, des gâteaux très nourrissants et d'excellent goût, etc.

Contre la diarrhée et les irritations intestinales légères, on emploie l'eau ou tisane de riz que l'on prépare en faisant bouillir vingt grammes de Riz dans un litre d'eau qu'on édulcore avec du sirop de gomme. La décoction de Riz légèrement torréfié, employée en lavement, produit les mêmes effets antidiarrhéiques.

La farine ou poudre de riz sert à fabriquer des cataplasmes émollients. Il convient comme absorbant dans les érythèmes, l'intertrigo, les inflammations cutanées.

Le Riz, originaire des régions chaudes de l'Asie, est l'objet d'une grande culture, et l'on peut dire que presque tous les peuples asiatiques vivent de cette précieuse graminée qui constitue la nourriture fondamentale de la moitié de l'humanité. Cette plante offre deux variétés remarquables : l'une croît sans eau dans les terrains secs, c'est celle de l'Asie; l'autre exige des terres humides et submergées. Cette dernière qui est la plus répandue et malheureusement la seule cultivée en Europe, dans le Piémont (Italie), et dans l'île de la Camargue (France), est la cause de l'insalubrité des rizières et de la dépopulation des pays où elles sont établies, par suite des miasmes qui s'en dégagent et qui donnent des fièvres intermittentes.

Les tresses délicates dont se composent les élégants chapeaux qui ornent les têtes des femmes d'Europe sont faites avec de la paille de riz.

Les Chinois préparent sous le nom de Samsec et les Japonais sous celui de Sakki, une liqueur spiritueuse d'une odeur forte très en usage dans ces contrées. On fabrique aussi l'eau-de-vie de riz ou arack.

Le riz d'Allemagne, orge en éventail, faux riz, est l'orge pyramidale.

ROMARIN

Herbe aux couronnes, Rose marine, Encensier, Romarin des Troubadours.

Le Romarin est très connu et dès longtemps célèbre par l'odeur très agréable qu'il exhale à l'état frais ou desséché. Sa saveur est chaude, aromatique et un peu amère. Il contient du camphre en plus grande partie que les autres labiées.

Lorsqu'on l'ingère, il fait éprouver un léger sentiment de chaleur à l'estomac, y exerce une action prompte et vive qui se transmet bientôt à l'économie, surtout au système nerveux. Il augmente l'action du cœur, accélère la circulation, provoque la transpiration. Il est très utile dans les affections accompagnées de débilité, pour ramener l'appétit. Il est recommandé contre l'asthme humide, les vomissements nerveux, les vertiges, la syncope, l'hystérie, l'apoplexie, l'épilepsie. C'est un des meilleurs stimulants antispasmodiques que l'on puisse employer dans les fièvres intermittentes, les fièvres typhoïdes, dans les faiblesses générales et de la vue en particulier.

Deux grammes d'extrait de Romarin auquel on ajoute quatre gouttes d'huile essentielle de ce végétal, en réitérant plusieurs fois cette dose, est un remède sûr et éprouvé contre le ver solitaire. On a obtenu de bons effets de son application en topique sur les tumeurs scrofuleuses du cou et en gargarisme contre l'angine. Les avantages qu'on lui attribue comme emménagogue s'expliquent par l'utile excitation qu'il opère sur l'utérus, lorsque la suppression menstruelle est due au défaut d'action de cet organe. Infusion théiforme, 50 grammes par kilogramme d'eau.

Les bains de Romarin sont fortifiants ; ils conviennent contre les rhumatismes, la chlorose, la débilité des enfants.

Le miel de Narbonne doit à l'existence du Romarin l'arome particulier et aromatique qu'il possède.

Il est d'un très grand usage dans l'art de parfumer. Son essence entre dans la composition de l'Eau de la reine de Hongrie. Le Romarin sert à aromatiser le riz en Italie et les jambons parmi nous. Les habitants du midi de l'Europe l'emploient comme assaisonnement. Il donne un excellent goût à la chair des moutons qui le broutent. Les anciens en composaient des couronnes dont ils ornaient leurs têtes dans les cérémonies religieuses. Il est d'usage, dans certains pays, de placer une branche de cette plante dans la main des morts avant de les ensevelir.

RONCE

Ronce sauvage, Ronce noire, Mûrier des haies,
Mûrier de renard.

Les jeunes pousses et les feuilles riches en tannin sont astringentes. La décoction des feuilles est quelquefois employée comme tisane contre la diarrhée, l'hématurie, les fleurs blanches ou comme gargarisme dans les maux de gorge, l'angine, avec addition de miel.

Ses baies noires, connues sous les noms de mûres, mûrons ou maures, sont mangées, dans certains pays, et recherchées par les enfants. On en fait un vin de qualité inférieure.

ROQUETTE CULTIVÉE, CHOUX-ROQUETTE

Les anciens la considéraient comme très aphrodisiaque. C'est une plante à saveur très forte qui agit sur l'économie comme un excitant stomachique ; elle possède des propriétés diurétiques et antiscorbutiques. On la cultive dans les jardins potagers et sert, dans quelques pays, de condiment.

La Roquette sauvage, Roquette des murailles, fausse Roquette, est plus énergique que la précédente, comme antiscorbutique. C'est un puissant dépuratif.

La Roquette maritime, Caquiller ou Cakile, est aussi un excellent antiscorbutique. On en obtient les meilleurs résultats dans les affections scrofuleuses.

ROSAGE OU RHODODENDRON

Rose de Sibérie, Laurier-rose des Alpes.

Introduite dans la matière médicale par les médecins russes, cette espèce de Rhododendron est peu usitée en Europe où on ne connaît guère ses propriétés que par ce que rapportaient de son action, les voyageurs qui ont parcouru la Russie et la Sibérie.

Son infusion concentrée, ainsi que sa décoction dans l'eau, 4 grammes pour 40 grammes d'eau, administrée une ou deux fois par jour, peut produire une légère ivresse. On a particulièrement annoncé ses succès contre les douleurs arthritiques et rhumatismales. On a observé ses bons effets dans la sciatique. A l'extérieur on fait usage de cette plante contre l'odontalgie et dans le traitement local de certains ulcères. Elle est appliquée en aspersion sur la peau ou sur le cuir chevelu contre les poux et la gale.

Le Rosage ferrugineux, Laurier-rose des Alpes, Laurier-rose d'Auvergne est un arbuste vénéneux. En Piémont, on prépare par infusion des bourgeons, une huile contre les douleurs articulaires, connue sous le nom d'huile de marmottes ; le Rosage pontique ou de Pont, dont le miel puisé sur les fleurs est vénéneux.

ROSEAUX

Les Roseaux à balais sont employées pour faire des balais. Ses racines passent pour dépuratives ; on en fait des tisanes contre les rhumatismes, les hydropisies et les rhumes. Ses chaumes servent à couvrir des hangars, des maisons, les toits sous lesquels reposent les indigents.

Le Roseau aromatique, Canne aromatique, Jonc odorant, Acore aromatique. Il existe deux variétés d'açores, l'une connue sous le nom d'Acore vraie et l'autre désignée sous le nom de Calamus aromaticus. Toutes deux exhalent une odeur agréable et offrent une saveur chaude, amère et aromatique. Par suite de l'action tonique, prompte, intense, que cette plante exerce sur l'économie, elle a été souvent employée dans l'état de débilité gastrique pour remédier à l'inappétence. On a utilisé ce médicament dans l'épistaxis et dans les hémorrhagies passives. Par suite de ses effets diaphorétiques, on en a recommandé l'usage dans les affections exanthématiques, lorsque l'éruption languit par défaut d'action de la peau, comme cela a lieu chez les sujets faibles. La racine d'Acore aromatique est très employée en Allemagne ; les Allemands l'associent à la Sabine dans la goutte chronique. Cette racine, très estimée en Sibérie et dans l'Inde, y est utilisée, sous forme de masticatoire, comme un moyen de corriger les effets du mauvais air et se préserver des épidémies. On la donne en infusion à la dose de 8 grammes dans 1 kilogramme d'eau ou de vin. Elle entre dans la composition de l'eau-de-vie de Dantzig et lui donne une saveur spéciale.

Le Roseau à quenouille, canne de Provence, Grand roseau, est employé pour faire des quenouilles, etc. C'est une plante d'ornement. Très populaire comme antilaiteuse, elle est administrée, en tisane, à la dose de 20 grammes pour 1 kilogramme d'eau.

Le Roseau des étangs, Quenouille, Canne de jonc, Masse d'eau, est la massette à larges feuilles.

Le Roseau des sables ou Psamma n'est utile que pour retenir, par ses racines, les sables.

ROSIERS

La Rose, une des plus brillantes productions du règne végétal, a été chantée par les poètes de tous les âges, comme la reine des fleurs ; célébrée dans toutes les nations comme l'emblème de la beauté dans le premier éclat de sa fraîcheur. Tout ce qu'on peut imaginer de plus parfait dans les formes, de plus suave dans les odeurs, de plus séduisant dans les couleurs, se trouve réuni dans la rose. Il en existe de nombreuses et de très belles variétés. Nous ne nous occuperons que des roses médicinales.

Le Rosier de Provins, Rosier Gallique, Rose de France, Rosier rouge, fourni par un arbrisseau cultivé dans les jardins, croît naturellement dans plusieurs contrées de la France, à Provins, à Fontenay-aux-Roses, en Auvergne, etc. Les pétales sont les seules parties de cette plante qui soient employées en médecine. Ils offrent une saveur styptique et amère très prononcée. On a observé que leur qualité astringente est beaucoup plus développée lorsque leur dessiccation a été opérée rapidement à l'aide du feu que lorsqu'ils sont desséchés lentement. Par ses qualités astringente et amère, elle agit comme tonique sur l'appareil digestif, et par suite sur le reste de l'économie; en vertu de son arome elle exerce une action vive et instantanée sur le système nerveux et par conséquent sur le cœur. On a plus particulièrement recours à son huile essentielle, connue sous le nom d'essence de roses qui est placée au rang des cordiaux, des céphaliques et des antispasmodiques. La meilleure de ces essences vient de Turquie; on l'emploie surtout dans la parfumerie. On a recours aux pétales de la Rose de Provins pour relever le ton de l'estomac et de l'intestin, celui des poûmons. Son usage est recommandé dans les catarrhes, contre la leucorrhée et la diarrhée. Beaucoup d'auteurs ont attribué à la conserve de rose une grande efficacité pour suspendre la marche de la phtisie et même la guérir. On en fait des cataplasmes qu'on applique avec avantage sur les tumeurs froides et indolentes, et pour en favoriser la résolution. La décoction de la Rose rouge, 20 grammes pour 1 kilogramme d'eau est employée en lotions et en injections.

Le Rosier à cent feuilles. On en prépare une eau distillée très employée comme collyre, soit seule, soit avec le sulfate de zinc.

Le Rosier des quatre-saisons, Rose de Puteaux, Rose de Damas, Rose muscade. Sous le nom de Rose pâle, elle est employée comme purgative.

Le Rosier de chien, Rosier sauvage, Eglantier, Rosier des haies. Ses fleurs sont purgatives. Le fruit, Gratte-cul, sert à préparer une conserve, appréciée surtout en Allemagne. Le Cynorrhodon qu'on emploie dans la diarrhée est aussi un composé de ce fruit. Le Bédéguar, Eponge d'églantier, Pomme mousseuse, qui naît sur la tige du Rosier sauvage est produite par la piqûre d'un insecte. Elle a été employée jadis comme astringente et dans la strangurie.

RUE

Rue fétide, Rue des jardins. Herbe de grâce.

Une odeur fétide particulière à cette plante suffirait presque seule pour nous la faire distinguer. Elle est tellement stimulante qu'elle excite une sorte de prurit sur les mains, quand on en broie quelque temps les feuilles. Appliquée à demeure sur la peau, elle l'irrite et y détermine la rubéfaction. Les anciens ainsi que les modernes l'ont souvent employée comme un emménagogue énergique. Elle est même abortive et doit être administrée avec prudence. On donne les feuilles en infusion théiforme, à la dose de 5 grammes pour 1 kilogramme d'eau, à prendre par tasses.

A l'extérieur, on applique la Rue pilée comme rubéfiant toutes les fois qu'on veut irriter la peau. On en fait aussi des sinapismes et des épithèmes qu'on applique avec succès sur les poignets contre les fièvres intermittentes. En décoction et en infusion aqueuse, on l'injecte dans les fosses nasales contre l'ozène. On l'administre en lavement dans les affections vermineuses. On l'emploie en poudre et en décoction contre les poux et contre la gale.

C'est une des plantes les plus estimées des Arabes. Quelques poignées de cette herbe répandue dans le grenier chasse les souris et les rats.

SABINE

Genévrier sabine, Savinier.

Cette plante exhale une odeur forte, fétide et offre une saveur chaude, résineuse, amère, désagréable. Elle est tellement stimulante, qu'elle enflamme la peau sur laquelle elle reste appliquée pendant quelque temps. Lorsqu'on l'ingère, même à petite dose, l'irritation qu'elle détermine sur le canal alimentaire peut se transmettre plus ou moins énergiquement aux poumons, à l'utérus ou à d'autres organes et donner lieu à l'hémoptysie, à des hémorragies utérines. Ainsi elle peut déterminer non-seulement l'inflammation, des hémorragies redoutables de la matrice, mais, comme c'est un puissant emménagogue, elle peut aussi provoquer l'expulsion du fœtus avec des accidents qui mettent la vie de la mère en grand danger. Elle doit être employée à petite dose et avec beaucoup de réserve. Elle exerce une action particulière sur le système nerveux.

A l'extérieur, sa décoction est employée en lotions contre la gale, les ulcères putrides, fongueux, gangreneux, les affections vermineuses.

La médecine homéopathique en fait un grand usage. Quelques maquignons la font avaler à leurs chevaux pour leur donner du feu et de l'activité.

SAFRAN CULTIVÉ, SAFRAN OFFICINAL

Les stigmates sont les seules parties de cette plante que la médecine mette en usage. Leur couleur est d'un rouge foncé ; leur odeur, pénétrante, agréable et leur saveur chaude, aromatique, amère. On en retire un principe colorant d'une nature particulière. Le temps et la lumière font perdre au Safran beaucoup de ses propriétés. On le tient enfermé dans des boîtes d'étain. La plupart des auteurs modernes le placent au rang des antispasmodiques les plus puissants et ont loué ses succès dans les maladies accompagnées de spasmes et de douleur, telles que l'hystérie, l'asthme, la coqueluche, la toux, les vomissements nerveux et les affections goutteuses. La tisane de Safran a acquis surtout une grande réputation comme emménagogue. Son usage pour rappeler les règles est tout à fait populaire. On administre le Safran, en poudre, à la dose de 2 grammes comme emménagogue ou en infusion à la dose de 2 à 8 grammes pour 1 kilogramme d'eau. Si l'on rassemble ses effets les plus constants et les plus avérés sur l'économie, on voit que lorsque le Safran est administré intérieurement, il augmente le ton de l'estomac, la chaleur générale et la fréquence du pouls ; qu'il favorise la respiration cutanée, la sécrétion urinaire.

A l'extérieur, on a recommandé l'application du Safran sur les yeux dans l'ophthalmie et dans l'inflammation des paupières. On a cru qu'appliqué sur l'épigastre, il était susceptible d'arrêter les vomissements spasmodiques, et qu'il pouvait ainsi prévenir le mal de mer. C'est un fait qu'il serait curieux et important de vérifier. On l'emploie sous forme de sirop, en frictions sur les gencives pour calmer les douleurs de la dentition.

Les anciens employaient le Safran comme parfum, dans les temples, au théâtre et dans les festins. De nos jours il est d'un très grand usage, surtout dans les pays méridionaux, pour colorer les gâteaux, les sauces, le riz et autres préparations culinaires. Ses produits sont aussi utilisés dans la confiserie et la distillerie. Les teinturiers en composaient des couleurs de très bon teint, et les peintres le font entrer dans plusieurs vernis.

SAGOUIER

La substance connue sous le nom de Sagou est fournie par le Sagouier et par plusieurs espèces de palmiers. A l'exemple de plusieurs arbres de la même famille, le tronc du palmier renferme une moelle blanche, fongueuse, plus ou moins transparente, de nature farineuse et qui, par ses qualités nutritives, est un don des plus précieux dont la nature ait gratifié les habitants des îles Moluques, de Sumatra et des Indes. Cette substance, après avoir subi plusieurs préparations et desséchée, constitue le sagou du commerce.

Le Sagou, associé à l'eau, jouit à un très haut degré de propriétés adoucissantes, émollientes et analeptiques qui caractérisent toutes les substances amylacées. Toutefois, ses usages alimentaires ont prévalu sur son emploi médicamenteux. On en prépare des potages au gras, au lait, etc., etc. Il convient parfaitement aux jeunes enfants, aux femmes délicates, aux vieillards, aux convalescents, ainsi qu'à ceux qui digèrent péniblement. Le couscou dont se nourrissent les nègres de l'Afrique est une espèce de sagou. La fécule de pomme de terre est le sagou indigène.

SALICAIRE

Lysimachie rouge, Salicaire à épis.

On l'a employée avec succès en infusion, 40 grammes pour 1 kilogramme d'eau, dans les différentes formes de la diarrhée et la dysenterie.

SALICORNE

Corail de mer, Passe-pierre, Criste marine.

Cette plante est très utile contre le scorbut, tant au point de vue prophylactique qu'à celui curatif. Confite au vinaigre, elle est employée comme condiment, et mangée aussi en salade. On en fait des conserves.

On la brûle, pour retirer de ses cendres une espèce de soude appelée Salicor. Les troupeaux la recherchent avec avidité.

SALSEPAREILLES

Il existe plusieurs sortes de Salsepareilles : la Salsepareille de la Vera-Cruz ou Salsepareille officinale, la Salsepareille rouge de la Jamaïque, la Salsepareille caraque ou du Honduras, la Salsepareille du Brésil.

La tisane de Salsepareille prise en infusion, 50 grammes pour 1 kilogramme d'eau, en assez grande quantité et très chaude, produit une abondante transpiration et provoque une grande sécrétion d'urine. Elle a été surtout préconisée comme purgative et administrée contre la syphilis. Elle est aussi employée dans le rhumatisme et les maladies de la peau.

La Salsepareille d'Europe est fort commune en Provence ; sa racine, d'après plusieurs auteurs, aurait toutes les qualités médicales de la Salsepareille exotique.

SANG-DRAGON

Cette substance résineuse, rouge sang, est fournie par un arbre des Indes orientales. On l'employait beaucoup autrefois en médecine comme astringente et comme topique vulnéraire. On utilise ses propriétés astringentes pour fortifier les gencives. Les peintres s'en servent pour la composition d'un vernis rouge.

23*

SANICLE, TOUTE-SAINE

Elle est encore employée dans les campagnes comme vulnéraire, dans les contusions, etc. Elle était regardée autrefois comme une panacée universelle, ce qui lui avait valu ce distique de l'Ecole de Salerne :

> Avec la Sauge et la Sanicle
> On fait aux chirurgiens la nicque.

SANTOLINE

Aurone femelle, Garde-robe, Santonique, Cyprès des jardins et Faux Cyprès, Citronnelle, Barbotine.

Les semences de cette plante, que l'on conserve sèches pour l'usage médical, exhalent une odeur analogue à celle de la camomille, mais moins forte. Leur saveur est aromatique, amère et un peu âcre. Leurs qualités physiques justifient pleinement le rang qui leur a été assigné parmi les topiques stimulants. Cette plante est antispasmodique et vermifuge ; elle peut remplacer le semen-contra. L'huile de Santoline, à la dose de 12 gouttes, a produit d'heureux effets contre le ténia. Cette plante est utile dans les engorgements de la rate, du foie et dans les fièvres intermittentes. Elle est aussi stomachique.

On en fait grand usage en Italie, comme fébrifuge et contre les fièvres intermittentes qui se développent dans les contrées marécageuses.

En substance, on donne intérieurement les semences de Santoline pulvérisée à la dose de 3 ou 4 grammes, ou bien en infusion en quantité double.

SAPONAIRE

Savonnière, Herbe à foulon, Saponière.

Cette plante dont on met également en usage la racine, les feuilles surtout et les semences, a été employée avec avantage contre les dartres squameuses. On en fait aussi usage contre les fleurs blanches, contre l'ictère, dans le traitement des engorgements lymphatiques et des cachexies, la syphilis, les maladies de la peau et les catarrhes. Elle est administrée, en décoction, à la dose de 60 grammes par litre d'eau. On a quelquefois recours au suc de cette plante fraîche.

Le coaltar saponiné est un produit très employé comme désinfectant.

Toute la plante contient une substance appelée saponine, soluble dans l'eau, qui devient mousseuse quand on l'agite. En raison de ses qualités savonneuses, on l'emploie pour blanchir le linge et enlever les taches des vêtements. On s'en servait autrefois pour nettoyer les étoffes de laine avant la teinture, d'où son nom d'herbe à foulon.

La Saponaire d'Orient est plus riche en saponine que la Saponaire indigène.

SARRIETTE DES JARDINS

Elle a une odeur agréable et une saveur piquante. Elle est employée surtout comme condiment pour remplacer le thym.

Les anciens lui attribuaient une vertu aphrodisiaque. On la dit vermifuge à la dose de 8 grammes pour 250 grammes d'eau. Son infusion a été recommandée dans l'asthme, la débilité de l'estomac.

SASSAFRAS

Il contient une huile volatile très aromatique. En vertu de son action excitante, il augmente l'énergie de l'estomac, favorise la digestion ; il excite la transpiration, provoque la sécrétion des urines, l'écoulement des règles et parfois même la résolution de certains engorgements. Par suite de cette manière d'agir, le Sassafras a été recommandé comme stomachique, contre la dyspepsie, les spasmes abdominaux.

Beaucoup d'auteurs attestent ses succès dans les catarrhes chroniques, dans les cachexies froides, les hydropisies primitives, contre la goutte et les rhumatismes, dans le traitement de la syphilis. A ce point de vue, il est employé comme dépuratif. Son infusion comporte 15 grammes pour un kilog. d'eau.

Tant que le bois conserve son odeur, il repousse

les vers, les punaises et les teignes et, dans cette vue, on l'emploie à la fabrication des bois de lit.

Son écorce sert à teindre en couleur orangée.

SAUGE OFFICINALE

*Sale, Herbe sacrée, Thé de la Grèce, Thé de France,
Sauge des prés.*

Elle a joui, de tous temps, de la plus haute réputation. Celle des pays méridionaux a plus d'énergie que celle des pays froids. En vertu de ses qualités amères et aromatiques, elle excite l'action des organes et active la plupart des fonctions de l'économie. Elle est essentiellement tonique, elle est utilisée dans les faiblesses de l'estomac dont elle relève le ton. Elle sollicite les contractions du cœur, accélère la circulation générale, excite l'action de l'utérus et favorise la menstruation. Elle augmente l'énergie de l'influence nerveuse; elle est utile dans les sueurs nocturnes, la diarrhée, adoucie avec du sirop de coing, dans la diarrhée des petits enfants, les catarrhes, les vomissements, les fièvres rhumatismales, les fièvres muqueuses. Certains auteurs en font l'éloge contre les écoulements trop abondants de lait qui tourmentent les nourrices à l'époque du sevrage. Son infusion théiforme est de 30 grammes pour un kilog. d'eau.

La décoction de cette plante a été employée avec succès en gargarisme pour déterger les ulcères de la bouche, dans le scorbut, l'angine, les aphtes.

A l'extérieur, la Sauge est aussi appliquée comme résolutive, soit en sachets qu'on laisse à demeure sur la peau, soit en fomentation au moyen de sa décoction aqueuse ou de son infusion vineuse, contre les ecchymoses, les œdèmes locaux, les tumeurs froides et les engorgements. On prépare aussi avec la sauge d'excellents bains. Ses feuilles sont quelquefois fumées en guise de tabac. Les Chinois et les Japonais en sont aussi avides que nous le sommes de leur thé.

La Sauge, infusée dans du vin blanc, lui donne un goût de muscat et le rend plus enivrant. Dans quelques contrées du Nord, elle remplace le houblon dans la fabrication de la bière.

On en a extrait une matière tinctoriale d'un jaune verdâtre très solide.

La Sauge des bois est la germandrée sauvage.

SAULE, SAULE BLANC

Le Saule blanc, si commun le long des routes et qui croît naturellement dans les bois, est une espèce très élégante parmi d'autres variétés. Toutes les parties de cet arbre offrent une odeur faible et styptique. L'écorce est presque seule en usage ; les qualités amères et astringentes y sont plus développées que dans aucune partie de l'arbre. Cependant il faut qu'elle soit prise sur des branches de trois ou quatre ans, desséchée avec soin et conservée à l'abri du contact de l'air et de l'humidité. Les saules contiennent dans leur écorce un principe très actif appelé salicine.

L'écorce de Saule blanc est employée contre la débilité de l'estomac et pour expulser les vers intestinaux. On conseille l'usage des bains, pris dans sa décoction, contre la faiblesse des enfants. Elle est administrée dans les fièvres intermittentes. Elle a même été tellement préconisée contre ces affections, que certains auteurs la regardent comme un fébrifuge aussi puissant que le quinquina, qui jouit, comme on sait, au plus haut degré de cette réputation. Cette écorce est aussi employée avec avantage, localement, soit en poudre, soit en fomentation, contre les ulcères atoniques et contre la gangrène.

Comme fébrifuge, on prend l'écorce de Saule pulvérisée a la dose de 30 grammes, dans du vin, de la bière, etc.

Cette écorce tanne les cuirs. Le bois est utilisé dans la confection des cercles pour les tonneaux. Le charbon qui en provient passe pour le meilleur dont on puisse se servir pour la fabrication de la poudre à canon. On attribue au bois le singulier privilège d'aiguiser les couteaux, de les rendre aussi polis et aussi tranchants que la pierre à aiguiser. Les jeunes rameaux du Saule produisent, au printemps, une espèce de coton qui, convenablement préparé, peut servir à faire des ouates, des doublures pour nos vêtements, des coussins, des mèches pour les lampes et les bougies. Les feuilles servent de nourriture aux bestiaux.

SAXIFRAGE

Casse-pierre, Perce-pierre, Sanicle de montagne.

La Saxifrage a longtemps joui de la réputation de dissoudre les calculs urinaires ou d'en favoriser l'expulsion, mais ses vertus anticalculeuses doivent être rejetées comme purement illusoires. On lui accorde quelques propriétés diurétiques.

Elle est d'une précieuse utilité pour le pansement des vésicatoires et des cautères.

SCABIEUSE

Langue de Vache, Mirliton, Oreille d'Ane.

La Scabieuse des champs est une des plus communes. Elle a joui autrefois d'une grande réputation médicale. On la regardait comme un béchique des plus puissants et d'une grande utilité dans l'empyème et la phtisie.

On accordait aussi beaucoup d'avantages à sa décoction miellée, dans les pleurésies et les péripneumonies. Elle est administrée avec une extrême confiance, soit intérieurement sous forme d'extrait, contre la leucorrhée, soit à l'extérieur, en bains, contre la gale, les dartres, la teigne et autres maladies de la peau. Cette plante, seule ou avec autant de sel, appliquée sur la tumeur qu'on appelle le charbon, le fait disparaître promptement.

On la dit sudorifique et purgative. On la donne en infusion à la dose de 20 grammes pour 1 kilog. d'eau.

La Scabieuse des champs se donne comme fourrage aux vaches et aux brebis qu'elle engraisse et rafraîchit.

La Scabieuse des bois ou Mors du diable, a joui d'une réputation au moins égale à celle de la Scabieuse des champs. L'infusion de ses racines a une odeur analogue à celle du thé. Ses feuilles desséchées teignent en jaune.

SCEAU DE NOTRE-DAME

Tamisier, Racine ou Vigne-Vierge, Sceau de la Vierge, Vigne ou Bryone noire, Herbe aux femmes battues.

Cette plante passe pour purgative et hydragogue. Elle peut augmenter la sécrétion des urines et favoriser la menstruation. La racine râpée, est employée, sous forme de cataplasme, comme résolutive, dans les contusions et les ecchymoses.

SCEAU DE SALOMON

Grenouillet, Herbe au panaris, Muguet de Serpent, Muguet anguleux, Signet.

La racine, cuite dans l'eau, 125 grammes pour un litre, réduite en pulpe et mélangée à l'axonge, est un excellent remède contre le panaris; l'eau qui a servi à la cuisson sert de bain au doigt malade, avant l'application de ce topique. Cette racine est antigoutteuse et vomitive. Comme antigoutteuse elle se prend, en infusion, à la dose de 30 grammes.

SCAMMONÉES

La Scammonée est une substance fournie par les racines de la plante connue depuis très longtemps sous le même nom et dans laquelle on a reconnu tous les caractères du liseron. On en distingue plusieurs variétés : la Scammonée d'Alep, qui est la plus estimée ; celle de Smyrne ; la Scammonée de Montpellier.

Cette gomme résine était anciennement employée et l'est encore aujourd'hui comme un purgatif drastique. Elle agit, en effet, avec beaucoup d'énergie sur le canal intestinal et ne doit être donnée qu'à petite dose, soit de 1 gr. 50 centigrammes. Elle était d'un grand usage parmi les Grecs modernes et les Arabes. Elle ne convient pas aux femmes, aux enfants, aux convalescents et en général aux hommes faibles.

Elle fait partie de l'eau-de-vie allemande qui est un excellent purgatif.

SCILLE

Scille officinale, Grande Scille, Squille, Oignon marin, Scille maritime, Charpentaire, Scipoule.

Cette Scille croît sur les bords de la mer. La bulbe de cette plante est seule en usage. Son odeur est piquante, analogue à celle de l'oignon ; elle irrite les yeux ainsi que le nez. On en extrait une substance amère qui a reçu le nom de scillitine. Cette substance est funeste à tous les animaux en général. Administrée à haute dose par des empiriques, elle a produit chez l'homme de très graves accidents. A petite dose, elle excite le ton de l'estomac et rend la digestion plus facile.

Comme c'est un diurétique puissant, elle est employée dans l'anasarque, l'ascite, l'hydrothorax, la leucophlegmasie et autres hydropisies essentielles. Elle provoque et facilite l'excrétion muqueuse des bronches; elle est également avantageuse dans certains catarrhes, dans l'asthme, dans plusieurs toux chroniques. Elle est souvent associée à la digitale dans les maladies du cœur, les palpitations, etc.

On l'administre en poudre à la dose de 35 centigrammes dans un véhicule liquide. Le vin scillitique se prépare en laissant macérer 30 grammes de squames de Scille dans 500 grammes de vin de Malaga.

En Algérie, où la Scille est commune, les Arabes s'en servent comme aphrodisiaque, mais à très petites doses.

L'expérience a appris qu'elle ne convient point aux personnes grêles, maigres et très irritables.

On l'emploie, sous forme de pâte faite avec de la poudre de Scille, à la destruction des rats et des souris.

SCOLOPENDRE

Herbe à la rate, Langue de Cerf ou de Bœuf, Doradille.

Cette plante, fraîche, offre une odeur herbacée, une saveur amère qui disparaît par la dessiccation.

Les anciens médecins ont vanté ses bons effets contre la diarrhée. Elle a particulièrement joui d'une certaine réputation contre le catarrhe pulmonaire, la toux et l'hémoptysie. On l'associe aux capillaires et autres feuilles de la famille des fougères, pour en faire des infusions théiformes qui plaisent par leur léger arome et qui peuvent provoquer la transpiration, faciliter l'expectoration.

Les feuilles seules sont usitées; on les administre en infusion, 60 grammes par litre, dans l'eau, le lait ou le vin. Cette tisane entre dans le vulnéraire suisse sous le nom de faltrank.

Elle peut servir à la fabrication de la bière.

SCUTELLAIRE, TOQUE

La Toque bleue, centaurée bleue, très amère, a été employée comme fébrifuge.

On s'en est servi aussi pour teindre en noir.

SCORDIUM

Chamarras, Germandrée aquatique, Scordion, Germandrée d'eau.

Il croît dans les fosses humides, aux lieux aquatiques et marécageux. Il répand une odeur assez forte qui se rapproche de celle de l'ail.

L'action de cette plante sur l'économie est d'augmenter le ton de l'estomac et de l'intestin, la contractilité du cœur. Elle peut ainsi faciliter la digestion, provoquer l'expulsion des vers intestinaux, accélérer la circulation, augmenter la chaleur générale, la transpiration cutanée, la sécrétion de l'urine et même favoriser l'éruption des menstrues. Quelques auteurs ont vanté ses succès contre les affections vermineuses, contre les fièvres intermittentes et la gangrène. Ses propriétés antiputrides, antiseptiques et alexipharmaques ont été portées jusqu'aux nues.

On l'emploie à l'extérieur pour exciter l'inflammation des parties saines qui aboutissent à des parties gangrenées, et favoriser ainsi la séparation et la chute des escarres; comme topique, il est utilisé, en cataplasme, en fomentation, en poudre, contre les ulcères atoniques. Intérieurement, on peut le faire prendre en poudre jusqu'à 8 grammes ou en infusion de 50 grammes par litre.

Son odeur alliacée se communique au lait des vaches qui le mangent.

SCROFULAIRE

Herbe aux écrouelles, Herbe du Siège, Bétoine d'eau.

La Scrofulaire vient sur le bord des ruisseaux, se réunir aux plantes aquatiques et contribuer avec elles à l'ornement de ces lieux champêtres. Elle exhale, lorsqu'on la froisse une odeur repoussante.

Sa saveur agit sur l'économie à la manière des excitants amères. Elle détermine la purgation et à haute dose provoque le vomissement. On lui attribue des effets sudorifiques. Elle a été utilisée contre la gale, et employée en cataplasme sur les tumeurs scrofuleuses (d'où son nom de Scrofulaire), sur les ulcères atoniques et gangreneux. On prétend même qu'elle est utile pour favoriser la cicatrisation des plaies.

SÉBESTIER

Les fruits de cet arbre ou Sébestes sont de petites drupes noires de la grosseur et de la forme d'une petite prune. Ils renferment une pulpe roussâtre, inodore, succulente. Ils ont beaucoup d'analogie avec les figues, les dattes, etc., par leurs qualités physiques; ils s'en rapprochent également par leurs propriétés médicales. Leur décoction dans l'eau, comme toutes les boissons douces et mucilagineuses, peut être employée avec succès dans la plupart des maladies fébriles et d'irritation. Aussi on en fait usage dans les phlegmasies des membranes muqueuses, telles que les aphtes, l'angine, la diarrhée, la dysenterie, le catarrhe vésical, la leucorrhée et le catarrhe pulmonaire. Les anciens l'ont recommandé dans les affections de la poitrine, la pleurésie, la toux, l'enrouement, dans la néphrite, la strangurie. Il est utile, comme un doux laxatif, dans toutes les maladies où les purgatifs sont à redouter.

A l'extérieur, les Egyptiens appliquent le mucilage de ces fruits sur diverses espèces de tumeurs
et à leur exemple nous pourrions en appliquer la
pulpe, comme émolliente, sur les panaris, les furoncles et autres tumeurs inflammatoires, si nous
étions moins riches que nous le sommes en substances indigènes de même nature.

Par leurs qualités nutritives, les Sébestes sont
dignes de figurer parmi les plus salutaires aliments
de l'homme; ils conviennent surtout dans les pays
chauds et secs, aux sujets maigres et ardents, aux
tempéraments bilieux et sanguins, aux dartreux, etc.

Les Egyptiens composent avec ces fruits une glu
très visqueuse qui est en usage pour prendre les
oiseaux à la pipée et qui, importée en Europe sous
le nom de glu d'Alexandrie, est utilisée dans les
arts.

SEIGLE

C'est une des céréales les plus utiles; sa zone de
culture est encore plus vaste que celle du froment.
Il est plus usité comme aliment que comme médicament. Il est légèrement laxatif et entretient, pour
cette raison, la liberté du ventre. Sa farine est
appliquée en cataplasme comme émolliente et résolutive.

Le Seigle ergoté, ergot du Seigle, charbon du
Seigle, Blé cornu, Seigle noir, est un produit
anormal qui se développe sur les épis par suite

d'une altération causée par la piqûre d'un insecte. Il est employé dans les accouchements laborieux, mais il peut provoquer l'avortement. L'ergot de Seigle ne peut être administré, que par un médecin et avec prudence, car son emploi inconsidéré a souvent causé la mort du fœtus et de la mère. On s'en sert pour combattre les pertes séminales, les pollutions nocturnes, l'incontinence d'urine, la leucorrhée, la blennorrhagie, la paralysie agitante et, en sirop, dans la coqueluche. L'ergotine, produit de l'ergot de Seigle, est hémostatique.

L'art vétérinaire a depuis quelque temps mis ce produit en usage.

SELIN

Selin à feuilles de Carvi, Persil des marais, Encens d'eau, Persil laiteux, Livêche de marais.

Il passe pour purgatif. Il a été employé pour guérir l'épilepsie, dans la névrose, l'hystérie, la chorée. On utilise surtout la racine.

SEMEN-CONTRA

Barbotine, Armoise vermifuge, Sementine, Graine de Zodoaire, Semence Sainte, Graine d'Alger.

Le Semen-Contra a une odeur aromatique très forte. On distingue dans le commerce, le Semen-Contra d'Alep, d'Orient ou de Judée et celui de Barbarie.

Le Semen-Contra est le produit des capitules des armoises cultivées en Judée, en Perse et dans le Turkestan.

C'est un vermifuge fréquemment employé pour les enfants, sous différentes formes, dans des confitures, etc. La santonine qu'on retire du Semen-Contra est actuellement plus employée, comme vermifuge.

Les fleurs des absinthes et armoises peuvent au besoin remplacer le Semen-Contra; c'est le Semen-Contra indigène.

SÉNÉ

Dans le commerce on distingue trois variétés de Séné : le Séné d'Italie, le Séné d'Alexandrie et le Séné de Tripoli. Leurs vertus purgatives sont très anciennement connues.

Les feuilles mondées ou folioles, appelées Séné, sont fournies par le genre cassia. Le Séné officinal est le Séné de la Palthe ou d'Egypte.

On l'associe généralement, à cause des coliques qu'il donne, à quelque aromatique ou à un purgatif plus léger et plus doux.

SÉNEÇON

Herbe aux charpentiers, Jacobée, Herbe de Saint-Jacques.

Le suc de Séneçon, administré à la dose de 60 grammes, détermine la purgation; il a été recommandé contre les vers intestinaux, les coli-

ques, l'ictère, les maladies du foie et la leucorrhée. Cuite dans le lait, on l'applique, sous forme
de cataplasme, sur les hémorroïdes, les furoncles
et les engorgements laiteux des mamelles à l'époque du sevrage.

Les hippiastres anglais s'en servent dans les
affections vermineuses des chevaux.

Les oiseaux, les lièvres et les lapins sont très
avides de cette plante.

SERPENTAIRE

Aristoloche serpentaire, Vipérine ou couleuvrée de Virginie.

La Serpentaire est ainsi nommée, à cause des
propriétés qu'on lui attribue contre la morsure des
serpents. La racine est la seule partie de cette
plante qui soit employée en médecine. Son odeur
est forte, comme camphrée ; sa saveur aromatique,
âcre et amère. Cette racine, introduite dans la
matière médicale par les Anglais, vers la fin du
dix-septième siècle, exerce sur l'économie une
excitation prompte, vive et très intense. Elle stimule vivement le canal intestinal et détermine
même à haute dose la purgation. Elle convient, dans quelques cas particuliers, contre les
fièvres intermittentes et les affections gangreneuses. Elle est utile dans diverses névroses telles que
l'hystérie, dans plusieurs hydropisies et autres affections chroniques où il faut augmenter le ton des
organes et activer certaines fonctions languissantes.

Elle est aussi diaphorétique, diurétique, emménagogue. Son infusion se donne à la dose de 20 gr. pour un kilog. d'eau.

SERPOLET

C'est une des plus communes des plantes aromatiques; elle croît sur les pelouses sèches, dans les terrains arides qu'elle parfume par son odeur pénétrante. Elle détermine sur l'économie une action prompte et instantanée, qui tient à la fois à l'impression tonique qu'elle exerce sur l'estomac et a son influence très marquée sur le système nerveux. On attribue à son infusion, la faculté de dissiper les céphalalgies produites par l'ivresse. Cette plante convient parfaitement dans l'apepsie, dans la gastrodynie et autres douleurs abdominales; aux hystériques, aux sujets affaiblis par les travaux de l'esprit et par une vie sédentaire. Son infusion chaude, 15 grammes pour un kilog. d'eau, provoque la transpiration, augmente l'exhalation pulmonaire, dans l'asthme, le catarrhe, les toux quinteuses, la grippe. On conseille aussi son infusion contre la coqueluche.

La poudre, introduite dans le nez, arrête les hémorragies nasales. On l'emploie aussi en bains dans les maladies de la peau, dans les scrofules et le rachitisme, dans l'épuisement causé par l'onanisme et l'abus de plaisirs énervants.

Les abeilles vont puiser dans ses fleurs, des principes qui donnent à leur miel un goût extrêmement délicat. Elle donne à la chair des moutons, des lapins et des lièvres qui la broutent, une saveur très recherchée.

SIMAROUBA

L'écorce de cet arbre, à l'exemple de tous les amers, a été placée parmi les toniques et les stomachiques les plus puissants. Elle est employée à la Guyane aux mêmes usages que le quassia. Son action est lente, mais durable ; elle augmente l'appétit. Elle est utile dans la dyspepsie, dans les affections vermineuses, les diarrhées, les fièvres putrides, la dysenterie. On la donne, en décoction à la dose de 8 gr. par 500 gr. d'eau. Elle favorise la guérison de l'anasarque, des scrofules, de la chlorose et des catarrhes anciens. Les femmes épuisées par de longues et anciennes hémorragies utérines, se sont bien trouvées de l'emploi de cette écorce amère.

SOLDANELLE OU CHOU MARIN

La racine et les feuilles ont des propriétés purgatives ; on les emploie, comme hydragogues, dans l'hydropisie. On les administre, comme purgatives, en poudre, à la dose de 4 gr. dans un liquide.

SORBIERS

Le Sorbier des oiseleurs dont le fruit est utilisé, dans le pays de Galles, contre le scorbut.

Le Sorbier domestique porte des fruits d'une astringence très prononcée avant leur maturité; ils sont antidysentériques et coupent aussi, dit-on, la diarrhée. On en prépare un sirop à la manière de celui de coings. On s'est servi quelquefois de leur décoction, dit Roques, pour réparer les outrages du temps ou pour effacer les traces d'une première faiblesse.

Le bois du sorbier est très dur et recherché par les tourneurs. Son écorce est employée dans la tannerie et pour la teinture en noir.

SOUCHET

La racine du Souchet long ou Souchet odorant était employée autrefois comme stomachique, diurétique, détersive contre les plaies de la bouche et emménagogue. La semence de cette plante est enivrante. Les parfumeurs s'en servent pour aromatiser le vinaigre. La plante, connue sous le nom de Han, sert, dans quelques contrées, à faire des liens.

Le Souchet rond ou comestible a des racines appelées amandes de terre, que les Egyptiens cultivent en grand comme substance alimentaire. Ils en donnent aux nourrices, pour augmenter leur lait. On vend en Espagne, en guise de coco, une espèce d'orgeat, nommé chufa, qui est fait avec les tubercules du souchet comestible.

SOUCI

Souci officinal, Fleur de tous les mois.

Il croît en France deux espèces de Souci : le Souci des jardins et le Souci des champs, commun dans les champs et les vignes.

Leurs fleurs exhalent, à l'état frais, une odeur forte, particulière, qui, sans être agréable, a quelque chose de narcotique. Toutes leurs qualités disparaissent par la dessiccation. On a attribué à ces plantes des vertus sudorifiques, emménagogues, exanthématiques, antispasmodiques, fébrifuges. On a vanté ses bons effets contre les vertiges, dans l'aménorrhée, la chlorose et les affections scrofuleuses. On en a recommandé l'emploi dans l'ophthalmie. Les feuilles fraîches écrasées sur les verrues et les durillons font disparaître ces excroissances; sur les tumeurs, elles les résolvent; appliquées sur les vieux ulcères, elles les guérissent. A l'état frais, la dose est de 30 gr., en infusion, dans un kilog. d'eau ou de vin.

Les fleurs de Souci sont employées dans la teinture pour les couleurs jaunes.

Le Souci des Alpes est l'arnique des montagnes.

Le Souci d'eau ou populage, appartient à une autre famille.

SQUINE

Esquine, Racine de Chine, Salsepareille de Chine.

On la regardait comme un puissant spécifique contre les maladies vénériennes. Charles-Quint, de son propre mouvement, à l'insu de ses médecins, en fit usage contre la goutte. On lui attribuait de bons effets dans les engorgements de la rate, contre les obstructions, la gale et la lèpre; on la dit utile pour guérir les tremblements, la goutte, la sciatique, les ulcérations de la vessie, la jaunisse. Elle a longtemps passé pour un sudorifique puissant; elle est usitée comme dépurative dans les mêmes cas que la salsepareille. Les Egyptiens l'administraient en bains à leurs femmes, pour leur donner cet embonpoint, qui est la qualité la plus recherchée dans les beautés de leurs sérails.

Les habitants de l'Amérique du Nord la donnent en nourriture à leurs cochons.

STAPHISAIGRE

Herbe à la pituite, Pituitaire, Herbe aux poux ou aux pouilleux, Herbe au mort, Dauphinelle staphisaigre.

La semence, connue sous le nom de graine de capucin, est seule employée en médecine. Les anciens paraissent avoir connu les qualités âcres et corrosives de ces semences. Elles agissent avec tant d'énergie sur l'économie, qu'elles ont été placées par les toxicologues, au rang des poisons les plus redoutables. Mâchées, elles provoquent une abondante sécrétion de salive, ce qui les fait placer au rang des apophlegmatisants; ingérées, elles provoquent le vomissement, excitent violemment les évacuations alvines et procurent même l'expulsion des vers intestinaux. On doit les administrer à l'intérieur avec la plus grande circonspection. Elles contiennent un alcaloïde vénéneux, la delphine, qui est la source de leur activité; on la prescrit en frictions dans la névralgie de la langue, le tic douloureux, l'odontalgie, l'amaurose, la cataracte. On leur a reconnu la propriété de tuer les poux, aussi est-elle employée dans les affections pédiculaires, la gale, les dartres. On peut administrer ses semences pulvérisées, en substance, à la dose de 25 à 50 centigr. en suspension dans un liquide. Pour l'usage extérieur, elles sont employées, en poudre, en infusion dans le vinaigre.

Ces semences enivrent le poisson. à la manière de la coque du Levant.

STERCULIER

Sterculier fétide, Bois caca, Bois de merde, Bois puant, Cavalan, Bois de corne fétide.

Cet arbre croît dans l'Inde. On lui attribue, dans le pays, la propriété de guérir les affections cutanées. On en retire une huile douce et comestible qui fait l'objet d'un grand commerce.

Son bois est employé pour l'ébénisterie.

STORAX

Styrax, Styrax benjoin, Aliboufier, Liquidambar.

Le Storax fluide, plus connu sous le nom de copaline, est une résine liquide et jaunâtre, produite
par un arbre qui croît dans la Malaisie, à Sumatra,
à Java, à Siam. Cette gomme-résine a été d'un très
grand usage dans l'art de guérir, mais elle est singulièrement déchue aujourd'hui de son antique
réputation. Toutefois, d'après l'impression vive et
instantanée qu'elle exerce sur les organes du goût
et de l'odorat, on est fondé à croire qu'elle agit
sur l'économie à la manière des baumes, en augmentant le ton des organes. Elle entre dans la composition du baume du commandeur, des clous
fumants pour atténuer les mauvaises odeurs dans
les chambres des malades. On s'en sert dans les
inflammations des voies respiratoires. On fume,
sous forme de cigarettes, le benjoin ou baume de
Storax, contre l'aphonie et l'enrouement. Son
application sur l'épigastre est recommandée pour
augmenter l'action de l'estomac et remédier aux
effets de la débilité de cet organe. Le Storax
est presque exclusivement réservé pour l'usage
externe. On paraît s'être bien trouvé de son emploi, en onction, le long de la colonne vertébrale
dans certains cas de paralysie. On lui donne beaucoup d'éloges, dans le pansement des plaies et des
ulcères. On fait avec le Styrax, associé au cold-

cream, un onguent qui a donné de bons résultats dans le traitement des gerçures du sein.

Les parfumeurs font un grand usage du Styrax benjoin pour les préparations des parfums. Les Orientaux en font une grande consommation sous ce rapport. De temps immémorial, il a été employé à l'embaumement des corps. Le bois du Liquidambar paraît même avoir été employé, par les anciens, à la fabribation des cercueils odorants.

STRAMOINE

Datura, Pomme épineuse, Herbe aux sorciers ou des magiciens, Endormie, Herbe ou pomme du diable, Chasse-taupe.

Cette plante répand une odeur narcotique et repoussante; sa saveur est amère, nauséeuse. Ses effets vénéneux ne sont point douteux; de nombreuses observations ont prouvé que sa racine, ses feuilles, ses semences, produisent les mêmes accidents. Elle cause non-seulement l'ivresse, mais détermine la soif, un sentiment de strangulation, le ballonnement du ventre, une chaleur vive, la dilatation des pupilles, les tremblements, la chorée ou des convulsions, l'aliénation mentale. Mêlée au tabac, la Stramoine était offerte aux gens que des voleurs voulaient dépouiller, après les avoir jetés dans un profond sommeil. Ses semences ont donné du délire à des jeunes filles que des proxénètes voulaient livrer à des libertins; plusieurs ont été rendues mères à leur insu.

Quels que soient les effets délétères de ce végétal, on a cherché à tirer parti de son action narcotique dans le traitement de certaines maladies nerveuses, comme l'épilepsie, les convulsions, la chorée, les névralgies, la sciatique, la folie, le tétanos. L'emploi de ses feuilles en fumigation contre l'asthme est d'un très grand usage; on les fume en guise de tabac. Au Brésil, la décoction de la Stramoine est en usage contre la douleur dentaire. On en a retiré de grands avantages, soit à l'intérieur soit à l'extérieur, dans le rhumatisme articulaire.

A l'extérieur, on l'applique, soit en décoction, soit en cataplasmes, sur les chancres, contre les brûlures, certaines tumeurs, sur les seins gorgés de lait pour suspendre leur sécrétion.

Dans l'espèce d'ivresse que les Asiatiques se procurent par l'usage de différentes préparations dont la Stramoine est la base, ils éprouvent toutes sortes d'illusions fantastiques et d'autres fois une fureur aveugle qui les pousse à commettre les plus grands crimes. Ses effets vont même jusqu'à donner la mort. On donne la Stramoine en infusion et décoction, à la dose de 25 à 50 centigr. pour 125 gr. d'eau ou son suc, en potion, à prendre dans les vingt-quatre heures, à la dose de 25 centigr. à un gramme.

SUCRE

Cette substance si agréable, si généralement répandue est le produit de la canne à sucre. On retire également le sucre de la betterave, de la carotte, des tiges de maïs, du sorgho sucré et de plusieurs graminées ; il est plus ou moins abondant dans la moelle de certains palmiers, dans les figues, les raisins, les dattes, les pommes, les prunes, les pêches, les poires et autres fruits à noyaux, qui nous servent de nourriture. Il n'est pas moins remarquable par la douceur extrêmement agréable de sa saveur que par le grand nombre d'usages auxquels il est employé et que tout le monde connaît.

Le Sucre se cristallise, s'épaissit, se durcit par le moyen du feu. Il est livré aux raffineurs sous le nom de cassonade ou sucre brut. La mélasse nommée aussi pyromel, liquide épais non cristallisable, est le résidu de l'extraction et du raffinage. Les mélasses de sucre de canne servent à la fabrication du rhum et du tafia ; la mélasse de la betterave est surtout employée pour la fabrication des alcools. Le sucre chauffé à 160 degrés et refroidi, donne le sucre d'orge ou sucre de pomme ; au delà de 160 degrés, il se transforme en caramel. A 35 degrés, sa dissolution froide constitue les sirops ; plus concentrée, elle laisse déposer des cristaux qu'on nomme sucre candi. Le sucre pulvérisé perd une partie de sa propriété sucrante.

La glucose ou glycose, sucre de fécule, est le sucre de raisin ou d'amidon ; elle existe aussi dans un grand nombre de fruits. La glucose pure se tire de la canne à sucre. Les glucoses commerciales se présentent tantôt cristallisées en grains, tantôt en morceaux sans trace de cristallisation ; on en trouve aussi sous forme liquide plus ou moins visqueux. La glucose sert à la préparation des sirops, à la fabrication de l'alcool et à alcooliser certains vins caramélisés ; elle sert à donner de la couleur au cidre, à la bière.

Sous le rapport médical, le sucre jouit de propriétés adoucissantes, relâchantes et en même temps très nutritives. Sa propriété la plus remarquable, est de prévenir les accidents de l'empoisonnement par le vert de gris et de neutraliser complètement l'action de ce poison, lorsqu'il est ingéré immédiatement en grande quantité, soit en poudre, soit en solution aqueuse ; de sorte qu'on peut regarder le sucre comme un des meilleurs antidotes dans cet empoisonnement.

La vapeur épaisse, aromatique et suave du sucre brûlé passe pour avoir la propriété de purifier l'air et de sanifier les lieux infects.

Si le sucre, pris en excès, peut être nuisible, comme toute substance salutaire dont on fait abus, il n'en constitue pas moins, lorsqu'il est pris avec modération, un aliment très sain. Il plaît à presque tous les hommes, mais plus particulièrement aux enfants, aux femmes, aux vieillards, aux sujets délicats, ce qui est une preuve de sa qualité alibile. On en fait grand usage pour édulcorer les boissons des malades et rendre certains médicaments plus agréables. Il entre dans la préparation d'un grand nombre de substances alimentaires et pharmaceutiques. Il est devenu, pour toutes les nations civilisées, un objet de première nécessité.

Le sucre de foie ou sucre de diabète, provient de la digestion des matières féculentes que le suc pancréatique transforme en glucose. Ce sucre se transforme et s'amasse dans le parenchyme du foie. Si la quantité de glycose augmente, ce sucre passe dans l'urine et constitue le diabète sucré.

Avec l'eau de la fleur d'oranger, l'infusion de thé, le baume de Tolu, le café liquide, l'émulsion d'amandes, la gomme, etc., on obtient les sucres à la fleur d'oranger, au thé, au café, à l'orgeat, à la gomme, etc.

SUMAC VÉNÉNEUX

Arbre à la gale, Herbe à la puce, Porte-poison.

Le Sumac vénéneux, cultivé dans nos jardins, est un arbrisseau peu élevé, de l'Amérique du Nord. Il n'a pas d'odeur manifeste, mais il possède une âcreté virulente, tel que le simple contact de ses feuilles et de son écorce suffit pour déterminer des éruptions à la peau. Le suc laiteux du Rhus toxicodendron, ne manifeste ses qualités délétères et n'agit, comme poison, que dans certaines circonstances dépendantes de la susceptibilité individuelle et peut-être aussi de la quantité de la substance employée.

Malgré ses qualités vénéneuses, ce végétal a été introduit dans la matière médicale. Une foule d'observations tendent à établir son efficacité contre les dartres, surtout l'hémiplégie, la paralysie et l'incontinence d'urine.

Doses : à l'intérieur, en infusion des feuilles, 1 ou 2 gr. par 150 gr. d'eau bouillante ou feuilles desséchées, réduites en poudre, 50 centigr.

Le Sumac des corroyeurs, corroyère, roure, redoul, vinaigrier, ainsi nommé à cause de l'usage qu'en font les tanneurs pour la préparation des cuirs, a été mal à propos recommandé contre la diarrhée. Ses fruits servent de condiment.

Le Sumac des teinturiers, fustet, arbre à perruque, est une espèce française. Son écorce est employée pour teindre en jaune.

SUREAU

Sèu, Suoù.

Toutes ses parties, à la manière des toniques amers et aromatiques, excitent l'action des organes et sont plus ou moins vomitives et purgatives. Cependant, les fleurs ne produisent cet effet qu'à l'état frais ; desséchées, elles augmentent la transpiration ou provoquent la sueur, ce qui leur a acquis la réputation d'être diaphorétiques et sudorifiques. Comme topique, on prescrit l'infusion, en compresses contre les inflammations superficielles de la peau, les furoncles, l'érysipèle, les brûlures, les tumeurs froides et les membres œdémateux.

Les fleurs de sureau bouillies pendant trois heures et employées en pédiluves avec de l'eau, sont un remède très efficace contre la goutte. Infusion de ces fleurs sèches, pour l'intérieur, comme sudorifique 10 gr. par kilogr. d'eau. Décoction de fleurs fraîches, comme diurétique et purgatif, 30 gr. par kilogr. d'eau. Les feuilles sont employées avec succès contre les diarrhées et les dysenteries. Elles passent, à l'état frais, pour arrêter le flux de sang trop abondant; elles calment les douleurs des hémorrhoïdes. Voici la formule : on mêle 4 gr. de feuilles, 2 gr. d'alun calciné et 16 gr. d'onguent populum. On doit en oindre l'anus quatre fois par jour.

La partie du Sureau qui a le plus d'énergie, à l'état frais, est la seconde écorce, c'est-à-dire l'écorce qui se trouve immédiatement au-dessous de l'épiderme. La décoction est de 75 gr. dans un kilogr. d'eau, coupée avec moitié lait et administrée quatre ou cinq fois par jour, à doses croissantes. Le vin de Sureau se donne à raison de 60 gr. le premier jour en augmentant graduellement jusqu'à

500 gr., ou, on fait infuser 150 gr. de seconde écorce dans un kilogr. de vin blanc. On obtient de bons résultats de cette décoction ou de ce vin, dans l'hydropisie, en ayant soin, pour les obtenir, de causer de copieuses évacuations. La propriété purgative de cette seconde écorce est généralement connue, employée en décoction dans le vin. Le suc de l'écorce moyenne, surtout celui de la racine, est le meilleur de tous les hydragogues. La seconde écorce a été employée aussi avec succès, dans l'épilepsie et, en décoction et en cataplasme contre la teigne. On fait une pommade avec cette écorce fraîche, pilée et bouillie dans l'axonge, mais il faut prendre soin de préserver de l'action de l'air les parties affectées.

Les baies sont manifestement purgatives, légèrement excitantes ; elles sont utilisées, comme drastiques, dans l'hydropisie et dans certaines maladies de l'utérus.

Remèdes d'un curé de campagne : 1° Contre l'hydropisie. Une femme, abandonnée des médecins, en danger de mort, a pris, du jus de la racine de Sureau, à raison d'une cuillerée à café, de quatre heures en quatre heures. Les deux premières cuillerées firent un complet effet. Trois jours après la malade était sur pied, n'ayant plus d'enflure. 2° Contre l'érysipèle : Faire usage pendant trois ou quatre jours de boissons délayantes, telles que le petit lait dans lequel on fait infuser pendant une nuit une pincée de fleurs de Sureau, suffit bien souvent pour guérir cette maladie.

On se sert de ses feuilles et de ses baies pour préparer du vinaigre de Sureau (8 gr. dans une tasse d'eau sucrée).

Le bois de Sureau, à cause de sa dureté, est utile aux tourneurs; ses branches privées de la moelle spongieuse qu'elles renferment, peuvent servir de tubes. Cette moelle elle-même, par sa blancheur et sa légèreté est employée dans différents objets. Les fleurs, lorsqu'on les fait fermenter avec le vin, donnent à ce liquide une odeur de muscat très agréable; les marchands de vin s'en servent très souvent, sous ce rapport, pour fabriquer des vins de Frontignan. Le Sureau est tellement redouté des chenilles, qu'on peut en préserver facilement les fruits et les plantes qu'elles dévorent, en plaçant autour, des rameaux du Sureau chargés de leurs feuilles et de leurs fleurs. Les baies servent à la teinture des peaux en violet; on en teint les cheveux. Les oiseleurs tirent un grand parti de ses baies qui sont avidement recherchées par la plupart des oiseaux, pour les attirer et les prendre dans leurs filets.

TABAC

Nicotiane, Herbe à la Reine, Petum, Herbe à tous maux.

On connaît plusieurs espèces de Tabacs. Cette plante exhale une odeur forte, piquante et vireuse;

sa saveur est âcre et amère. Ses feuilles seules sont en usage. Il agit sur l'économie à la manière des poisons âcres et narcotiques ; il détermine l'irritation et même l'inflammation des organes avec lesquels il se trouve en contact ; porté par absorption sur le système nerveux, il opère la sédation des propriétés vitales. Prisé, il détermine l'éternument et augmente la sécrétion du mucus nasal. Lorsqu'on le mâche, il excite une abondante sécrétion de salive et de mucosités buccales. Quand on l'avale, il occasionne des nausées, des vomissements, d'abondantes évacuations alvines et provoque la diurèse ou des sueurs abondantes. Prisé ou fumé avec excès, le Tabac amène plus ou moins rapidement de l'affaiblissement intellectuel et de l'hébétude. De plus certains phénomènes nerveux graves lui sont attribués : paralysie générale, angine de poitrine, etc. Rien n'égale la virulence extrême et la redoutable énergie de la nicotine, qu'on retire des feuilles par la distillation. Cette substance est tellement vireuse, qu'appliquée sur la langue d'un chien de moyenne taille, à la dose d'une seule goutte, elle a produit de violentes convulsions et une mort prompte. Les émanations de cette solanée, elles-mêmes, ne sont pas exemptes de dangers ; ils exposent les ouvriers et les ouvrières qui manipulent le Tabac à des maladies particulières.

On n'a cependant pas craint d'employer une substance aussi vénéneuse dans le traitement de diverses maladies. A l'intérieur, on en fait usage contre la paralysie, les affections soporeuses et en fumée, dans l'asthme. En lavement, il est recommandé comme anthelmintique. On a employé, avec un certain succès, les bains d'infusion de Tabac, contre le tétanos, l'apoplexie.

On attribue à son usage en poudre, la guérison de violents maux de tête ; à sa fumée, l'apaisement de douleurs de dents.

L'usage du Tabac est tellement répandu dans nos campagnes et parmi la classe indigente des villes, que le malheureux supporte plutôt la privation du pain que celle de cette plante. Le brûle-gueule peut faire développer un cancer spécial, dit des fumeurs, qu'il est difficile de guérir et qui cause souvent la mort. Le fumeur, en général, a moins d'énergie des instincts génésiques, de sorte que le Tabac non-seulement porte atteinte à la conservation de l'espèce, mais encore nuit à la reproduction de l'espèce. Tous les moyens moraux dirigés contre cette habitude devant être abandonnés, on doit rechercher le mode de fumer le moins pernicieux, c'est-à-dire qu'on doit faire un usage très modéré du Tabac à fumer, à priser et du cigare.

La fumée du Tabac exerçant sur nos organes une impression vive et forte, susceptible d'être renouvelée fréquemment et à volonté, on s'est livré avec d'autant plus d'ardeur à l'usage d'un semblable stimulant qu'on y a trouvé à la fois, le moyen de satisfaire le besoin impérieux de sentir, qui caractérise l'espèce humaine et celui d'être distrait momentanément des autres sensations pénibles ou douloureuses qui assiègent sans cesse notre espèce. Aussi voit-on de toutes parts les hommes fumer, priser ou mâcher du Tabac; sur toutes les parties du globe, à toutes les latitudes, sous l'influence de tous les climats, dans tous les degrés de la civilisaton, dans toutes les conditions de la vie sociale.

La décoction de Tabac est employée, à la dose de 30 grammes par litre d'eau, pour la guérison de la teigne, de la gale, le poux pubis. La nicotine rustique possède les mêmes propriétés.

On fait usage en médecine vétérinaire d'une pommade ou d'une lotion concentrée, une partie pour dix d'eau, contre les affections cutanées des animaux.

TAMARIX

Tamaris, Tamarisque.

C'est un tonique et un astringent. La décoction de 200 grammes d'écorce de Tamarix qu'on fait cuire dans 6 litres d'eau, jusqu'à consomption de la moitié, bue seule, est fort estimée contre les affections catarrhales, la goutte et l'hydropisie.

On emploie ses cendres pour l'extraction de la soude. Les Danois remplacent le houblon par ses feuilles pour falsifier la bière. Ses fruits produisent une teinture noire.

25*

TAMARINIER

Le tamarin est la pulpe des gousses du Tamarinier. Cette pulpe, introduite par les Arabes dans la matière médicale, offre une odeur vineuse et une saveur très acide, fort agréable quand elle est fraîche. C'est un laxatif doux qu'on emploie en tisane, 50 grammes pour 1,000 grammes fraîche; elle forme par sa dissolution dans l'eau une boisson acidule très utile pour étancher la soif. On l'administre dans la plupart des maladies aiguës, dans les fièvres primitives de tous genres. Son usage n'est pas moins utile dans les embarras gastriques et intestinaux, dans la dysenterie et la péritonite.

Les Turcs et les Arabes font un grand usage de ses fruits frais, dans leurs voyages, pour se désaltérer. Dans l'Inde et l'Amérique, on les confit au miel et au sucre; ils constituent un aliment aussi agréable que salutaire et qui est d'un grand avantage à bord des vaisseaux. En Afrique les nègres les mêlent avec le riz et le couscou dont ils se nourrissent.

TANAISIE

Herbe aux vers, Herbe Saint-Marc, Barbotine, Athanase, Herbe amère, Tanacée, Menthe coq, Balsamite amère.

Cette plante exhale une odeur forte, désagréable, très pénétrante; sa saveur est amère et odorante. Ses feuilles, ses fleurs, ses semences, jouissent à peu près également des mêmes propriétés médicales. Elles sont toniques, stimulantes et comme telles, stomachiques, carminatives, vermifuges, sudorifiques, emménagogues et antispasmodiques. Elle a été vantée contre les fièvres intermittentes, dans l'hydropisie, la goutte, le chlorose et les vertiges. On attribue à ses semences beaucoup d'efficacité, en décoction, donnée en lavement, contre les vers. Ses jeunes pousses, mangées en salade, ont même tué et fait expulser le tænia. Ses fleurs sont particulièrement administrées contre l'hystérie. On donne la Tanaisie en infusion, à la dose de 25 grammes par kilogramme d'eau bouillante et en décoction, pour lavement, comme vermifuge, à la dose de 1 gramme par kilogramme d'eau.

Appliquée en cataplasme sur le bas-ventre, seule ou mêlée à l'ail, la Tanaisie agit comme vermifuge. On l'emploie aussi en cataplasme et en infusion, contre les entorses, les contusions, les engelures, les gerçures.

On prétend que répandue entre les matelas, elle met en fuite les puces et les punaises ; qu'étendue en litière dans la niche des chiens, cette plante les délivre de leurs puces.

Les Allemands la font entrer dans la fabrication de la bière à la place du houblon. La menthe coq ou Tanaisie balsamite sert pour aromatiser les liqueurs.

Dans le nord de l'Europe, ses feuilles sont employées comme condiment.

THALICTRON

Cette plante passe pour vulnéraire, ce qui l'a fait appeler sagesse ou science des chirurgiens.

THAPSIA

Bou-Nefaa, Thapsia turbith, Thapsie.

Très abondant en Algérie, en Sicile, le thapsia est un rubéfiant des plus énergiques; on l'emploie comme emplâtre. Sa racine qui peut remplacer le turbith, est en usage chez les Arabes, comme purgative; on donne son extrait alcoolique à la dose de 5 centigrammes. A dose élevée, cette plante est vénéneuse. On la redoute pour les chameaux qui sont très friands de ses feuilles.

THÉ

Le Thé fut introduit en Europe vers le milieu du xviie siècle. Il croît naturellement en Chine et au Japon. Les feuilles de cet arbrisseau sont seules en usage. Après avoir subi une certaine préparation, le Thé se présente en petites feuilles allongées, ridées, roulées sur elles-mêmes; d'une couleur verdâtre, d'une odeur aromatique très suave et d'une saveur fort agréable, quoique amère et un peu styptique. On distingue deux sortes de Thé: les Thés noirs et les verts, dans chacune desquelles il y a lieu de reconnaître plusieurs variétés distinctes. Quoique ces variétés soient réellement la feuille du même végétal, elles présentent d'assez nombreuses différences, qui résultent du terroir, de l'exposition, de la culture, de l'époque à laquelle les feuilles ont été cueillies, de la manière dont elles sont récoltées, du degré de torréfaction qu'on leur a fait subir et du temps plus ou moins long qui s'est écoulé depuis leur récolte.

Le Thé en infusion légère ou à petite dose excite le ton de l'estomac et produit quelquefois un bien-être général ; il augmente la transpiration cutanée ou la sécrétion de l'urine, selon que l'on est exposé à une température chaude ou froide. Il est conseillé aux sujets lourds disposés à l'assoupissement, mais non à celles d'un tempérament irritable. Il augmente la fréquence du pouls, accélère la respiration : c'est un stimulant du cerveau, mais il amène l'insomnie et l'agitation. On l'a employé avec succès contre la cardialgie, celle surtout qui a lieu chez les femmes enceintes. Des individus affectés d'hystérie, d'hypocondrie et autres affections nerveuses, ont été quelquefois soulagés par quelques tasses d'infusion de Thé, lorsqu'ils n'étaient pas habitués à son usage. Chaque jour on le donne avec avantage dans les indigestions ; son usage n'est pas moins utile dans les exanthèmes aiguës, dans diverses affections des voies urinaires et surtout dans les rhumatismes. On diminue l'activité de son infusion, en l'édulcorant avec le sucre et en le coupant avec le tiers, la moitié ou le double de son poids de lait ; on en augmente le ton en y versant quelques gouttes de cognac ou de rhum. L'infusion du Thé avec du sirop de capillaire forme la bavaroise à l'eau ; en y ajoutant du lait ou du chocolat on a la bavaroise à la crême et la bavaroise au chocolat.

Chez les Anglais, son emploi s'est répandu dans toutes les classes de la société ; son importation à Londres qui était de 632,000 kilogr. en 1734 est actuellement de plus de 200,000,000 de kilos.

Un des faits qui n'est pas le moins curieux, de l'histoire médicale du Thé, c'est que les Chinois et les Japonais sont aussi avides des feuilles de notre sauge officinale que nous le sommes des feuilles de leur Thé vert. Il semble qu'il ne manque à la sauge que de n'être pas née à l'extrémité de l'Asie pour avoir une réputation égale à celle du Thé, sous le rapport diététique.

THUYA

Thuia, Arbre de vie.

Son huile essentielle est un topique précieux contre les excroissances charnues, douloureuses, dont le siège est autour et à l'intérieur de l'anus, au périné, au prépuce et aux parties génitales de l'un ou de l'autre sexe.

La poudre des feuilles est hémostatique ; on en recouvre la plaie produite par la circoncision.

Son bois est très estimé pour l'ébénisterie ; il fournit une résine dite sandaraque.

THYM

L'odeur forte, aromatique et agréable du Thym est plus suave à l'état frais qu'après la dessiccation. Il est susceptible d'augmenter l'action de l'estomac, de donner plus d'énergie à l'influence nerveuse ou cérébrale; d'exciter les exhalations pulmonaires et de favoriser l'expectoration; de solliciter l'action de l'utérus et de provoquer par conséquent l'éruption des règles. Cette plante aromatique a été aussi recommandée dans la dyspepsie des vieillards, dans les catarrhes, la chlorose et la leucophlegmasie.

Son infusion, pour l'usage interne est de 15 grammes pour un kilogr. d'eau et son infusion ou décoction pour l'usage externe est de 50 à 100 gr. pour 1 kilogr. d'eau ou de vin, pour lotions, bains, etc.

Les bains chauds aromatisés avec du Thym conviennent aux enfants scrofuleux ou délicats; ils ont été conseillés aussi dans le lymphatisme, le rhumatisme et la goutte.

On emploie son infusion, en lotions, contre la gale et pour panser les ulcères. L'acide thymique ou thymol, qui est son principe actif, est un antiseptique énergique; on l'emploie pour panser les plaies. Il éloigne les insectes, des étoffes, des fourrures.

Son essence, introduite à l'aide du coton dans les dents carriées, apaise la douleur.

Le Thym est un des condiments les plus agréables, les plus vulgaires et les plus employés, parmi nous, dans nos préparations culinaires. Il est aussi utilisé pour la parfumerie.

Les lièvres, les lapins, les abeilles recherchent cette plante.

TILLEUL

Thé d'Europe.

On ne fait guère usage que des feuilles. Elles se distinguent par un arome particulier, une odeur suave, lorsqu'elles sont fraîches, mais qui diminue par la dessiccation. Ses fleurs ont une influence manifeste sur le système nerveux ; elles sont anti-spasmodiques. On l'emploie avec succès dans l'hystérie, l'asthme, la toux, les vomissements nerveux, les convulsions, les indigestions, les diarrhées, les coliques, les frissons fébriles. Son infusion se prend à raison de dix grammes par litre d'eau bouillante.

Le mucilage concentré produit par l'écorce et les fleurs de Tilleul, est très usité contre les brûlures, les plaies enflammées et douloureuses.

Son bois flexible était employé pour les boucliers ; il est utile aux sculpteurs, aux layetiers : son charbon est recherché par les peintres.

TORMENTILE

Sa racine est riche en tannin ; elle est fort astringente et employée comme telle, dans les affections catarrhales, les diarrhées, les dysenteries, la blennorragie, les ecchymoses. On donne sa décoction à la dose de 25 grammes par kilogr. d'eau.

A la campagne on se sert aussi de sa racine contre l'hématurie du bétail.

TROÈNE

Les fleurs et les feuilles passent pour astringents. La décoction de ses feuilles avec addition de miel rosat, est utile en gargarismes, contre les ulcères de la bouche, l'engorgement des amygdales. On a recommandé son suc dans les diarrhées et pour diminuer le flux menstruel trop abondant.

Il sert à former des haies, des palissades, à retenir les terres en pente ; son bois dur est employé par les tourneurs ; ses baies servent à colorer le vin en bleu foncé. Les morilles se plaisent au pied du Troène, d'où son nom vulgaire de truffetier.

TULIPIER

On administre l'écorce comme fébrifuge, succédané du quinquina ; dans l'hystérie. Ses feuilles écrasées et appliquées sur le front, ont dissipé des maux de tête.

TUSSILAGE

Pas d'âne, Pied de poulain, Taconnet, Herbe de Saint-Quirin, Béchion.

Cette plante a été employée, dès l'enfance de l'art, dans le traitement de la toux, des catarrhes, des rhumes et autres affections de la poitrine, dans les affections scrofuleuses, les dartres ; elle facilite l'expectoration. Dose : Infusion des fleurs, 25 grammes par kilogr. d'eau.

La fumée de ses feuilles a été recommandée contre l'orthopnée. A l'extérieur, les feuilles et les fleurs sont utilisées en cataplasmes maturatifs.

Les feuilles sèches se fument, en guise de tabac, pour combattre la toux, l'asthme.

Voici un remède préconisé par un curé de campagne contre les maladies de poitrine. On fait brûler sur des charbons ardents une quantité suffisante de feuilles et de racines de tussilage bien desséchées ; le malade en reçoit la fumée par la bouche au moyen d'un entonnoir renversé ; cela trois ou quatre fois par jour de cinq à dix minutes chaque fois. Il est bon de faire brûler de ces feuilles et racines dans l'appartement où l'on couche, pour que l'air que l'on respire pendant la nuit en soit saturé. Cette fumigation est excellente pour guérir la toux sèche, la difficulté de respirer, l'asthme et pour suspendre les ravages de la phtisie, en desséchant les tubercules.

VALÉRIANE

Herbe de Saint-Georges, Herbe à la meurtrie, Herbe aux chats, Valériane sauvage ou officinale, Sylvestre.

Sa saveur est chaude, amère, salée, un peu âcre. Ingérée, elle augmente l'action de l'appareil digestif. Elle excite la sueur, provoque la sécrétion de l'urine ou sollicite l'écoulement des règles. Elle a été employée avec succès comme fébrifuge et comme vermifuge; elle paraît avoir réussi dans l'épilepsie produite par la peur, la colère et autres affections morales. Elle a été aussi employée contre les affections nerveuses, les convulsions, l'hystérie, la chorée, l'hémicranie, la leucophlegmasie, la polydipsie ou diabète non sucré, l'asthme essentiel, la migraine.

Dose: Décoction ou infusion, 50 grammes par kilogr. d'eau. Poudre, 25 grammes et plus, dans du vin ou mêlée à du miel.

On a prétendu que mêlée au tabac et introduite sous forme pulvérulentè dans les fosses nasales, elle avait réussi dans l'amaurose et qu'elle avait la propriété de remédier à l'affaiblissement de la vue.

La Valériane a la singulière propriété d'attirer les chats; ils se vautrent sur elle, l'arrosent de leur urine; elle semble exercer sur eux une action enivrante.

La grande Valériane et le Nard celtique paraissent jouir des mêmes propriétés médicales.

VARECH VÉSICULEUX

Fucus vésiculeux, Chêne marin, Laitue marine, Algue.

Le renflement de ses divisions le fait ressembler à des gousses de haricots. Le Fucus vésiculeux peut servir à la nourriture de l'homme; les animaux le mangent avec plaisir. Le commerce en retire de l'iode et de la soude. Le varech a été préconisé contre les scrofules et le goître, en décoction, à l'intérieur, à la dose de 20 grammes par litre d'eau. On s'en sert aussi contre l'obésité ; mais on recommande l'abstention de farineux, de la bière, une vie active.

VELAR

Sinapi, Tortelle, Herbe au chantre, Moutarde des haies.

Cette plante est d'un usage populaire contre les catarrhes, l'enrouement, la toux. On doit l'employer fraîche, en infusion, à l'intérieur, à raison de 50 grammes par litre d'eau, on en donne le suc à raison de 25 grammes.

VERGE D'OR

Herbe des juifs.

Elle a une action diurétique très prononcée, elle est utilisée pour cette raison, dans l'anasarque, en décoction, à la dose de 40 grammes par kilogr. d'eau. Elle entre dans la composition des plantes vulnéraires suisses ou Faltrank.

VANILLIER, VANILLE

Cette plante si intéressante par l'odeur balsamique, forte, très suave et par la saveur chaude, piquante, fort agréable de ses fruits, croît à l'Ile Bourbon, aux Indes orientales, au Mexique, aux Antilles.

Ces fruits ou gousses renferment une pulpe molle, brune, charnue. On en distingue plusieurs variétés. La meilleure vanille, dite givrée, est celle du Mexique. Lorsque la vanille est de bonne qualité, un paquet de 50 gousses doit peser de 150 à 250 grammes; elle est couverte de petits cristaux blancs qui produisent la vanilline.

C'est un stimulant. On attribue à la vanille la faculté de déterminer les contractions de l'utérus et de favoriser l'expulsion du fœtus, lorsque l'accouchement languit par défaut d'action de cet organe.

Elle est utile aux personnes faibles, qui mènent une vie sédentaire, dont les fonctions digestives sont languissantes. Sous ce rapport et à cause de la suavité de son odeur, on l'associe avec avantage aux crèmes, aux bonbons, au chocolat, aux liqueurs. Elle est aussi en usage dans la parfumerie.

La vanille doit être enfermée dans des boîtes en fer-blanc, entre des couches de sucre pulvérisé.

VÉRONIQUE

Thé d'Europe, Herbe aux ladres, Reine des herbes.

La Véronique officinale est regardée comme astringente et béchique. Elle a été longtemps en usage et se trouve quelquefois employée dans les diverses maladies de poitrine, les catarrhes, la toux, le rhume, la phthisie pulmonaire, les bronchites, les flatuosités, la dyspepsie. On l'a également recommandée dans les fièvres intermittentes, la gravelle, la jaunisse.

Elle augmente la sécrétion urinaire et facilite l'expectoration. On lui attribue une certaine efficacité contre la gale, les dartres, le pansement des plaies.

La dose, en infusion, est de 25 grammes pour 1,000 grammes d'eau.

Les Allemands en font usage et prennent la Véronique en infusion théiforme; elle agit alors comme diurétique et sudorifique.

Elle passe pour l'emblème de la fidélité.

REMÈDE D'UN MÉDECIN DE CAMPAGNE CONTRE LES ULCÈRES :

Laver et nettoyer la plaie deux fois chaque jour, le matin en se levant et le soir avant de se coucher, avec une décoction de Véronique mâle, faite dans de l'eau et réduite de moitié par l'ébullition.

Le soir, laver et bassiner avec une décoction de feuilles de ronces, faite dans du gros vin.

Après l'une et l'autre de ces opérations, saupoudrer avec de l'amidon, mêlé avec un peu de calomélas en poussière, et bander la partie malade jusqu'au moment de la laver et bassiner.

Un pauvre homme qui avait, depuis longtemps, un ulcère jugé incurable, à une jambe qu'on était sur le point d'amputer, fut guéri en quelques semaines par l'emploi de ce traitement.

VERNIS DU JAPON

Ailanthe, Rhus vernix.

L'écorce a été employée comme vermifuge. La poudre, administrée à la dose de 1 gramme pendant quelques jours, tue le ver solitaire. On a soin, avant d'expulser le tænia, de prendre un purgatif, soit 30 grammes de ricin.

Les feuilles du Vernis du Japon, arbre d'ornement, servent de nourriture au ver à soie.

VERVEINE

Herbe sacrée, Herbe du foie, Herbe de sang, Herbe à tous les maux, Guérit-tout.

L'étymologie du mot Verveine, composé du latin *herba veneris*, rappelle les propriétés que les anciens attribuaient à cette plante : ils la croyaient propre à rallumer les feux d'un amour près de s'éteindre. Les magiciens la faisaient entrer dans leurs enchantements ; les Grecs en formaient des couronnes pour les hérauts d'armes chargés d'annoncer la paix ou la guerre.

C'était avec cette plante que les prêtres nettoyaient les autels pour les sacrifices, d'où son nom d'Herbe sacrée.

La Verveine est très commune dans les champs. Les anciens attribuaient une puissance miraculeuse à cette plante herbacée, mais elle est tombée aujourd'hui en grand discrédit. On lui accorde la propriété de réussir dans les fièvres intermittentes.

Appliquée sur la tête en cataplasme, cuite dans du vinaigre, ou en décoction, elle aurait guéri de redoutables céphalalgies, la pleurésie, le lumbago et les douleurs de côté.

La Verveine fraîche, pilée et appliquée sur les contusions, a, dit-on, la propriété de les guérir rapidement.

La Verveine odorante ou Verveine des Indes est très usitée comme stomachique et antispasmodique. Elle agit comme la menthe; lorsqu'on la froisse, elle exhale une odeur citronnée très agréable, d'où son nom de citronelle. On en fait une infusion théiforme, à la dose de 10 grammes pour 1,000 grammes d'eau.

VIGNE

Arbrisseau sarmenteux, de grandeur variable, muni de vrilles par lesquelles les rameaux ou sarments s'attachent aux corps voisins.

La Vigne cultivée, que tout le monde connaît, offre un très grand nombre de variétés. Nous mentionnerons ici, d'une manière succincte, ses différents produits, renvoyant aux traités spéciaux qui ont donné une description complète de ces produits.

Feuilles et Sarment. — Les feuilles de Vigne sont astringentes et comme telles utiles dans la dysenterie, la diarrhée, les hémorragies passives, l'épistaxis. Elles sont quelquefois employées pour prévenir les accidents de l'âge critique chez les femmes. La principale alimentation des chèvres dont le lait sert à faire les fromages du Mont-d'Or, près de Lyon, est la feuille de Vigne.

Les cendres du sarment sont précieuses pour les blanchisseuses qui s'en servent pour les lessives et pour les chimistes qui en retirent de l'alcali.

Sève.— La sève, ou pleurs de la Vigne, qui coule en assez grande abondance au printemps par les incisions qu'on pratique à ses branches, est inerte, bien qu'on lui ait prêté une certaine efficacité contre les maladies des yeux.

Verjus.— Le suc de raisin encore vert ou verjus convient dans les maladies inflammatoires, les fièvres bilieuses, les irritations de l'estomac et des intestins; en gargarisme, à la fin des angines et contre le gonflement des gencives exempt de douleur. On l'emploie comme boisson, à la dose de 150 grammes par kilogramme d'eau.

Pour faire percer promptement une tumeur, écrit un curé de campagne, on fait bouillir un verre de bon verjus avec une quantité suffisante de mie de pain blanc. Quand le tout a bouilli cinq minutes, on en fait un cataplasme que l'on renouvelle trois fois par jour.

Peu de temps après, la tumeur sera mûre et percera sans faire éprouver la moindre douleur.

On fait un sirop de verjus pour combattre l'obésité.

Raisins. — A l'état frais, les raisins jouissent de propriétés rafraîchissantes, adoucissantes, relâchantes et nutritives. Ils conviennent aux personnes d'un tempérament sanguin ou bilieux, d'une constitution sèche et irritable.

Beaucoup de malades se rendent, chaque année, en Bavière et en Suisse pour y faire la cure aux raisins. Les graveleux et les goutteux se trouvent très bien de cette cure. Le raisin agit par ses propriétés alcalines, laxatives et diurétiques. A leur maturité, les raisins sont remarquables par la délicieuse saveur de leur pulpe succulente, douce, sucrée et souvent accompagnée d'un arome très suave.

Les semences de raisins ou pepins fournissent une huile bonne pour l'usage alimentaire et pour l'éclairage.

Le raisin de table ou chasselas, servi sur nos tables, est la source d'un grand commerce.

Les raisins secs, raisins confits, raisins de Malaga en caisse, renferment beaucoup moins d'eau que les raisins frais : leurs principes sont plus concentrés et ils contiennent une plus grande quantité de sucre. Leur décoction est souvent employée comme émolliente, adoucissante, dans le traitement des maladies de la poitrine et des affections catarrhales. On peut en les faisant fermenter avec une certaine quantité d'eau en obtenir un excellent vin.

Les raisins de Corinthe sont préférés comme condiment. Les cuisiniers les emploient dans un grand nombre de préparations culinaires.

Vin.— Le vin, résultat de la fermentation que subit le moût du raisin lorsqu'il est exposé à une température de 15 à 20 degrés, est le produit le plus précieux et le plus important de la Vigne. C'est un liquide d'une odeur, d'une saveur particulière et variable, d'une couleur plus ou moins foncée. Il présente aussi de nombreuses modifications sous le rapport de la densité, de la douceur, de l'âpreté, du moelleux, de la force, modifications qui résultent du climat, du sol, de la culture, du degré de maturité du raisin, du degré de fermentation qu'on lui fait subir, du temps pendant lequel il a été conservé et autres conditions.

Le vin renferme une huile particulière que les gourmets appellent bouquet du vin et qu'on est parvenu à isoler.

Les vins du Midi, en général, sont beaucoup plus sucrés et surtout plus spiritueux que les autres.

Les vins doux sont très nourrissants; ils occasionnent quelquefois la purgation.

Les vins dits de dessert ou de liqueur ont une saveur douce et sucrée; ils sont riches en alcool, tels sont le Malaga, le Frontignan, le Grenache, l'Alicante, le Madère, le Xérès, etc., etc.

Les vins blancs sont généralement faits avec

du raisin blanc. On peut cependant les faire avec le raisin noir, pourvu qu'on ne laisse pas le moût fermenter sur les rafles qui contiennent toute la matière colorante.

Les vins blancs contiennent peu de tannin, tandis que les vins rouges sont riches en tannin. Les vins blancs subissent parfois une fermentation spéciale dite visqueuse; ils tournent alors au gras.

Les vins blancs mousseux ou de Champagne contiennent beaucoup d'acide carbonique, ce qui leur donne un goût piquant, très agréable, avec la faculté de mousser. On les met en bouteilles avant que la fermentation soit achevée; cette opération continue dans la bouteille; l'acide carbonique, qui se forme, ne pouvant se dégager, se combine avec le liquide dont il tend à se séparer aussitôt qu'en le débouchant on enlève les obstacles qui s'opposent à son dégagement. Ces vins sont additionnés de sucre candi; leur fabrication demande de grands soins.

On incorpore dans les vins, surtout les vins de liqueurs ou de choix, des substances médicamenteuses. Ils prennent alors les noms de vins médicinaux ou œnolés.

Le vin est un des toniques les plus utiles que possède la matière médicale, et quoique, en général, il produise, à cause de l'abus qu'on en fait, beaucoup plus de mal que de bien, il peut être considéré comme un médicament précieux pour la thérapeutique.

A petite dose, il détermine un sentiment de chaleur dans l'estomac, augmente l'action de cet organe ; il active la circulation , augmente la chaleur générale et la transpiration cutanée ; il excite les fonctions cérébrales, dispose à la gaîté, à la joie ; il donne de la valeur et de la jactance ; il imprime plus d'énergie aux mouvements musculaires. Ceux qui sont très spiritueux portent plus particulièrement leur action sur le système nerveux et produisent facilement l'ivresse. Il ne convient pas aux sujets d'un tempérament nerveux et dont la sensibilité est très exaltée.

Le vin convient surtout aux vieillards, aux tempéraments lymphatiques, aux constitutions lentes et humides, aux personnes qui mènent une vie trop sédentaire, à celles qui se nourrissent d'aliments grossiers et peu nutritifs, à celles qui habitent des pays froids et humides, à celles dont les habitations sont insalubres, qui fréquentent les hôpitaux et les prisons.

Le vin est un excellent prophylactique contre les affections miasmatiques et contagieuses, et contre les effets du chagrin et de la tristesse. Il ne convient pas dans les climats chauds et secs, dans les fortes chaleurs de l'été.

Des nations entières, beaucoup d'habitants des montagnes de la Suisse, de l'Ecosse et même de France, ne boivent que de l'eau pure : ils ont la santé, la longévité, l'énergie physique et morale, jouissent d'autant de force et de vigueur que ceux qui font usage du vin.

Le long usage du vin finit par nous rendre insensibles à ses effets. Son abus affaiblit et finit par oblitérer la sensation du goût; il débilite l'estomac, détruit l'appétit, engourdit les facultés intellectuelles, affaiblit les mouvements volontaires; il ferme toutes les avenues aux affections douces de l'âme, aux épanchements du cœur; il dispose aux tremblements, à l'apoplexie, à la goutte; il détermine la somnolence, la vascillation, l'ivresse enfin, qui peut être accompagnée de délire gai ou furieux, de coma et même d'apoplexie.

L'ivrognerie prolongée cause le delirium tremens, sorte de folie. Chez les femmes, cet abus est plus dangereux que chez les hommes; il dérange la menstruation, produit la stérilité; il abrutit et fait oublier la modestie et la pudeur.

Alcool. — L'alcool qu'on obtient par la distillation du vin est un liquide incolore, d'une odeur forte et agréable, d'une saveur chaude et caustique; il est volatil, inflammable; il agit comme le vin, mais avec plus d'intensité et d'énergie; il donne lieu par conséquent aux mêmes inconvénients.

Les plus usités sont les cognacs, les fines-champagnes, les saintonges, les armagnacs, les montpelliers, etc. On le désigne aussi sous les noms d'eau-de-vie, de trois-six, d'esprit de vin, de gin ou whisky (Angleterre), de kirsch, de rhum, de tafia, etc.

On retire de l'alcool des fruits, des matières féculentes, des grains, du riz, de la betterave.

L'alcool rectifié a 95 degrés.

L'alcool est d'un emploi très fréquent en pharmacie ; il sert à préparer des médicaments connus sous les noms d'alcoolats, d'alcoolatures.

En nature, il est administré dans la variole, la pneumonie, les vomissements de la grossesse, les fièvres intermittentes.

Il est employé, à l'extérieur, dans le pansement des plaies, les entorses, etc.

Pris convenablement, l'alcool très pur se ressent dans tout l'organisme, facilite la digestion et procure un certain bien-être.

L'abus de l'alcool et les alcools à très bas prix, qui sont de véritables poisons, produisent un grand état de faiblesse, des désordres organiques, une sorte d'imbécillité désignée par le nom d'alcoolisme.

L'alcool est la base des liqueurs d'agrément et de plusieurs produits de la parfumerie ; il est très usité dans les arts.

Marc.— Ce qui reste sous le pressoir, lorsqu'on a exprimé le suc des raisins, est le marc ou rape. On en retire du vin de pressoir ; par la distillation, un alcool dit eau-de-vie de marc. On l'emploie aussi pour la nourriture du bétail.

On a souvent employé, avec succès, le bain de marc dans la paralysie, la sciatique, les rhumatismes et les douleurs rebelles des articulations.

Vinaigre ou Acide acétique.— Un des produits de la Vigne ou du raisin, utilisé surtout dans les ménages, les arts, l'économie domestique, est le vinaigre. C'est le produit du vin, mais l'alcool est remplacé par l'acide acétique, par suite de la fermentation et par le contact de l'air. Il est rouge ou blanc selon sa couleur primitive. Sa saveur est acide ; son odeur est forte, persistante.

Pour obtenir du bon vinaigre de ménage, il faut un ferment qu'on appelle mère du vinaigre.

Quelques personnes boivent du vinaigre dans l'intention de se faire maigrir. Depuis longtemps, en effet, cet acide jouit de la réputation de faire cesser l'obésité ; mais le remède est pire que le mal, car il occasionne des irritations très intenses de l'estomac et des intestins.

Ce liquide exerce une excitation vive d'un genre tout différent du vin et de l'alcool, car il désaltère et produit un sentiment de fraîcheur. On l'associe aux végétaux et aux viandes pour en relever le goût, pour les préserver de la putréfaction et pour les conserver.

Associé à l'eau, il corrige la saveur et le mauvais goût de celle qui est insalubre, et forme ainsi une boisson agréable et salutaire. Cette eau vinaigrée, associée au sucre, forme une limonade qui peut remplacer toutes les boissons acides; on en fait aussi un très bon sirop, d'un usage très salutaire en été et dans les maladies aiguës, les fièvres muqueuses, etc.

Vinaigres médicinaux. — Le vinaigre de vin est le seul qui soit employé en pharmacie. Il sert à faire les vinaigres médicinaux. On emploie de préférence le vinaigre blanc. Il entre naturellement dans la préparation de ces vinaigres une ou plusieurs substances médicamenteuses.

Les principaux vinaigres médicinaux, sont : le vinaigre de belladone, le vinaigre camphré, le vinaigre camphré de Raspail, le vinaigre de concombre, le vinaigre de digitale, le vinaigre framboisé, le vinaigre d'opium, le vinaigre phéniqué, le vinaigre de raifort, le vinaigre rosat, le vinaigre d'angélique composé, le vinaigre antihystérique, le vinaigre antiseptique, le vinaigre des quatre voleurs, le vinaigre aromatique, le vinaigre aromatique et antiputride (dit de Bully), le vinaigre pontifical, etc.

Vinaigres et Bains parfumés. — Le vinaigre entre aussi dans la composition d'un grand nombre de recettes pour parfumeurs, tels sont : le vinaigre à la rose, le vinaigre dentifrice; le vinaigre cosmétique et hygiénique, le vinaigre de toilette, le vinaigre virginal, le bain aromatique, etc.

Tartre. — Le vin fournit aussi la crème de tartre,

l'acide tartrique, tartrate acidulé de potasse, pierre de vin. Le tartre se dépose, avec le temps, dans les tonneaux où on conserve le vin. Il y en a de trois sortes : le tartre rouge, le tartre blanc (selon la couleur du vin) et la crème de tartre ou tartre purifié.

Thérapeutique. — Le vin, à petites doses, est un stimulant, et, à hautes doses, c'est un narcotique.

Les vins blancs sont diurétiques; ils contiennent peu de tannin.

On prescrit le vin dans la période de prostration de la fièvre typhoïde, la convalescence des fièvres intermittentes, la chlorose, le scorbut.

Le gros vin rouge, en injection dans l'urètre, guérit la chaudepisse par son usage prolongé pendant six à huit jours. Ces injections sont douloureuses; il faut les continuer sans avoir égard à la douleur. Ces injections vineuses se font aussi dans le vagin contre la leucorrhée.

Le vin sert pour le pansement des plaies.

Le vin chaud est souvent employé chez les ouvriers de la ville et de la campagne, pour provoquer la sueur, combattre la diarrhée, faire avorter une pleurésie ou une fluxion de poitrine.

Le vin de Champagne est employé contre les vomissements nerveux, surtout chez les femmes enceintes.

On donne le vin en lavement, à la dose de 200 gr.,

dans les maladies chroniques, la convalescence des maladies aiguës, la dyspepsie.

Si ce liquide peut être utile dans quelques cas pour relever les forces et pour opérer certains changements nécessaires à la guérison de diverses maladies, l'abus de son usage habituel ne fait qu'épuiser la sensibilité des organes, tarir prématurément les sources de la vie et en abréger le cours.

On emploie l'alcool dans les mêmes cas que le vin, mais avec plus de circonspection et à petite dose. En qualité de médicament, il est utilisé rarement seul. Il est administré dans la variole, la scarlatine, l'érysipèle, le typhus.

A l'extérieur, il est employé seul ou additionné de camphre, dans le pansement des plaies, la guérison des furoncles, dans l'odontalgie.

Le vinaigre augmente la sécrétion urinaire. Il dissipe l'ivresse. C'est le contrepoison de l'opium, de la ciguë, des champignons et autres végétaux vénéneux.

Le saignement du nez est arrêté par l'application sur les tempes, sur le front, de linge trempé dans le vinaigre, ou par l'introduction dans les narines de charpie imbibée de cet acide.

Son application sur le front et les tempes guérit aussi les maux de tête.

Mélangé avec de l'eau-de-vie, il réussit très bien dans les brûlures.

Dans le traitement des hémorrhoïdes externes, on frotte doucement avec le mélange suivant :

Mélange d'un jaune d'œuf avec une cuillerée de bon vinaigre de vin et 30 grammes d'onguent populeum.

Si les hémorrhoïdes sont internes, on en enduit des mèches qu'on enfonce dans le rectum.

On ne doit faire disparaître les hémorrhoïdes que sur l'avis du médecin.

La crème de tartre est employée en teinture, comme mordant.

La lie de vin est en usage dans les plaies, les contusions ; on en frictionne les enfants rachitiques ou affectés de la déviation de la colonne vertébrale.

La crème de tartre est un diurétique très utilement employée, à la dose de 15 grammes dans deux verres d'eau, pris chaque matin, dans l'hydropisie et contre l'anasarque. On la dit aussi anthelmintique et capable de faire rendre le tænia.

Les vins gagnent en vieillissant ; on favorise leur bonification par le collage, le soufrage et le soutirage.

Le vin occupe la première place parmi les substances stimulantes dont l'habitude a rendu l'usage un objet de première nécessité. Le vin, en effet, plaît à presque tous les hommes ; tous les peuples en sont avides. Un proverbe dit : Si un coup de vin, le soir, t'a fait du mal, bois-en trois, le matin, et tu seras guéri.

Bonum vinum lætificat cor hominis, a dit l'Ecriture, et en français : le bon vin réjouit le cœur de l'homme.

On a surnommé le houblon : Vigne du Nord.

VIOLETTE ODORANTE

Fleur de mars.

Il n'est pas, au retour du printemps, de fleur plus recherchée; il n'en est pas de mieux connue que la Violette. En vain, elle se cache sous l'herbe; son parfum la trahit; le bleu de sa corolle perce à travers le gazon.

Les fleurs doivent leurs principales propriétés médicales à l'arome suave dont elles sont douées et que l'eau leur enlève, soit par la distillation, soit par infusion. Cet arome exerce une impression énergique sur le système nerveux. On attribue leur efficacité en infusion, à la dose de 10 grammes par litre d'eau, comme béchiques, émollientes, diaphorétiques; dans le traitement des maladies inflammatoires, dans les bronchites, les catarrhes, le rhume de cerveau, les fièvres éruptives.

On prépare avec la fleur fraîche un sirop qui sert de réactif.

Ces fleurs sont un peu laxatives.

Sa racine se rapproche de l'ipécacuanha ; elle possède la propriété vomitive. La dose vomitive et purgative, pour un adulte, est de 4 grammes de poudre de racine, ou, en décoction, dans un verre d'eau, pris en deux fois, à la dose de 10 gr. Elle rend de grands services dans le catarrhe pulmonaire, la dysenterie, la coqueluche.

On rencontre dans les bois, les champs, les prés humides, plusieurs autres espèces de violettes, parmi lesquelles se trouvent la violette hérissée, celle des marais; la violette de chien, sans odeur; la pensée sauvage, *viola tricolor*.

La pensée sauvage produit par la culture des variétés remarquables par l'éclat des nuances, le velouté des pétales et la grandeur des fleurs. La médecine l'emploie en tisanes dans le traitement des affections cutanées.

On obtient aussi par la culture la violette de Parme, très employée en parfumerie.

On se sert aussi de la Violette dans la confiserie.

La plante est considérée comme l'emblème de la modestie, de l'innocence, de la pudeur; elle peint l'amour timide et caché.

VULVAIRE

Ansérine ou Arroche puante, Herbe de bouc.

Cette plante a une odeur infecte. Elle contient de l'ammoniaque ou propylamine. On la dit très utile dans l'hystérie et dans les affections de l'utérus.

La propylamine est, paraît-il, très efficace dans

les affections rhumatismales ; à la dose de vingt-cinq gouttes en potion. Elle est considérée comme emménagogue.

Les gens de la campagne s'en servent en décoction, en y ajoutant un peu d'eau-de-vie et de vinaigre, et l'appliquent sur les ulcères des bêtes à cornes.

ZÉDOAIRE OU KŒMPFÈRE

Ses racines ainsi que toute la plante sont très odorantes. Elles offrent une légère odeur camphrée, une saveur aromatique, chaude et amère. Elles nous viennent de l'Inde. Elles facilitent la digestion, augmentent la transpiration cutanée, l'exhalation pulmonaire.

On croit à ses bons effets dans l'inappétence, la chlorose, dans l'asthme et dans beaucoup de maladies dans lesquelles la médication tonique est nécessaire.

La Zédoaire se donne, en poudre, à la dose de 4 grammes, ou, en infusion aqueuse ou vineuse, à la dose de 10 grammes.

Elle entre dans la fabrication de plusieurs préparations pharmaceutiques, entre autres le baume de Fioravénti.

ZOSTÈRE

Algue marine, Foin de mer, Algue des verriers.

Plantes de nos mers, appelées pelotes de mer. On les emploie en Hollande pour la construction des digues ; elles servent, sous le nom de crin végétal, aux emballages, à faire des couches hygiéniques et économiques.

Elles ont été recommandées en applications sur
les hydrocèles.

Réduites en poudre, les pelotes de mer ont été
conseillées contre les scrofules, le goître.

Leurs cendres renferment de la potasse et de
la soude ; on les utilise en verrerie.

MÉMORIAL THÉRAPEUTIQUE

ET

VOCABULAIRE DES MALADIES

AVEC RENVOI

AUX PLANTES EN USAGE POUR LEUR TRAITEMENT

A

ABCÈS. *V. Phlegmons, Empyème.*

ABORTIFS. Plantes qui peuvent provoquer l'avortement et qui ne doivent pas être employées sans le concours d'un médecin. Buglosse, coloquinte, cyclame, giroflée, gui, if, livèche, lycopode, pavot, rue, sabine, safran, seigle ergoté.

ACCOUCHEMENT (Pour faciliter, activer l'). — Aristoloches, belladone, cannelle, chèvrefeuille, curcuma, dictame, fougère femelle, lis blanc, lycopode, matricaire, mélilot, millepertuis, seigle ergoté, vanille.

ACIDE CYANHYDRIQUE. Laurier cerise.

ACIDE PHÉNIQUE. Pins.

ACIDE PRUSSIQUE. Laurier rose, pêcher (noyau).

ACONITINE. Aconit.

ADÉNITE. Inflammation des glandes. *V. Glandes.*

AFFECTIONS ATONIQUES. Faiblesse, manque de ton de certains organes, atonie générale, atonie de l'estomac, atonie des voies digestives, atonie de l'utérus, etc. *V. Atonie, Estomac, Intestins, Utérus.*

AGE CRITIQUE CHEZ LA FEMME. Vigne (feuilles).

AIGREURS D'ESTOMAC. *V. Estomac, Gastralgie.*

ALCOOLATS, ALCOOLATURES. Vigne (alcool).

ALCOOLISME. Vigne (alcool).

ALCORNOQUE. Chêne.

ALEXITÈRE. Vieux mot. Synonyme d'alexipharmaque.

ALEXIPHARMAQUE. Qui atténue, détruit, repousse l'action des poisons, des humeurs. — *V. Alexitère, Anguicide.* — Agaric du Mélèse, Aristoloches, Asclépiade, Doronic, Nard.

ALIÉNATION MENTALE. *V. Folie, Manie, Vésanie.* Stramoine.

ALOPÉCIE. Chute partielle ou complète des cheveux, des poils. Absinthe, azédarach, centaurée (petite), ellébore blanc, noyer, oignon, rhum (canne à sucre).

AMAIGRISSEMENT. *V. Consomption.* — Agaric du mélèse, bouillon blanc, bière (houblon), lichen d'Islande, orchis, raisin (vigne).

AMAUROSE. Altération profonde de la vue. *V. Goutte se-reine, Yeux.* — Aconit, arnique, basilic, belladone, lavande, pulsatile, staphisaigre, valériane.

AMÉNORRHÉE. Interruption du flux menstruel. *V. Emmé-nagogues.* — Angélique, cataire, cochléaria, curcuma, gayac, génévrier, mélisse, millepertuis, menthes, me-nyanthe, serpolet, souci, zédoaire.

AMERS. *V. Apéritifs, Digestifs, Fébrifuges, Toniques.* Gentiane, Germandrée.

AMERTUME DE LA BOUCHE. Oseille.

AMYGDALES. *V. Angine, Esquinancie.* Inflammation des amygdales, des muqueuses du gosier. — Aigremoine, grenadier, hysope, noyer, troëne.

ANALEPTIQUE. Qui a la propriété de rétablir, de donner des forces. *V. Forces épuisées.* — Carragéen, dattier, ginseng, oranger, orchis, prunier, riz, sagou.

ANASARQUE. Hydropisie du tissu cellulaire. *V. Hydropisie.* Absinthe, asclépiade, camphrée, carotte, grateron, gutte, herniaire, olivier, persil, scille, simarouba, verge d'or, vigne (crème de tartre).

ANÉMIE. Défaut de sang, appauvrissement du sang. Aunée, les fortifiants.

ANESTHÉSIE. Suppression momentanée de la sensibilité. Coca.

ANGINES. Inflammation des amygdales, des muqueuses du gosier. *V. Amygdales, Esquinancie.* — Aconit, as-pérule, belladone, citronnier, chêne, chèvrefeuille, cresson, coquelicot, fraisier, géranium, guimauve, hysope, ipéca, joubarbe, laurier-cerise, mauve, persi-caire, pervenche, romarin, ronce, sauge, sebeste, vigne (verjus), tabac.

ANGUICIDES. Propriétés de faire périr les serpents ; plantes qui guérissent de leurs morsures. — Aristoloches, con-trayerva, dentelaire (plumbago), euphorbes, pareira brava, polygala, scordium, serpentaire.

ANKYLOSE. Difficulté, privation du mouvement dans les articulations, les jointures. — Aconit.

ANODINS. Qui calment, apaisent les douleurs. — Cyno-glosse.

ANOREXIE. Défaut d'appétit, aversion pour les aliments.

V. Apéritifs, Inappétence. — Angélique, aristoloches, botrys, carline, centaurée, moutarde, muscadier, poivrier.

ANTHELMINTIQUE. Qui chasse, tue les vers intestinaux. Synonyme de vermifuge.

ANTIAPHRODISIAQUE. Anaphrodisiaque, anaphrodisie. Qui calme, éteint les désirs sensuels. Agnus-castus, chervi, cochléaria, ginseng, menthes, nénuphar, ortie.

ANTIARTHRITIQUES. Antigoutteux. Plantes propres à combattre la goutte. *V. Goutte.* Aristoloches, centaurée.

ANTIDOTE. Contrepoison : Anis étoilé, balsamier, colchique.

ANTILAITEUX. Qui diminue, supprime la sécrétion du lait des nourrices. *V. Lait.*

ANTIPHLOGISTIQUES. Plantes qui combattent les inflammations.

ANTIPSORIQUES. Plantes employées contre la gale. *V. Gale.*

ANTIPUTRIDE. Qui prévient la putréfaction. *V. Antiseptiques.*

ANTIPYRÉTIQUE. Qui diminue la chaleur fébrile. *V. Fébrifuges.*

ANTISCORBUTIQUES. Plantes employées contre le scorbut. *V. Scorbut.*

ANTISEPTIQUES. Qui préviennent, arrêtent la putréfaction. Désinfectants : Absinthe, angusture, arnica, camomille, camphre, fumeterre, lentisque, menthes, pins (créosote), scordium, thym, vigne (vinaigres).

ANTISPASMODIQUES. Qui calment les spasmes. *V. Spasmes.* Acanthe, ambroisie, asa-fœtida, ballote, balsamite, belladone, bouillon blanc, botrys, cardamine, caille-lait, ciguës, citronnier, douce-amère, galbanum, giroflée, grateron, iris fétide, jasmins, jusquiame, laurier-cerise, lavande, lis blanc, matricaire, menthes, menyanthe, millefeuille, muguet, narcisse, oranger, origan, parisette, pavot, pivoine, primevère, romarin, rosier, safran, santoline, sassafras, souci, tanaisie, tilleul, verveine.

ANUS. Constriction de l'anus : belladone. Chute de l'anus : Ciguës. Fissures à l'anus : ratanhia.

APEPSIE. Mauvaise digestion. *V. Digestion, Dyspepsie, Estomac.*

APÉRITIFS. Plantes qui excitent, donnent de l'appétit. *V. Appétit, Inappétence, Anorexie.* — Absinthe, ache, angélique, arrête-bœuf, artichaut, azédarach, berle, butôme, boldo, cerisier, chicorée, citronnier, cresson, coca, cochléaria, ellébore blanc, garance, gayac, genévrier, gentiane, hêtre, houblon, houx (petit), impératoire, lauriers, lichen d'Islande, mélisse, menthes, millefeuille, millepertuis, muscadier, moutardes, nard, oignon, oseille, oranger, phellandre, pin (sève), pissenlit, raifort, rhubarbe, romarin, roseaux, simarouba, zédoaire.

Aphonie. Perte plus ou moins complète de la voix. — Amome, storax.

Aphrodisiaques. Substances qui stimulent la faculté génératrice, qui rendent ou peuvent quelquefois rendre aux organes reproducteurs les forces qu'ils ont perdues. Son opposé est antiaphrodisiaque. — Alcana, anis, arachide, baumier, carvi, camphre, céleri, les condiments, fenouil, fenugrec, ginseng, menthes, ortie, piment, poivrier, roquette, sarriette, scille.

Aphtes. Ulcérations à l'intérieur de la bouche. — Basilic, bistorte, cachou, citronnier, cochléaria, cresson, fenugrec, guimauve, joubarbe, jujubier, lin, mauve, néflier, noyer, orge, persicaire, quintefeuille, ronce, sauge, sebeste, souchet, troëne.

Apiol. Liquide que l'on retire de la graine de persil. — Persil.

Apoplexie. Affection cérébrale caractérisée par la perte plus ou moins complète du sentiment, du mouvement. — Aloès, arnica, café, camelée, coloquinte, lavande, mélisse, moutardes, ortie, romarin, tabac, les rubéfiants.

Apophlegmatique. Qui favorise la sortie des mucosités de la bouche, du nez. *V. Sternutatoires.* — Staphisaigre.

Appétit. Plantes qui donnent de l'appétit. *V. Apéritifs.*

Ardeurs d'urine. Évacuation douloureuse et lente des urines. *V. Dysurie, Blennorrhagie.*

Aristolochique. Mot peu usité. Qui provoque l'écoulement des menstrues, des lochies. *V. Emménagogues.*

Arthrite. Maladie des articulations, des jointures. *V. Goutte, Antiarthritique, Rhumatismes, Douleurs arthritiques.*

Arthrocace. Affection grave des articulations, des jointures, comme l'ostéite, etc. *V. Goutte, Rhumatisme.*

Articulations (Maladies des). *V. Arthrite, Arthrocace.*

Ascite. Hydropisie du ventre. — Colchique, gutte, olivier, scille.

Asparagine. Asperge.

Asphyxie. Mélisse, menthe poivrée, tabac, vigne (verjus).

Assoupissement (Disposition à l'). — Café, pavot, thé.

Asthénie. Faiblesse, débilité générale ou partielle, manque de forces. — Aunée, benoite, camphrée, cannelle, chêne, froment (son), millefeuille, orchis.

Asthme. Maladie qui rend la respiration difficile. — Ail, aristoloche, arnica, arum, asa fœtida, aunée, botrys, bryone, café, camphrée, cardamine, chèvrefeuille, colchique, coloquinte, carotte, cerfeuil musqué, ciguës, courbaril, galbanum, gayac, germandrée, grindellia, gui, gutte, hysope, impératoire, ipéca, laurier-cerise, lavande, lierre terrestre, lobélie, menthes, millepertuis, marrube, menyanthe, mercuriale, origan, pareira braya, pavot, pommier, polygala, romarin, safran, sariette, serpolet, stramoine, scille, tabac, tilleul, valériane, zédoaire.

ASTRICTION. Effet produit par un astringent. — Olivier (feuilles).

ASTRINGENTS. Acacia, acanthe, alchimille, alisier, argentine, aubépine, bistorte, bourse à pasteur, buplèvre, busserole, caille-lait, cachou, caprier, chêne (écorce et galle), coignassier, clématite, campêche, centaurée, centinode, chèvrefeuille, doradille, filipendule, framboisier (mûres), garance, géranium, grenadier, gnaphalium, herniaire, hêtre, joubarbe, lichens, néflier, noisetier, noyer, patience, pervenche, pommier, pyrole, quinquinas, quintefeuille, ratanhia, redoul, rosier, ronce, sang-dragon, saule, tamarix, tormantile, troène, véronique, vigne (feuilles et verjus).

ATAXIE LOCOMOTRICE. Désordre, irrégularité dans les mouvements, la marche. — Belladone (pilules), pavot (opium), quinquina.

ATONIE GÉNÉRALE. Faiblesse générale des organes. *V. Affections atoniques.* — Angélique, bétel, beccabunga, genévrier, houblon.

ATROPINE. Belladone.

AVERSION POUR LES ALIMENTS. *V. Anorexie.*

AVORTEMENTS. *V. Abortifs, Emménagogues.*

B

BALLONNEMENT DU VENTRE. — Stramoine.

BAUMES DIVERS. Balsamier, baumier du Pérou, belladone, copahu, jusquiame, millepertuis, morelle, muscadier, pavot, storac, zédoaire.

BÉCHIQUES. Remèdes adoucissants employés contre la toux. *V. Toux.* — Aunée, botrys, cacao, caroubier, doradille, dattier, gnaphalium, lierre terrestre, primevère, scabieuse, véronique, violette.

BÉGAIEMENT. — Lavande.

BILE (Pour classer, faire évacuer la). — Aloès, euphorbe, polypode, pourpier, rhubarbe.

BLENNORRHAGIE. Inflammation de la muqueuse des organes

27*

génito-urinaires. *V. Ardeurs d'urine, Blennorrhée, Chaudepisse ; Ecoulement, Gonorrhée, Urétrite, etc.* — Belladone, berce, bouleau, citrouille, consoude, copahu, chanvre, coloquinte, chêne, cubèbe, grenadier, guimauve, jusquiame, lin, mauve, oranger, persil, pervenche, pin, pariétaire, pavot, rhapontic, sabine, sang-dragon, sebeste, seigle ergoté, tormentille, vigne (vin).

BLENNORRHÉE. Ecoulement purulent par le méat urinaire. *V. Blennorrhagie.*

BLESSURES. Arnica, barbarée, géranium, millepertuis.

BOBORI. Onguent célèbre en usage dans les Indes. — Culilawan.

BRONCHES (Maladies des). *V. Bronchites.*

BRONCHITES. Affections des bronches. — Capillaire ; capucine, copahu, cresson, douce-amère, grindéllia, hysope, impératoire, jujubier, lichen d'Islande et lichens divers, laurier cerise, pistachier, pins, pommier, polygala, sauge, scille, véronique, violette, les émollients, les expectorants.

BRULURES. — Ail, amandier, beccabunga, bouillon blanc, cacao, camomille, carotte, concombre, citrouille, consoude, cameline, coignassier, cynoglosse, douce-amère, froment (son, amidon, pain), groseiller, guimauve, joubarbe, laurier cerise, lis blanc, lierre terrestre, lin, massette, morelle, millefeuille, oignon, olivier, ortie, pimprenelle, poireau, pomme de terre, safran, sureau, stramoine, tilleul, vigne (vinaigre).

BROMATOLOGIE. Ce qui concerne les aliments. — Chervi.

BUBONS. Tumeurs inflammatoires à l'aine. — Fenugrec, lin, mauve, sebeste.

C

CACHEXIE. Affaiblissement progressif des forces vitales. Altération des organes. Affections cachectiques. — Absinthe, ache, aigremoine, angélique, aunée, arrête-bœuf, alkekenge, arum, ben, cascarille, cochléaria, centaurée, fenouil, fumeterre, menyanthe, saponaire, sassafras.

CACOÉTHIE, CACOÈTHE. Affection de mauvaise nature. Ulcères cacoètes. Mots peu usités.

CACOCHYME. Etat maladif qui prédispose à être atteint plus facilement par une affection. — Marrube, roseau aquatique.

CALCULS. Calculs biliaires, urinaires, des reins. Concrétions pierreuses qui se forment dans le corps de l'homme. Pour favoriser leur expulsion : busserolle,

chiendent, chou, citronnier, curcuma, cresson, chélidoine, cochléaria, fraisier, ricin, saxifrage, les diurétiques.

CALLOSITÉ. Endurcissement de l'épiderme. — Berce.

CALMANT. Azédarach.

CANCERS DIVERS. Cancers du sein, des testicules, de l'u-
térus, de l'estomac. — Tumeur cancéreuse, ulcère cancéreux ou carcinomateux, qui tiennent de la nature
du cancer. *V. Carcinome.* — Ache, alliaire, bardane,
carotte, ciguës, clématite, dentelaire, euphorbes, grateron, impératoire, joubarbe (petite), laurier cerise, morelle, raisin d'Amérique, vigne (raisin).

CANCER DES FUMEURS. Tabac.

CANCERS DES LÈVRES, DU NEZ, DES JOUES. Dentelaire.

CANTHARIDE. Insecte dont on fait usage en médecine. —
Frêne.

CARCINOMATEUX, CANCÉREUX. De la nature du cancer.

CARCINOME. Cancer commençant. *V. Cancer.* — Stramoine.

CARDIALGIE. Synonyme de gastralgie.

CARIE DES OS. Affection ulcéreuse des os. *V. Exostoses, Os.*
Asa-fœtida, baumier du Pérou, gayac, noyer.

CARMINATIFS. Propriétés d'expulser les vents et de calmer
les coliques venteuses. — Ammi, aneth, anis, aurone,
botrys, carvi, coriandre, cumin, carotte sauvage, citronnier, fenouil, galanga, galbanum, impératoire,
laurier, lavande, livêche, mélilot, menthes, nigelle,
persil, phellandre, tanaisie.

CARREAU. Développement et dureté de l'abdomen chez
les enfants. — Carotte, chêne (gland), cyclame, houblon,
lin, rhubarbe.

CATALEPSIANT. Coque du Levant.

CATAPLASMES. Acanthe, arnique, anthyllide, avoine, bardane, belladone, balisier, bouillon blanc, bourse à pasteur,
brunelle, cameline, carotte, camomille, cerfeuil, cynoglosse, concombre, citrouille, chanvre, chou rouge, consoude, dictame, douce-amère, fenouil, fenugrec, froment
(farine, pain, son), figuier, guimauve, gui, géranium,
hièble, hysope, joubarbe, joubarbe (petite), jusquiame,
lin, lys blanc, lupin, laitue, maïs (farine), mauve, menthes, morelle, moutarde, navet, noyer (feuilles), origan,
oignon, orge, pavot, pomme de terre, pariétaire, persil,
plantain, pommier, riz, rosier, rave, ricin, renoncules,
scordium, scrofulaire, seigle, sceau de Notre-Dame, séneçon, stramoine, tanaisie, tussilage, verveine.

CATARACTE. Maladie spéciale des yeux. — Belladone, ciguës,
jusquiame, pulsatille, staphisaigre.

Catarrhes. Inflammation des membranes muqueuses, des poumons, des bronches. Toux qui a pour cause l'inflammation, l'irritation des bronches. *V. Grippe, Poumons, Bronches, Toux.* — Aconit, ail, amome, arnique, asa fœtida, aunée, angélique, avoine, bétoine, botrys, bouillon blanc, buis, baumier du Pérou, bardane, ciguës, camomille, capillaire, cerisier, chervi, chèvrefeuille, chou, cochléaria, consoude, coquelicot, courbaril, citronnier, copahu, cresson, cubèbe, eupatoire, fève de Saint-Ignace, figuier, froment (son), galeopsis, genévrier, gayac, grenadier, guimauve, hièble, houblon, hysope, ipéca, if, jujubier, ladanier, lavande, lierre terrestre, lichen d'Islande et lichens divers, lin, lobélie, mauve, navet, nigelle, oranger, phellandre, pins, polypode, pommier, pulmonaire, rave, rosier, saponaire, sassafras, scille, scolopendre, sebeste, serpolet, simarouba, tamarix, thym, tussilage, tormentile, velar, véronique, vigne (raisin), violette.

Catarrhe de la vessie. *V. Vessie.*

Catarrhes utérins, vaginaux, urétraux. *V. Utérus, Vagin, Urètre.* — Ratanhia (bistorte en remplacement au besoin du ratanhia).

Cathérétique. Caustique ou topique faible qui produit une irritation superficielle. — Euphorbe.

Cautères. — Anémone, bette, garou, iris de Florence, lierre, saxifrage.

Céphalalgies. Douleur, mal de tête. *V. Céphalée, Migraine.* — Aconit, anis, ballote, café, camphre, citrouille, clématite, coriandre, euphraise, iris des marais, ivraie, mélisse, muguet, menthes, origan, oranger, primevère, renoncule, serpolet, stramoine, verveine, tabac.

Céphalée. Violent mal de tête. *V. Céphalalgie, Mal de tête, Migraine.* — Anémone, arum, basilic, chèvrefeuille, menyanthe, muguet, nard, rosier.

Cerveau et du cœur (Excitants des fonctions du). — Café, camphre, pavot (opium), thé, vigne (vin et alcool).

Chancres. — Douce-amère, guimauve, joubarbe (petite), morelle, onoporde, stramoine, vin aromatique.

Charbon. Maladie virulente, contagieuse, caractérisée par la couleur noire du sang, produite généralement par la piqûre d'une mouche qui s'est arrêtée sur une charogne. — Brunelle, camphre, joubarbe (petite), scabieuse.

Chaudepisse. *V. Blennorrhagie.*

Chaudepisse cordée. — Jusquiame, lulupin.

Chlorose. Langueur générale provenant d'une altération

du sang, de l'absence du flux menstruel. — Aunée, agaric du mélèze, angélique, aristoloches, arrête-bœuf, asclépiade, aspérule, cataire, citronnier, fenouil, fraxinelle, houx (petit), menthes, muscadier, oranger, pins, romarin, simarouba, souci, tanaisie, thym, vigne (vins), zédoaire.

CHOLÉRA. — Ail, arnica, canne à sucre (rhum), vigne (vin).

CHORÉE OU DANSE DE SAINT-GUY. Mouvements convulsifs et involontaires. — Aconit, ambroisie, armoise, cardamine, ciguës, colchique, camphre, fève de Saint-Ignace, gui, joubarbe, pavot, stramoine, selin, tanaisie, valériane.

CIRCULATION (Ralentissement de la). — Digitale.

CIRCULATION (Pour accélérer, augmenter la). — Menthes, moutardes, persil, romarin, sauge, scordium, vigne (vin).

CLOUS. *V. Furoncles.*

CŒUR (Mouvements, palpitations du). — Agripaume, asperge, asa-fœtida, chèvrefeuille, digitale, laurier cerise, menyanthe, menthes, muguet des bois, oranger, pavot, romarin, rosier, sauge, scille, scordium, thé.

COLIQUES DIVERSES. — Aigremoine, anis, amandier, aneth, astragale, alisier, avoine, belladone, botryx, bouillon blanc, busserole, cachou, coloquinte, chiendent, citronnier, croton, cynoglosse, cytise, carvi, froment (son), fenugrec, galanga, galbanum, impératoire, laitue, lin, mauve, muscadier, millefeuille, mélilot, olivier, orchis, peupliers, plantain, ricin, safran, séneçon, tilleul, valériane.

COLIQUES DES ENFANTS. — Fenouil.

COLIQUES DU MISÉRÉRÉ. — Croton.

COLIQUES HÉPATITES. *V. Hépatite.*

COLLUTOIRE. Qui agit sur les gencives. *V. Gencives.* — Cresson de Para.

COLLYRES. *V. Yeux.*

COMA. État d'assoupissement, plus ou moins profond, qui ressemble à un sommeil léthargique. — Café, fève de Saint-Ignace, moutardes, ortie.

CONGESTION CÉRÉBRALE. *V. Apoplexie.*

CONGESTION PULMONAIRE. Accumulation du sang dans les poumons. *V. Hémorrhagie.*

CONSOMPTION. Amaigrissement progressif. *V. Amaigrissement.*

CONSTIPATION. — Aloès, bette, botrys, cacao, cameline, coloquinte, cascara, cyclame, guimauve, laitue, lin, mauve, mercuriale, moutardes, ortie, prunier, rhubarbe, ricin, vigne (raisin), les purgatifs.

CONSTITUTIONS SÈCHES, MOBILES, IRRITABLES. — Vigne (raisin).

CONSTRICTIONS. — Bistorte.

CORROSIFS, IRRITANTS. — Arum, berce, calament, camelée, euphorbe, garou, pulsatile, staphisaigre.

CONTUSIONS. *V. Ecchymose.* — Ache, arnique, anthyllide, balsamite, bugle, culilawan, dictame, douce-amère, hièble, jusquiame, millefeuille, millepertuis, pêcher, persil, phellandre, pomme de terre, sanicle, sceau de Notre-Dame, tanaisie, verveine, vigne (lie de vin).

CONVALESCENCE. — Angélique, vins, les toniques.

CONVULSIONS. *V. Eclampsie.* — Belladone, ciguës, douce-amère, gui, oranger, stramoine, tilleul, valériane, les antispasmodiques.

CONVULSIONS DES ENFANTS. — Fraxinelle.

COQUELUCHE. — Anémone, asa-fœtida, belladone, bryone, camphrée, ciguës, coquelicot, grindellia, ipéca, ledon, lobélie, narcisse, navet, rave, pivoine, pulsatile, safran, seigle ergoté, serpolet, violette.

CORDIAL, CORDIAUX. — Germandrée, lavande, mélisse, nard, oranger, rosier, vanille.

CORS. *V. Table des matières.*

CORYZA. Rhume de cerveau. — Bouillon blanc, mauve, sureau, tussilage, violette.

COUPURES. — Agaric amadouvier, bouillon blanc, cassis, camomille, dictame, géranium, hysope, joubarbe, lis blanc, millefeuille, persil, plantain.

COXALGIE. Douleur à la hanche. — Garou, gentiane, houblon.

CRACHEMENT DE SANG. *V. Hémoptysie.*

CRAMPES D'ESTOMAC. — Laurier cerise. *V. Estomac.*

CROUP. — Citronnier, ipéca, lobélie, polygala.

CROUTES DE LAIT. — Bardane, pensée sauvage.

CYSTITE. Inflammation de la vessie. *V. Vessie.* — Lin, pins, pommier.

D

DANSE DE SAINT-GUY OU DE SAINT-WYTH. *V. Chorée.*

DARTRES. Maladies de la peau ; dartres farineuses. — Amidon, anacardier, asclépiade, astragale, aunée, bouleau, bouillon blanc, bourdaine, camphrée, carline, chanvre, chou, chélidoine, douce-amère, fumeterre, garou, genévrier, grateron, guimauve, gutte, hièble, joubarbe, lupin, laurier cerise, menyanthe, morelle, moutarde, noyer, oseille, pêcher, pensée sauvage, plantain, pulsatile, patience, persil, saponaire, scabieuse, scrofulaire, sebeste, staphisaigre, sumac, tussilage, véronique, les dépuratifs.

DÉBILITÉ GÉNÉRALE. *V. Asthénie.*

DÉLIRE DES BLESSÉS. — Pavot.

DELIRIUM TREMENS. — Anis étoilé, gratiole, impératoire, pavot, piment.

DÉMANGEAISONS. — Bouillon blanc, chélidoine, froment (amidon).

DENTITION DES ENFANTS. — Garou, guimauve.

DENTS, DENTITION (Douleurs des). *Dentifrices.* — Anacardier, dentelaire, ellébore fétide, euphorbe, gayac, garou, galanga, impératoire, iris des marais, iris de Florence, iris germanique, lentisque, menthe poivrée, mézéréon, millefeuille, oignon, origan, persicaire, persil, pins (créosote), pyrèthre, ratanhia, safran, stramoine, tabac, thym, vigne (alcools, vinaigres, vins).

DÉPURATIFS. Plantes qui purifient le sang. — Alliaire, bouleau, botrys, cardamine, cresson, fumeterre, laiche, noyer, oseille, patience, pissenlit, pensée sauvage, roquette, roseaux, salsepareille, sassafras, squine.

DESSICCATIFS. Qui dessèchent les plaies, les ulcères. *V. Absorbants, Astringents.*

DÉTERSIFS. Plantes qui servent à nettoyer les plaies, les ulcères. — Absinthe, ache, aigremoine, ananas, arum, asclépiade, chou rouge, framboisier, persicaire, phellandre, souchet.

DÉVOIEMENT. *V. Diarrhée, Dysenterie.*

DIABÈTE, DIABÉTIQUES. — Cresson, froment (gluten). *V. Polydipsie, Sucre de foie.*

DÉVIATION DE LA COLONNE VERTÉBRALE. — Vigne (lie de vin).

DIAPHORÈSE. Etat de transpiration légère, moiteur qui précède les sueurs. *V. Diaphorétiques, Transpiration, Sueurs, Sudorifiques.*

DIAPHORÉTIQUES. Plantes qui favorisent la transpiration. *V. Diaphorèse.* — Bourrache, bryone, carthame, coquelicot, coriandre, costus, daucus de Crète, grateron, hièble, ipéca, lavande, origan, phellandre, roseaux, romarin, serpentaire, sureau, valériane, violette.

DIARRHÉE DES PETITS ENFANTS. — Sauge.

DIARRHÉE. Dévoiement. Evacuations alvines fréquentes. — Absinthe, acanthe, airelle, alisier, angusture, argentine, aunée, benoîte, berberis, baobab, bouillon blanc, bistorte, busserole, cachou, café, campêche, camphrée, cannelle, cascarille, centinode, chêne, consoude, cynoglosse, cythise, cyprès, carragéen, coignassier, curcuma, dattier,

églantier, fraisier, filipendule, framboisier (mûres), fenugrec, froment (amidon), grenadier, groseillier, guimauve, lichens, mauve, menthes, néflier, orchis, orge,
pavot (opium), polypode, ronce, rosier, ratanhia, riz,
rhapontic, rhubarbe, salicaire, sang-dragon, scolopendre,
sébeste, simarouba, sumac, sorbier, sureau, tilleul, tormentile, troëne, vigne (feuilles, vin, vinaigre).

DIÈTE. Régime pour conserver ou rétablir la santé par
l'abstention totale ou partielle des aliments.

DIÉTÉTIQUES. *V. Diète, Boissons diététiques.*

DIFFICULTÉ D'URINER. *V. Dysurie.*

DIGESTIFS, DIGESTION. Pour faciliter la digestion. *V. Dyspepsie, Apepsie.*— Absinthe, amôme, aneth, aunée, aspérule, artichaut, boldo, benoîte, bétel, camomille, câprier,
casse, citronnier, coignassier, cacao, café, fenouil, froment (dextrine), galanga, genévrier, gentiane, gratiole,
houblon, laurier, laurier-cerise, lierre terrestre, lichen
d'Islande, mélisse, menthe poivrée, moutardes, orge,
oranger, pins, poivrier, pommier, raifort, rhapontic,
rhubarbe, riz, sassafras, saule blanc, scille, scordium,
tilleul, valériane, vanille, véronique, vigne (alcool), zédoaire.

DIURÈSE. Sécrétion abondante d'urine. *V. Diurétiques.*

DIURÉTIQUES. Plantes qui stimulent la sécrétion de l'urine.
V. Diurèse.— Alkékenge, asclépiade, asperge, anis, aristoloche, artichaut, arrête-bœuf, basilic, berle, bardane,
barbarée, bouleau, bourrache, bruyère, bryone, butome,
camphrée, cumin, chèvrefeuille, cerisier, centaurée, carotte sauvage, chicorée, citronnier, clématite, cochléaria,
costus, cresson, daucus de Crète, dentelaire (plumbago),
digitale, ellébore noir et blanc, eupatoire, fenouil, filipendule, framboisier, galéga, garance, genévrier, genêts,
giroflée, grateron, groseillier, grenadier, gayac, houblon (racines), hysope, herniaire, hièble, houx (petit),
iris fétide, lierre terrestre, matricaire, orge (bière), oseille,
oignon, pariétaire, pareira brava, pêcher, persil, pins,
poireau, prèle, pyrole, peuplier, phellandre, pissenlit,
roquette, reine des prés, safran, salsepareille, saxifrage,
sceau de Notre-Dame, scordium, serpentaire, souchet,
sureau, scille, sassafras, scolopendre, tabac, thé, valériane, verge d'or, véronique, vigne (crème de tartre,
verjus, vins blancs).

DOULEURS D'ENTRAILLES. *V. Coliques.*

DURILLONS. Callosités qui se forment aux pieds et aux mains.
V. Callosité. — Berce, chélidoine, dentelaire, joubarbe
(petite), souci.

DRASTIQUE. Purgatif violent. *V. Hydragogue.* — Agaric du mélèze, coloquinte, euphorbe, ellébore blanc, gutte, momordique, nerprun, scammonée, sureau.

DYSENTERIE. Dévoiement. Evacuations sanguinolentes provenant de l'inflammation du gros intestin. — Acanthe, acacia, airelle, aigremoine, aconit, agaric du mélèze, alisier, arnica, angusture, argentine, benoîte, berberis, berce, bistorte, bouillon blanc, bryone, bugle, cachou, camomille, carotte, carragéen, clématite, cynoglosse, campêche, camphrée, cascarille, centinode, chêne, cirier, coignassier, consoude, citronnier, coquelicot, chervi, fenugrec, froment (amidon, son), filipendule, guimauve, grémil, grenadier, groseillier, ipéca, joubarbe, lin, mauve, mélilot, narcisse, oranger, orchis, orge, plantain, pavot (opium), piloselle, ratanhia, rhapontic, rhubarbe, ricin, sanicle, salicaire, sebeste, simarouba, sorbier, sureau, tamarin, tormentille, vigne (feuilles), violette, viorne.

DYSMÉNORRHÉE. Ecoulement difficile du flux menstruel. — Ache, aloès, botrys, gayac, joubarbe, tanaisie.

DYSPEPSIE. Digestion difficile. *V. Apepsie, Estomac.* — Aloès, angélique, aspérule, centaurée, fenouil, froment (dextrine), galanga, gentiane, ladanier, mauve, orge, pareira brava, sassafras, simarouba, serpolet, thym, véronique, vigne (vin).

DYSPHAGIE. Difficulté d'avaler. — Cardamine.

DYSPNÉE. Difficulté pour respirer. *V. Asthmes.* — Ail, angélique, laurier cerise, valériane.

DYSURIE. Difficulté d'uriner. Ardeurs d'urine. — Arrête-bœuf, bourrache, bouillon blanc, busserole, figuier, mélilot, pariétaire.

<h1 style="text-align:center">E</h1>

EAUX DIVERSES. Eau d'Arnica et Eau de Notre-Dame des Neiges. — Arnica.

Eau de fleur d'oranger. Eau de badiane. — Anis étoilé.

Eau de mélisse. — Alcool, coriandre, mélisse.

Eau des forgerons. — Câprier.

Eau rouillée. — Aunée.

Eau d'arquebuse. — Bugle et plantes diverses.

Eau-de-vie allemande. — Jalap, scammonée.

ECCHYMOSES. Taches de la peau produites par des contusions. *V. Contusions.* — Camphre, hysope, millepertuis, menthes, persil, sauge, sceau de Notre-Dame, tormentille.

Eclampsie. Maladie convulsive, spasmodique. *V. Convulsions.* — Coque du Levant, pivoine, valériane.

Ecorchures. — Alcool, géranium, hysope.

Ecoulements muqueux. — Houblon, scolopendre, les astringents.

Ecoulement par les organes génitaux-urinaires. *V. Blennorrhagie.*

Ecrouelles. Dégénérescence des glandes du cou. *V. Scrofules, Humeurs froides.* — Asclépiade, mandragore, tussilage.

Eczéma. *V. Dartres.* — Bouleau, joubarbe, lycopode, ortie.

Electuaire antisyphilitique de Carneiro. — Bignone.

Eléphantiasis. Inflammation de la peau avec rugosités qui ressemblent à celles de la peau de l'éléphant. — Carotte, patience, vigne (raisin).

Elixirs divers. Elixir de longue vie : Aloès, gentiane, rhubarbe, zédoaire.

Elixir de Garus : Baume du Pérou et divers.

Embarras gastriques. *V. Gastralgie.* — Oseille, prunier, tamarinier.

Embarras intestinaux. — *V. Ileus.*

Embonpoint. — Coca, ginseng, vinaigre. Pour l'obtenir : Squine.

Emétiques. Plantes qui provoquent le vomissement. *V. Vomissement.* — Asaret, anagyre, chèvrefeuille des buissons, frêne, genêts, mauve, ipéca, narcisse, pensée sauvage, raisin d'Amérique, scille, violette (racine).

Emménagogues. Plantes qui favorisent, provoquent l'écoulement menstruel. *V. Aménorrhée.* — Absinthe, aristoloche, aunée, asclépiade, armoise, alcanna, aloès, ambroisie, anagyre, anémone, angélique, asa-fœtida, bardane, berle, balsamite, costus, cumin, carvi, cochléaria, coloquinte, conyze, daucus de Crète, dictame, ellébore noir, fumeterre, galbanum, houx (petit), lis blanc, laurier, lavande, livèche, matricaire, menthes, menyanthe, millepertuis, millefeuille, momordique, nard, nigelle, origan, ortie puante, polytric, pareira brava, persil (apiol), romarin, ricin (feuilles), rue, sabine, safran, serpentaire, souci, souchet, tanaisie, vulvaire.

Emollients, adoucissants. Qui radoucissent, ramollissent, relâchent les parties enflammées. — Acanthe, alcée, balisier, baobab, botrys, bourrache, bouillon blanc, buglosse, carragéen, coignassier, fenugrec, froment (farine, son, amidon), guimauve, lin, laitue, lupin, lis blanc, olivier, sebeste, violette.

Emphysème. *V. Asthme.* — Grindellia.

Emplâtres. Emplâtre de Vigot. — Baume du Pérou. Emplâtre de Cumin. Emplâtre de Mélilot. Emplâtre de Thapsia. Emplâtres divers. — Pins (poix).

Empoisonnements. Par le vert de gris : sucre; par la ciguë : cerfeuil, citron. — *V. Contrepoison.* Olivier. — *V. Antidote, Anguicide.* Amandier, fenugrec, guimauve, mauve, les émollients, les stimulants.

Emulsifs. Plantes, semences oléagineuses, qui servent à faire des émulsions. — Amandier, citrouille, chènevis, concombre, gremil, melon.

Empyème. Amas de pus dans les membranes qui tapissent les viscères. — Lierre terrestre, scabieuse.

Engorgements divers. — Menthe poivrée, origan, persicaire, sassafras, sauge.

Engorgements du foie. — Arrête-bœuf, asaret, asclépiade, rhubarbe, saponaire, pissenlit.

Engorgements des viscères. — Beccabunga, chêne, cochléaria, fève de Saint-Ignace, laitues.

Engorgements lymphatiques. — Aconit, lupin, saponaire.

Engorgements des seins. *V. Lait des nourrices.*

Enrouement. — Aconit, carotte, chou, houblon, jujubier, navet, pommier, rave, sebeste, storax, velar.

Entorses. — Alcool, camphre, hièble, jusquiame, tanaisie, vigne (alcool, vinaigres).

Epidémies. — Ail, canne à sucre (rhum).

Epilepsie. Attaques nerveuses de courte durée, caractérisées par des convulsions violentes. Haut mal. Mal caduc. — Agaric du mélèze, alkékenge, armoise, angélique, asa fœtida, belladone, bryone, ciguës, coque du Levant, digitale, fève de Saint-Ignace, fraxinelle, gui, joubarbe (petite), millefeuille, oranger, œnanthe, pivoine, romarin, selin, stramoine, sureau, tilleul, valériane.

Epiphora. Ecoulement involontaire des larmes. *V. Larmoiement, Yeux larmoyants.* — Garou, mauve.

Epistatiques. Qui attirent les humeurs à la surface du corps. — Arum, droséra.

Epistaxis. Ecoulement du sang par les narines. *V. Saignement de nez.* — Agaric amadouvier, argentine, chêne, géranium, ortie, roseaux, serpolet, vigne (feuilles, vinaigre).

Epithème. *V. Topiques.* — Topique spécial. — Avoine, citrouille, rue.

Erections involontaires. — Plantain d'eau. — Erections douloureuses. — Houblon, lulupin.

Érésypèle ou érysipèle. Inflammation douloureuse, rougeur de la peau.— Aconit, alkékenge, cerfeuil, ciguës, froment (farine, amidon), groseillier, joubarbe, jusquiame, laitue, lycopode, mauve, pomme de terre, sureau, vigne (vin).

Éréthisme. État d'irritation dans les maladies.— Bouillon blanc, camomille, laitue (lactucarium).

Escarres (Pour faciliter la chute des). — Scordium.

Esquinancie. Difficulté de respirer, d'avaler. V. *Angine.*— Aspérule, figuier, guimauve.

Estomac. Plantes qui guérissent l'estomac, qui activent, augmentent le ton de l'action de cet organe. V. *Atonie, Aigreurs, Cancer, Gastralgie, Stomachiques, Crampes, Embarras gastriques, Gastrite, Ulcérations, etc.* — Absinthe, aloès, aurone, avoine, ananas, bétel, cacao, café de glands doux, cannelle, carvi, cassis, cerfeuil, cerisier, chicorée, citronnier, cochléaria, croisette, coriandre, centaurée, cumin, curcuma, galbanum, genévrier, gentiane, lichen d'Islande, menthe poivrée, moutardes, muscadier, orge, pavot, pissenlit, raifort, rhapontic, rhubarbe, rosier, romarin, safran, sassafras, sauge, saule, scille, scordium, serpolet, storax, sarriette, thé, thym, vigne (verjus, vin).

Étanchement de sang des coupures, plaies légères.—Agaric amadouvier.

Éternument. V. *Sternutatoires.*

Évulsion. Action de déraciner les cheveux, les poils.—Euphorbe.

Exanthèmes. Éruptions cutanées avec rougeurs à la peau. V. *Fièvre éruptive.* — Bardane, chèvrefeuille, ciguës, figuier, fraisier, froment (amidon), groseillier, hièble, hysope, mauve, persil, riz, roseaux, souci.

Exanthématique. Qui tient de l'exanthème.

Exhalation.— Bardane, euphorbe, menthes, oignon, serpolet, thym, zédoaire.

Exhilarant. Qui porte à la gaieté.— Chanvre (haschisch), cynoglosse, nard.

Excroissance de chair. V. *Condylome* à la Table des matières.

Exostose. Tumeur contre nature qui se forme sur le tissu osseux. — Asa-fœtida, daphné, garou.

Expectoration. Expulsion des matières contenues dans les voies respiratoires, les bronches.— Aunée, bourrache, cachou, capillaire, chicorée, cresson, galbanum, hysope, impératoire, menthe poivrée, pins (sève), scolopendre, thym, tussilage, véronique.

Exutoire. Ulcération artificielle pour entretenir la suppuration. — Garou, iris de Florence, lierre, mézéréon.

F

Faiblesse, débilité générale. *V. Atonie, Asthénie.* — Ginseng.

Faiblesse des enfants. *V. Bains.* — Saule blanc.

Farines d'alcée, d'avoine, d'orge, de graines de lin. *V. ces mots.*

Fébrifuges. Qui apaisent, guérissent la fièvre. — Absinthe, agaric du mélèze, ail, angusture, arnica, alkékenge, berle, bouleau, cachou, camomille, cannelle, carthame, cascarille, citronnier, copahu, coriandre, chêne, centaurée, concombre, digitale, frêne, gentiane, germandrée, groseillier, hêtre, lin, lichens, noisetier, panais cultivé, pareira-brava, pêcher, persil (apiol), piloselle, primevère, quinquinas, sebeste, sauge, simarouba, santoline, saule, scutellaire, souci, tanaisie, tulipier, tilleul, valériane.

Femmes épuisées. — Lichen d'Islande, simarouba, les fortifiants, vins généreux, médicamenteux.

Fièvre. Etat maladif caractérisé par l'élévation de la température du corps, l'accélération du pouls, etc. *V. Fébrifuges, Pyrexie, Scarlatine.*

Fièvres diverses : *Adynamique*, qui cause une faiblesse générale, la perte des forces. — Arnica, aunée, camomille, impératoire, pommier, sauge.

— *Ardente*, qui cause une grande chaleur interne. — Citrouille, oranger, bourrache, melon.

— *Bilieuse :* Fièvre où la bile semble prédominer. — Berberis, bourrache, chicorée, concombre, fraisier, groseillier, ipéca, oranger, prunier, pommier, vigne (verjus).

— *Continue*, qui affecte un trouble permanent. — Camomille, chiendent, groseillier, germandrée, orge.

— *Eruptive*, qui se manifeste par une sortie de boutons. *V. Scarlatine, Variole.* — Bourrache, ortie, pavot, violette.

— *Hectique :* Etat fiévreux habituel qui cause la perte de l'appétit, la diminution des forces. — Clématite, fraisier, orchis, vigne (raisin).

— *Inflammatoire*, qui produit l'inflammation, la rougeur de la face. — Berberis, bourrache, casse, fraisier, groseillier, joubarbe, oranger.

— *Intermittente*, qui revient à certaines périodes, par

intermittences. — Aconit, ache, ail, anémone, angélique, aneth, aristoloche, arum, arnica, asa-
fœtida, asaret, benoite, berberis, buis, camphrée,
cascarille, cochléaria, camomille, centaurée, chélidoine, chêne, citronnier, chicorée, chiendent,
drosera, ellébore noir, fenouil, fève de St-Ignace,
frêne, gentiane, germandrée, houblon, houx, impératoire, ipéca, marronnier d'Inde, oranger,
oseille, patience, pavot, pêcher, persil, phellandre,
pulsatile, quinquinas, quintefeuille, renoncules,
rue, romarin, santoline, saule, scordium, serpentaire, tanaisie, véronique, verveine, vigne (alcool,
vin).

Fièvre *Jaune* : Fièvre spéciale aux pays chauds. — Angusture, citronnier, jasmin, oranger.

— *Maligne*, qui présente un caractère très dangereux,
comme la fièvre typhoïde. — Arrête-bœuf, camphre, squine.

— *Muqueuse* : Formé de la fièvre typhoïde, qui a pour
cause l'inflammation des muqueuses. — Arnica,
berberis, bourrache, bryone, camomille, centaurée, chicorée, cochléaria, citronnier, germandrée,
ipéca, pommier, sauge, vigne (vinaigre), violette.

— *Pestilentielle* : Fièvre contagieuse qui a le caractère
de la peste. — Berberis, camphre, fraxinelle.

— *Pétéchiale*, qui se manifeste par la présence de taches rouges. — Ancolie, arnica, benoite, oseille.

— *Putride. V. Fièvre typhoïde* : Fièvre causée par la
corruption des humeurs. — Arnique, balsamier,
berberis, betterave, camphre, campêche, oseille,
simarouba.

— *Typhoïde* : Fièvre produite par l'introduction dans
l'économie de certains bacilles, caractérisée par
une fièvre continue et des lésions intestinales.
V. Fièvres continue, maligne, muqueuse, putride.
— Berberis, camomille, citronnier, épine-vinette,
digitale, moutardes, romarin, sauge, valériane,
vigne (vin, vinaigre).

— *Vernale et automnale*, qui revient par intermittences, mais tous les trois ou quatre jours, surtout au
printemps et à l'automne. — Angusture, camomille, coriandre, lierre.

Fissures a l'anus. *V. Anus.*

Flaccidité du scrotum, des organes génito-urinaires, des
seins, de la vulve. — Alchimille, laurier.

Flatuosités, Flatulences : Vents, gaz intestinaux. —

Anis étoilé, angélique, cannelle, carline, coriandre, froment (son), galbanum, impératoire, lavande, oranger, origan, persil, poivrier, les carminatifs, véronique.

FLEURS BLANCHES. *V. Leucorrhée.*

FLUX MENSTRUEL. *V. Menstrues.*

FLUXION : Gonflement du tissu cellulaire. — Plantain.

FOIE. *V. Hépatite, Coliques hépatiques, Inflammation, Engorgement du foie, Jaunisse, Ictère.* — Aigremoine, asaret, berberis, bourrache, boldo, cerfeuil, chiendent, croisette, eupatoire, euphorbe, fumeterre, genévrier, marrube, santoline, saponaire, séneçon.

FOLIE. *V. Maladie mentale, Manie, Vésanie.* — Belladone, coloquinte, datura, digitale, ellébore fétide, noir et blanc.

FOMENTATION : Application chaude d'un médicament liquide. — Acanthe, aigremoine, armoise, arrête-bœuf, bouillon-blanc, camomille (anthémise), jusquiame, mauve.

FONDANTS : Plantes qui ont la propriété de faire fondre, de résoudre les tumeurs. — Ache, aneth, bryone, gentiane, hysope, houblon.

FORCES ÉPUISÉES (Pour réparer les). *V. Roborant, Analeptique, Fortifiants.*

FORTIFIANTS. *V. Roborant, Analeptique, Femmes épuisées.* — Cresson, ginseng, lichen d'Islande, noyer, nigelle, orchis, quinquinas, serpolet, les toniques, les stomachiques.

FRISSONS. — Ache, aneth, tilleul.

FROID AUX PIEDS. — Bouleau.

FUMIGATION : Médicament appliqué sous forme de fumée, de vapeur de gaz. — Bétoine, genévrier, fumigations émollientes (plantes malvacées), fumigations excitantes (plantes aromatiques).

FURONCLE. — Les émollients, bouillon-blanc, brunelle, fenugrec, lin, lis blanc, mauve, morelle, oignon, poireau, pommier, sébeste, séneçon, sureau, vigne (alcool, vin).

G

GALE. *V. Psorique et Antipsorique.* — Aconit, actée, ail, anémone, aunée, aigremoine, bardane, ben, bouleau, bourdaine, caille-lait, carline, ciguës, chèvrefeuille, clématite, cresson, dentelaire, ellébore blanc, eupatoire, fève de St-Ignace, fumeterre, fusain, genévrier, hièble, laurier-rose, lierre, lupin, ményanthe, pensée sauvage, patience, pied-d'alouette, raisin d'Amérique, rosage, rue, sabine, scabieuse, scrofulaire, squine, staphisaigre, tabac, thym, véronique.

Ganglions : Glandes, renflements, nœuds qui se trouvent sur le trajet des nerfs, des vaisseaux lymphatiques. — Bardane, buplèvre, ciguës, cresson, mousse de Corse.

Gangrène. — Ail, alliaire, camphre, chêne, persil, persicaire, sabine, saule, scordium, scrofulaire, serpentaire.

Gargarismes. — Aigremoine, amome, ananas, arrête-bœuf, bistorte, bugle, chêne, chèvrefeuille, clématite, cresson, fraisier, framboisier, géranium, gnaphalium, grenadier, guimauve, hysope, joubarbe, lavande, mauve, néflier, persicaire, pervenche, ronce, sauge, troëne, vigne (verjus).

Gastralgie : Douleurs de l'estomac, embarras et irritations gastriques. *V. Cardialgie, Gastrite, Estomac, Gastrodynie.* — Aneth, anis étoilé, angélique, belladone, cerisier, cachou, coca, fraisier, prunier, tilleul, valériane, verveine, vigne (raisin).

Gastrite : Inflammation de l'estomac. *V. Gastralgie, Estomac.* — Alleluia, fenugrec, guimauve, groseillier, ipeca, lin, mauve, oranger, orge, oseille, tamarin, tilleul.

Gastrodynie. *V. Estomac.* — Douleur névralgique de l'estomac. — Serpolet.

Gencives. — Arec, arrête-bœuf, bistorte, cachou, cochléaria, chêne, citronnier, cresson, figuier, iris des marais, guimauve, lentisque, menthe poivrée, sang-dragon, sauge, vigne (verjus).

Gerçures des mains, des lèvres, des seins, des parties génitales. — Cacao, cameline, coignassier, fenugrec, géranium, peuplier, pommier, tanaisie, vigne (vinaigre).

Glandes : *V. Ganglions.*

Goître, gros cou. — Cynoglosse, fucus, varech, zostère.

Gonorrhée : *V. Blennorrhagie.*

Gorge (Ulcères, maux de la). *V. Aphtes.* — Arrête-bœuf, aigremoine, bugle, chêne, coquelicot, fraisier, framboisier (mûres), houblon, néflier, pommier, quintefeuille, ronce, les astringents.

Goutte : Maladie spéciale des petites articulations, jointures. *V. Antiarthritique, Podagre.* — Agaric du mélèze, agaric amadouvier, alkékenge, ail, aristoloche, asafœtida, asperge, armoise, arnique, ballote, bardane, belladone, bétoine, bruyère, buis, calaguala, cardamine, camphrée, casse, chélidoine, chêne, ciguës, clématite, colchique, coloquinte, consoude, ellébore, fumeterre, fraisier, frêne, gayac, genêt, germandrée, gratiole, gui, hièble, jusquiame, ményanthe, mercuriale, muscadier, marrube blanc, olivier, pavot, pins, primévère, rosage, roseaux, renoncules, safran, sassafras, sceau de Salomon, sureau, squine, tamarix, tanaisie, thym, vigne (raisin, marc).

Goutte sereine. *V. Amaurose.*

Gouttes amères de Baumé. — Fève de Saint-Ignace.

Gravelle. Sable, petits graviers qui se trouvent dans le dépôt des urines. *V. Litonthriptiques, Calculs.* — Ache, arrête-bœuf, asperge, giroflée, piloselle, primevère, persicaire, persil, pyrole, raifort sauvage, sureau, vigne (raisin), les diurétiques.

Grippe. *V. Catarrhe.* — Hysope, réglisse, serpolet.

Grossesse (Vomissement pendant la). — Cornouiller.

H

Haleine. — Plantes qui corrigent une mauvaise haleine ou qui donnent une bonne haleine : Anis, arec, cachou, citronnier, cubèbe, culilawan, iris de Florence, orange (écorce).

Hanche (Douleur à la) : *V. Ischialgie, Sciatique, Coxalgie, Points de côté.*

Hématémèse : Vomissement de sang provenant de l'estomac. — Belladone, coignassier, houblon, mauve.

Hématurie : Pissement de sang. — Asperge, bourse à pasteur, cachou, chervi, consoude, fraisier, géranium, pêcher, ronce.

Hémicranie : Douleur qui n'affecte qu'une partie de la tête. Migraine. — Poivrier, renoncule, valériane.

Hémipagie : Douleur persistante dans une moitié de la tête. — Primevère.

Hémiplégie : Paralysie d'une moitié du corps. — Sumac.

Hémoptysie : Crachement de sang. — Acanthe, asperge, bourse à pasteur, buis, centinode, chervi, framboisier (mûre), houblon, mauve, ortie, pervenche, prêle, pyrole, polygala, pins, sabine, sauge, scolopendre, serpolet.

Hémorrhagie : Écoulement du sang hors des vaisseaux qui doivent le contenir. *V. Hémorrhagies diverses, Epistaxis, Congestion pulmonaire.* — Aigremoine, argentine, bistorte, chêne (galle), consoude, cyprès, géranium, guimauve, ipéca, lin, ortie, orge, ratanhia, roseaux, sabine, sang-dragon, scolopendre, vigne (feuilles, raisin).

Hémorrhagie cérébrale. — Café.

Hémorrhagies utérines. — Chêne (écorce), ményanthe, ortie, sabine, simarouba, vigne (vin).

Hémorrhoïdes : Tumeurs généralement sanguinolentes qui se forment autour de l'anus. — Acanthe, ballote, belladone, beccabunga, brunelle, bouillon-blanc, chêne

(galle), cyprès, cacao, camomille, coignassier, colchique,
ellébore noir, joubarbe, joubarbe (petite), linaire, millefeuille, mauve, morelle, piment, plantain, peuplier,
pommier, renoncules, séneçon, sorbier, stramoine, sureau, vigne (vinaigre).

HÉMOSTATIQUE : Qui arrête les hémorrhagies. — Ratanhia,
seigle ergoté, thuya.

HÉPATITE : Inflammation du foie. Coliques hépatiques.
V. Foie. — Cerfeuil, citrouille, mauve, pissenlit, les
émollients, les sédatifs.

HERNIES : Tumeurs molles formées par la sortie partielle
ou totale de quelque viscère.— Croisette, herniaire, ricin,
tabac.

HERNIES DES ENFANTS. — Chêne.

HOMÉOPATHIE. — Plantes utilisées dans la médecine homéopathique : Aconit, anémone, arnique, ellébore blanc,
laurier-cerise, sabine.

HOQUET. — Anet, fenouil, gutte, menthe poivrée, valériane.

HUILES DIVERSES. —Huile de baume : balsamite. Huile de
croton : croton tyglium. Huile de cade : genévrier. Huile
de marmottes : rosage. Huile de castor et Huile de ricin :
ricin. Huile de santoline.

HUMEURS FROIDES. *V. Scrofules.*

HYDRAGOGUES.— Plantes qui ont la propriété de faire évacuer l'eau, la sérosité qui se trouvent dans le tissu cellulaire. Chardon-marie, genévrier, hièble, iris fétide,
sceau de Notre-Dame, sureau, soldanelle, les drastiques.

HYDROCÈLE : Tumeur due à l'accumulation d'eau, de sérosité dans les enveloppes des testicules. — Arrête-bœuf,
zostère.

HYDROSARCOCÈLE : Sarcocèle et hydrocèle réunies. Tumeur
des testicules. — Arrête-bœuf.

HYDROPHOBIE : Rage caractérisée par l'horreur de l'eau.
V. Rage.

HYDROPISIES : Accumulation d'eau, de sérosité dans le tissu
cellulaire, surtout dans l'abdomen. *V. Anasarque, Ascite,
Hydrothorax.* — Acanthe, ail, alkékenge, ananas, anis,
artichaut, asaret, belle-de-nuit, camelée, camphrée, cerfeuil, chardon-marie, clématite, citronnier, cochléaria,
colchique, coloquinte, douce-amère, digitale, drosera,
ellébore noir, eupatoire, frêne, gratiole, genêts, genè-
vrier, giroflée, gutte, hièble, houx (petit), iris fétide, iris
germanique, marrube, ményanthe, momordique, nerprun, ortie, persil, piloselle, polygala, prêle, pyrole,
reine des prés, roseaux, sassafras, serpentaire, solda-

nelle, scille, sureau, tamarix, tanaisie, vigne (crême de tartre), les diurétiques, les hydragogues.

HYDROTHORAX : Hydropisie de la poitrine. — Colchique, scille.

HYGROMA : Inflammation des bourses. — Cresson.

HYPNOTIQUE. — Pavot.

HYPOCONDRIE : Maladie qui rend morose, triste. — Asperge, botrys, camomille, caprier, galbanum, menthes, ményanthe, millefeuille, thé.

HYPOCONDRIAQUE : Qui est atteint d'hypocondrie.

HYSTÉRIE, HYSTÉRIQUES : Maladie nerveuse spéciale aux femmes. — Agaric du mélèze, angélique, armoise, asafœtida, asperge, ballote, botrys, camomille, cardamine, camphre, cataire, colchique, coriandre, daucus de Crète, galanga, galbanum, gui, impératoire, iris fétide, matricaire, menthes, millefeuille, millepertuis, oranger, pavot, peucédane, phellandre, romarin, safran, serpolet, selin, serpentaire, tanaisie, tilleul, thé, tulipier, valériane, vulvaire, vigne (raisin).

I.

ICTÈRE. V. Jaunisse.

IDIOSYNCRASIE : Ce qui est propre à chaque tempérament. — Asperge.

ILEUS : Obstruction, embarras de l'intestin. V. Volvulus. — Belladone, laitue, ricin, tabac, tamarinier.

IMPÉTIGO : Éruption de petites pustules sur la peau. — Berle.

INAPPÉTENCE : Défaut d'appétit. V. Apéritifs, Anorexie. — Chicorée, cresson, citronnier, houblon, impératoire, mélisse, menthe, muscadier, oranger, roseaux, zédoaire.

INCISIF : Qui agit avec force. — Bryone, cochléaria.

INCONTINENCE D'URINE. — Aconit, belladone, jusquiame, cubèbe, fève de Saint-Ignace, ortie, poivrier, seigle ergoté, sumac.

INDIGESTION. — Café, camomille, lavande, mélisse, oranger, thé, tilleul.

INDURATION : Durcissement d'un tissu. — Caprier, lupin.

INFLAMMATIONS DIVERSES. V. Intestins, Antiphlogistiques. — Avoine, cameline, guimauve, lin, mauve, pomme de terre (fécule), tilleul.

INJECTION. — Noyer (feuilles).

INSOMNIE. — Houblon, laitue (lactucarium), opium, pavot, phellandre.

INTERTRIGO : Inflammation causée par le frottement des

chairs chez les enfants et les personnes trop grasses. — Froment (amidon, farine), lycopode, pomme de terre (fécule), pommier, riz.

INTESTINS. *V. Atonie, Voies digestives, Inflammation des intestins, Irritations intestinales, Coliques.* — Chervi, coloquinte, froment (amidon), lin, menthes, oranger, pourpier, rhubarbe, saponaire, sauge, tanaisie, thym.

IPÉCACUANHA. — Asaret.

IRRITATIONS INTÉSTINALES. — Froment (son), orchis, riz, vigne (verjus), les émollients.

IRRITATIONS NERVEUSES. — Les antispasmodiques.

ISCHIALGIE : Douleur à la hanche. *V. Hanche.*

ISCHURIE : Difficulté d'uriner, rétention d'urine. *V. Strangurie, Dysurie.* — Alkékenge, arnique, arrête-bœuf, bardane, bussérole, citrouille, culilawan, impératoire, lin, mélilot, pareira-brava, plantain.

IVRESSE. *V. Table des matières.*

J

JALAP DU PÉROU : Belle-de-nuit.

JAUNISSE. *V. Ictère, Foie :* Maladie caractérisée par la coloration jaune de la peau. — Absinthe, alkékenge, ancolie, ananas, aspérule, bouillon-blanc, carotte, cerfeuil, chanvre, centaurée, chélidoine, cataire, curcuma, chardon-bénit, chardon-marie, chiendent, douce-amère, fume-terre, fraisier, genêts, germandrée, houx (petit), laitues, marrube, ményanthe, pareira-brava, persil, saponaire, séneçon, squine, véronique.

L

LACTUCARIUM : Laitue gigantesque, laitue vireuse, pavot.

LAIT DES NOURRICES. *V. Antilaiteux.* — Pour diminuer ou chasser sa sécrétion : Ache, airelle, aune, bouleau, bryone, camomille, cerfeuil, chou rouge, douce-amère, menthes, persil, pervenche, noyer, roseaux, sauge, séneçon, stramoine, les drastiques. — Pour augmenter, activer sa sécrétion : Aneth, anis, carvi, fenouil, galéga, pimprenelle, ricin, souchet.

LANGUE (Paralysie de la). — Camomille, pyrèthre, gargarisme avec infusion de thym, romarin, mélisse, benoîte, de chaque une pincée dans un litre de vin rouge, impératoire, lavande.

LARMOIEMENT. *V. Epiphora.*

LAVEMENTS. — Acanthe, armoise, berce, bouillon-blanc,

bryone, cachou, coignassier, fraisier, fenugrec, froment (amidon, son), guimauve, gratiole, houblon, lin, lis blanc, mauve, mélilot, mercuriale, olivier, pavot, riz, tabac, vigne (vin).

Laxatifs : Qui relâchent le ventre. — Botrys, casse, chou rouge, citrouille, concombre, fumeterre, groseillier, mercuriale, prunier, sebeste, seigle, tamarinier, vigne (raisin), violette.

Lèpre : Ulcères rongeants. — Clématite, figuier, fumeterre, ledon, patience, squine, les diaphorétiques.

Léthargie : Sommeil profond qui semble suspendre les phénomènes de la vie. — Coloquinte, moutarde, ortie, lavements de plantes drastiques.

Leucophlegmasie. Hydropisie générale. — Aristoloche, colchique, gayac, gentiane, scille, thym, valériane.

Leucorrhée : Fleurs blanches, flux, écoulement de couleur blanche, jaunâtre ou verdâtre, des parties génitales de la femme. — Aunée, ammi, anis, argentine, absinthe, alchimille, angélique, bistorte, bénoite, busserole, cannelle, ciguës, chardon-marie, chêne (écorce et galle), citronnier, cochléaria, coignassier, cumin, copahu, cubèbe, fenouil, fraxinelle, framboisier (mûres), gayac, grenadier, marrube, noyer (feuilles), ortie blanche, peuplier, pervenche, pyrole, ronce, rosier, séneçon, saponaire, sebeste, saule, seigle ergoté, tormentille, thym, vigne (vin).

Lienterie : Espèce de diarrhée dans laquelle les aliments sont rendus mal digérés. — Citronnier, menthes.

Liniment : Remède adoucissant. — Amandier, lin, lavande, menthes, nard.

Lipothymie : Privation momentanée du sentiment, du mouvement. — Vigne (verjus).

Lithiasie. *V. Lithontriptique* : Concrétions pierreuses qui se forment dans l'organisme, tumeurs dures sur les bords des paupières. — Frêne.

Lithontriptiques : Plantes qui auraient la vertu de dissoudre la pierre, les calculs, dans la vessie. — Arrête-bœuf, berle, bouleau, gremil, pareira-brava.

Lochies : Évacuations sanguinolentes qui sont les suites de l'accouchement ou vidanges. — Aristoloche.

Loupes : Grosseur enkystée sur la peau. — Ciguës, persil.

Lubrifiants : Qui facilitent le glissement, en parlant des intestins. — Cacao, coignassier, fenugrec, mauve, sagou.

Luette (Relâchement de la). — Grenadier, vigne (verjus).

Lumbago : Douleurs dans les lombes, les reins. — Thym, verveine, pins (térébenthine).

28*

LUXATION : Déplacement, déboîtement des os. — Alcool,
culilawan, consoude, houblon, lin, sauge.
LYMPHATIQUE : Tempérament mou. — Cresson, digitale,
menthe poivrée, noyer (feuilles), thym.
LYMPHATISME : État lymphatique.

M

MALADIES MENTALES. *V. Folie, Mélancolie, Manie, Vésanie*.
MALADIE DE LA PIERRE. *V. Calculs, Lithiasie, Lithontrip-
tique*.
MALADIES CUTANÉES. *V. Peau*.
MALADIE DE BRIGHT : Grave affection des reins. — Digitale,
gutte.
MAL DE MER. — Safran.
MAL DE TÊTE. *V. Céphalalgie, Céphalée, Hémicranie, Hémi-
pagie, Migraine*.
MANIE. — Belladone, coloquinte, digitale.
MASTURBATION. *V. Onanisme*.
MASTICATOIRE : Plante qui provoque la salive, en la mâ-
chant. — Amome, bétel, citronnier, cochléaria, côla,
cresson de Para, dentelaire, galanga, impératoire, len-
tisque, pyrèthre, roseaux.
MATRICE (Affections de la). *V. Utérus*. — Chêne (galle),
cacao (beurre).
MAUVAIS AIR. — Roseau aquatique, sucre.
MAUX DE GORGE. *V. Angine, Gorge*.
MÉDECINE ARABE. — Alcanna, amome, arachide, basilic,
busserole, centaurée étoilée, cyprès, doronic, euphorbes,
fenouil, frêne, lupin, piment, rue, scammonée, scille,
tamarinier.
MÉDICAMENTS (méthode Raspail). — Camphre.
MÉLANCOLIE. — Mélisse.
MÉLISSE : Absinthe.
MÉNORRHAGIE : Flux excessif des menstrues, pertes utérines.
— Acanthe, coignassier, noyer, ortie, pyrole, troëne,
les astringents.
MENSTRUES. *V. Flux menstruel, Règles, Aménorrhée,
Mennorrhagie, Emménagogues, Métrorrhagie, Dysménorrhée*. — Armoise, camomille, carline, camphrée, centaurée, chélidoine, cresson, doronic, dictame, douce-
amère, ellébore noir, fenouil, fougère femelle, fève de
Saint-Ignace, fraxinelle, germandrée, galbanum, impé-
ratoire, laurier, lys blanc, matricaire, mélisse, menthes,
millepertuis, oignon, ortie puante, peuplier, safran,

sauge, sassafras, scordium, sceau de Notre-Dame, thym, valériane.

MERCURE. Douleurs occasionnées par le mercure : coloquinte.

MÉSENTÈRE. Replis du péritoine : asaret.

MÉTASTASE. Déplacement d'une maladie : camphrée.

MÉTRORRHAGIE. Hémorrhagie provenant de la matrice, de l'utérus. Benoîte, cannelle, digitale, jusquiame, rue, sabine.

MIGRAINE. *V. Céphalée, Névralgie, Mal de tête.* — Basilic, camphre (eau sédative), jusquiame, mélisse, muguet, tulipier.

MOELLE ÉPINIÈRE. Noix vomique.

MONDIFICATIF. Qui nettoie, déterge une plaie. — Anacardier, ben, beccabunga, chêne.

MORPHINE. Pavot.

MORPIONS. *V. Poux pubis.* — Colchique, lavande, tabac.

MOULES VÉNÉNEUSES. Anis étoilé.

MOXA. Espèce de cautérisation : agaric amadouvier, armoise, bouillon blanc.

MUCILAGINEUX. Substance qui renferme des principes gommeux : Acanthe, alcée, baobab, balisier, dattier, figuier, fenugrec, guimauve, lichen d'Islande, mauve, lin, orchis, plantain, pulicaire, pulmonaire, sebeste.

MUGUET. Enduit blanchâtre qui se développe particulièrement sur les muqueuses de la bouche, du tube digestif : Joubarbe, sauge.

MUQUEUSES (Inflammation des). Membranes qui tapissent l'estomac, les intestins. *V. Fièvre muqueuse, Estomac, Intestins.* — Angélique, bétoine, bouillon blanc, cascarille, Cachou.

N

NAPELLINE. Aconit.

NARCOTIQUES. Plantes qui disposent au sommeil : Belladone, bouillon blanc, cinoglosse, iris fétide, ivraie, jusquiame, ladanier, laitues, ledon, pavot, souci, vigne (vin).

NÉPHRITES. Inflammations des reins : Ail, citrouille, figuier, géranium, groseillier, guimauve, impératoire, lin, mauve, mélilot, momordique, orchis, pareira brava, pavot, pêcher, peuplier, pommier, pariétaire, prêle, sebeste, stramoine.

NÉPHRÉTIQUES (Douleurs), qui proviennent de l'inflammation du rein. *V. Néphrite.*

NERFS. Maladies nerveuses. *V. Névrose, Névralgies.* —

Ambroisie, asa-fœtida, basilic, ballote, belladone, ciguës,
cannelle, citronnier, coca, coriandre, courbarille, douce-
amère, ellébore blanc et noir, fève de Saint-Ignace,
framboisier, groseillier, galanga, galbanum, laurier-
cerise, matricaire, melisse, menthe poivrée, menyanthe,
millefeuille, muscadier, noix vomique, œnanthe, oranger, orchis, pavot, pivoine, primevère, rosier, romarin,
sauge, sabine, selin, serpentaire, serpolet, stramoine, thé,
tilleul, thym, valériane, vigne (vin), violette.

NÉVRALGIES. Douleurs nerveuses qui affectent surtout la
tête, la face, etc. — Agaric amadouvier, armoise, aconit,
belladone, camphre, ciguës, croton, jasmins, jusquiame,
laurier, laurier-cerise, orge, passerage, pavot, pins (térébenthine), staphisaigre, stramoine, tilleul, valériane.

NÉVROSES. Maladies des nerfs. *V. Nerfs, Névralgies.*

NEZ PUNAIS. Nez qui donne une odeur infecte, puante.
V. Ozène : Aigremoine, cubèbe, rue.

NICOTINE. Tabac.

NUTRITIF. Qui nourrit, qui sert d'aliment. Orchis.

NYMPHOMANIE. Fureur utérine, désir insatiable de l'acte
vénérien chez la femme. *V. Antiaphrodisiaques.* —
Camphre, datura, gratiole, nenuphar, stramoine.

O

OBÉSITÉ. Fucus, varech, vigne (verjus, vinaigre).

OBSTRUCTIONS. Engorgements des viscères abdominaux,
obstructions intestinales, glanduleuses : Ache, arrête-
bœuf, ciguës, cyclame, centaurée, cerisier, camphrée,
caprier, cochléaria, cerfeuil, chêne, chélidoine, gentiane,
germandrée, menyanthe, persil, squine, vigne (raisin).

ODONTALGIE. Affections dentaires diverses. *V. Dents :* Cresson de Para, impératoire, rosage, staphisaigre.

ODORAT. (Perte de l') : Basilic.

ŒDÈME. Gonflement, infiltration aqueuse, séreuse, sous-
cutanée. *V. Hydropisie.* — Belle-de-nuit, chêne, cochléaria, persicaire, sauge, sureau.

ONANISME. Masturbation qui appartient aux deux sexes.
Pollution contre nature. — Digitale, houblon (lulupin),
orchis, serpolet.

ONGUENTS DIVERS. D'Arthanita : cylame ; populeum : jusquiame, peupliers ; extemporé : ail ; de Percy : bardane ;
cathérétique : dentelaire.

OPHTHALMIE. Affection de l'œil. *V. Yeux.* — Belladone,
céleri, cerfeuil, génévrier (huile de cade), guimauve,
jusquiame, laitue, linaire, noyer, persil, pied-d'alouette,

pulicaire, pommier, ricin, rosier, safran, souci, vigne (sève).

OREILLES. *V. Otalgie, Surdité.* — Garou, lis blanc, mauve, menyanthe, verveine.

ORGANES GÉNITAUX URINAIRES. *V. Flaccidité, Testicules, Utérus, Urêtre, Voies urinaires, Vagin, Verge.* — Ache, arrête-bœuf, alchimille, artichaut, ail, ananas, aunée, belladone, bananier, baumier du Pérou, capillaire, chènevis, cerfeuil, ciguës, centaurée, chardon-marie, cubèbe, douce-amère, digitale, fraisier, gratiole, grenadier, guimauve, galanga, hièble, houblon, laurier, lierre-terrestre, melon, myrte, orchis, ortie, pavot, ricin, thé.

ORGELET. Petite grosseur sur le bord des paupières : Joubarbe.

ORTHOPNÉE. Qui oblige à rester debout ou sur son séant pour respirer. Oppression. *V. Asthme.* — Botrys, tussilage.

OS. *V. Diastasie, Ostéocope, Carie des os, Exostose.*

OSTÉOCOPE. Maladie des os, douleurs ostéocopes : Anémone, mézéréon, noyer.

OTALGIE. *V. Oreilles.*

OZÈNE. *V. Nez punais.*

P

PALES COULEURS. *V. Chlorose.*

PALPITATIONS DU CŒUR. *V. Cœur.*

PANARIS. Mal d'aventure. Tumeur inflammatoire et aiguë qui vient généralement au bout des doigts. — Aubergine, bourse à pasteur, bouillon blanc, beccabunga, cassis, douce-amère, fenugrec, lin, lis blanc, mauve, morelle, oignon, sebeste, sceau de Salomon, tormentille, les émollients.

PANCRÉAS. Glande en forme de grappe, située dans l'abdomen entre le foie et la rate. — Ciguë, euphorbe.

PANDICULATION. Action de s'étendre, de s'allonger par suite de fatigue. — Botrys.

PARALYSIE. Privation, diminution considérable du mouvement volontaire. — Anémone, angélique, belladone, basilic, bruyère, coque du Levant, cochléaria, camelée, fève de Saint-Ignace, gui, laurier, mélisse, menthe poivrée, menyanthe, moutardes, noix vomique, œnanthe, ortie, pulsatile, storax, sumac, tabac, vigne (marc).

PARALYSIE DE LA LANGUE. *V. Langue.*

PARALYSIE AGITANTE. Tremblements de la tête, des bras, des jambes. — Seigle ergoté.

Paraphimosis. Phimosis. Maladie du prépuce tellement gonflé qu'on ne peut le rabattre sur le gland. — Belladone, jusquiame.

Paupières. (Inflammation des) : Safran.

Peau (Maladies de la). *V. Eczéma, Exanthèmes, Dartres, Gale.* — Asaret, bouleau, bourrache, bignone, bardane, belle-de-nuit, berle, chélidoine, ciguës, calament, camelée, camphre, cerfeuil, cochléaria, douce-amère, dentelaire, ellébores noir et fétide, eupatoire, euphorbes, fumeterre, froment (farine), garou, gayac, houblon, lupin, laurier-rose, lycopode, menyanthe, menthes, moutardes, passerage, pouliot, pommier, riz, saponaire, scabieuse, serpolet, sterculier, sureau, salsepareille, tabac, violette.

Périostose. Inflammation de la membrane enveloppant les os. — Mézéréon.

Péripneumonie. Inflammation des poumons. — Figuier, guimauve, laurier-cerise, mauve, scabieuse.

Péritonite. Inflammation du péritoine, c'est-à-dire de la membrane qui tapisse toutes les cavités des viscères abdominales. — Guimauve, mélilot, oranger, ricin, tamarin.

Pertes séminales. Benoîte, digitale, houblon (lulupin), seigle ergoté. — *V. Pollutions.*

Peste. *V. Typhus, Fièvre pestilentielle.* — Ail, balsamier, camphre, carline, galega, groseillier, oranger.

Petite vérole. *V. Variole.*

Phlegmasie. Maladie interne d'où résulte de la douleur, de la rougeur, du gonflement, de la chaleur, de l'inflammation et enfin de la fièvre. — Bourrache, chervi, chicorée, chiendent, citrouille, concombre, coquelicot, fraisier, figuier, guimauve, laitues, melon, polygala, sebeste, staphisaigre.

Phlogose. Inflammation sans tumeur. — Digitale, lycopode.

Phlegmons. Inflammations du tissu cellulaire se développant surtout au cou, au creux de l'aiselle. — Abcès. — Aubergine, balisier, citrouille, fenugrec, lin, mauve, morelle, oignon, pommier, les émollients, pomme de terre.

Phtisie. Lésions pulmonaires qui causent une consomption générale. — Arum, asperge, beccabunga, chêne (alcornoque), chervi, cyprès, chou, coca, digitale, douce-amère, jujubier, galéopsis, laurier-cerise, melon, orchis, phellandre, polygala, rosier, scabieuse, tussilage, véronique, vigne (raisin, vin).

Phtisique. Personne atteinte de phtisie.

PIEDS. *V. Sueurs, Transpiration.*

PIEDS RAMOLLIS par un travail dans l'eau. — Chêne (tan).

PIQÛRES d'abeilles, de guêpes, de frelons, d'insectes. — Cassis, olivier, pavot (suc), persil.

PISSEMENT DE SANG. *V. Hématurie.*

PITUITE. Vomissement glaireux. — Ail, camphrée, garance, hysope.

PLAIES. Absinthe, agaric amadouvier, angusture, anthyllide, bardane, bistorte, bouillon blanc, balsamite, bette, bugle, camomille, chêne, consoude, copahu, dictame, dentelaire, fenugrec, froment (pain), genévrier, guimauve, géranium, joubarbe (petite), laurier-cerise, lin, lierre, lis blanc, mauve, millepertuis, noyer, phellandre, pulmonaire, storax, scrofulaire, tilleul, thym, vigne (alcool, vin), véronique.

PLANTES VÉNÉNEUSES. Aconit, actée, argel, bryone, belladone, bouton d'or, ciguës, colchique, coque du Levant, cynoglosse, clématite, coloquinte, chélidoine, cerfeuil sauvage, douce-amère, digitale, élébores noir, blanc et fétide, fève de Saint-Ignace, jusquiame, laurier-cerise, laurier-rose, mandragore, mercuriale, mézéréon, morelle, noix vomique, œnanthe, pavot (opium), parisette, phellandre, renoncule, ricin, redoul, rosage, staphisaigre, stramoine, sumac, scille, tabac, thapsia.

PLEURÉSIE. Inflammation de la plèvre, membrane qui tapisse le poumon et la cage thoracique. — Avoine, buis, chardon-bénit, chardon-marie, centaurée (petite), coquelicot, digitale, douce-amère, figuier, guimauve, mauve, mélilot, scabieuse, sebeste, verveine.

PLEURÉTIQUE. Qui a rapport à la pleurésie.

PLEURODYNIE. *V. Point de côté.*

PLIQUE. Maladie du cuir chevelu. — Berce, lycopode.

PNEUMONIE. Inflammation du parenchyme ou tissu glandulaire des poumons. *V. Poumons.* — Arnique, bourrache, carragéen, chardon-bénit, digitale, laurier-cerise, mauve, scille.

PODAGRE. Goutte aux pieds: Jusquiame, ricin. *V. Goutte.*

POINT DE COTÉ. Douleur aiguë des parois thoraciques. — Avoine, chou rouge, ciguës, moutarde, verveine.

POISONS. *V. Plantes vénéneuses.*

POITRINE. POITRINAIRES. Maladies, affections de la poitrine. *V. Phtisie.* — Avoine, bardane, botrys, bouillon blanc, bryone, buglosse, capillaire, casse, camphrée, carragéen, cachou, dattier, doradille, galbanum, genévrier, germandrée, gnaphalium, hysope, jujubier, lichen d'Islande, ladanier, melon, oranger, pavot, pins, pista-

— 504 —

chier, polygala, pulmonaire, rave, sebeste, tussilage,
véronique, vigne (raisin), plantes pectorales, fruits pectoraux.

Poix de Bourgogne. Bardane, pins.

Pollutions nocturnes. *V. Pertes séminales.*

Polychrèste. Remède que l'on croyait efficace dans un
grand nombre de maladies. — Chèvrefeuille.

Polydipsie. Soif excessive, diabète non sucré. *V. Diabète.*
— Valériane.

Polypes du nez. Germandrée.

Porrigo. Espèce de teigne. — Coque du Levant.

Poudre du prince de la Mirandole. — Aristoloche, centaurée.

Poudre de la comtesse, poudre des jésuites. — Quinquinas.

Poumons. *V. Péripneumonie, Poitrine, Phtisie, Pneumonie.* — Aunée, ipéca, pommier, rosier.

Poux. Actée, angélique, azédarach, berce, coque du Levant,
cynoglosse, ellébore blanc, lavande, menyanthe, pied-
d'alouette, rosage, rue, staphisaigre.

Poux-Pubis. *V. Morpions.*

Priapisme. Erection fréquente de la verge sans désir vénérien. *V. Satyriasis.* — Camphre, les antispasmodiques,
les narcotiques.

Prurigo. Démangeaison violente produite par une maladie
de la peau. — Bouillon blanc, ellébore, froment (amidon), tabac.

Prurit. Démangeaison vive. Prurit de l'extrémité du
gland, de la vulve. — Véronique.

Psorique. Qui est de la nature de la gale. *V. Gale.* —
Antipsorique.

Pupille. (Dilatation de la). — Belladone, morelle, stramoine.

Purgatifs. *V. Cathartiques, Drastiques, Laxatifs.* Actée,
asaret, aloès, anagyre, arguel, agaric du mélèze, berbéris, belle de nuit, bétoine, bourdaine, buis, baguenaudier, bryone, camelée, chèvrefeuille des buissons,
cascara-sagrada, casse, chélidoine, chicorée, clématite,
coloquinte, croton, cyclame, digitale, dentelaire, ellébore noir, blanc et fétide, eupatoire, épine-vinette,
euphorbes, églantier, froment (son et pain), fusain,
frêne, fumeterre, globulaire, garou, gratiole, gui, gutte,
genêts, hêtre, hièble, houx, ipéca, iris divers, jalap, joubarbe (petite), laser, lierre, lin purgatif, liseron, laurier-
cerise, moutardes, muguet, mercuriale, mézéréon, narcisse, nerprun, olivier, parisette, pigamon, pêcher, poly-

galas, polypode, rhapontic, ricin, rhubarbe, raisin d'Amérique, renoncules, rosier, salsepareille, scabieuse, sceau de Notre-Dame, selin, soldanelle, scammonée, séné, scrofulaire, séneçon, serpentaire, sureau, thapsia, violette, vigne (vin doux).

Pyrexie. Etat fiévreux. *V. Fièvres.* — Groseillier.

Q

Quinine. Quinquinas.

Quinquinas (Plantes qu'on peut substituer aux). — Angusture, bouleau, benoîte, camomille, chêne, gentiane, lichens, marronnier d'Inde, oranger.

Quinquina des pauvres. Arnique, gentiane.

Quinquina français ou indigène. Aunée, chêne, tulipier.

Quinquina d'Europe. Frêne.

R

Rachitisme. Etat anormal, altération générale de la santé. *V. Scrofules.* — Chêne, cresson, fougère mâle, gentiane, houblon, noyer, romarin, serpolet, trèfle d'eau, vigne (lie de vin).

Rafraichissants. *V. Soif.* — Absinthe, café, cassis, chicorée, citronnier, grenadier, groseillier, houblon (bière), laitue, melon, oseille, oranger, orge, pissenlit, prunier, tamarin, vigne (vin, vinaigre), les acidules.

Rage. *V. Hydrophobie.* — Ail, belladone, églantier, lycopode, plantain d'eau.

Rate (Engorgements de la). — Asaret, berbéris, caprier, doradille, eupatoire, germandrée, pissenlit, santoline, squine.

Rectum (Chute du). — Cyprès, grenadier.

Règles. Flux menstruel. *V. Aménorrhée, Emménagogues, Ménorrhée, Dysménorrhée, Menstrues.*

Reins (Affections, maladies des). *V. Néphrite.* Maladie de Bright. — Alkékenge, arrête-bœuf, casse, citrouille, gremil, herniaire, orchis.

Relachants. Qui relâchent le ventre, comme les pruneaux. Opposé de constipation. — Guimauve, lin, mauve, olivier, prunier, vigne (raisin).

Relachement du scrotum, des seins, de la vulve, etc. *V. Flaccidité.*

Rétention d'urine. *V. Ischurie.*

Résolutifs. Plantes qui ramènent à l'état normal, qui

déterminent la résolution des tumeurs. — Ache, ail, arnique, avoine, agnus-castus, anthyllide, caprier, chanvre, chicorée, cumin, dictame, fenouil, guimauve, hysope, lupin, matricaire, menthes, pariétaire, renoncules, sauge.

Révulsifs. Synonyme de rubéfiants.

Rhubarbe des pauvres, des paysans. — Bourdaine, euphorbe, pigamon.

Rhumatismes. *V. Arthrite, Goutte, Douleurs des muscles, des articulations, des jointures.* — Aconit, agarics, armoise, anémone, arnique, artichaut, aneth, avoine, bardane, belle de nuit, bouleau, buis, bruyère, bryone, ciguës, carline, casse, cacao, calament, calaguala, camphrée, chanvre, clématite, coca, céleri, cochléaria, coloquinte, colchique, croton, douce-amère, ellébore, frêne, froment (son), garou, gayac, genévrier, genêts, hieble, houx, hysope, if, jasmins, jusquiame, laurier, mélilot, ményanthe, millefeuille, olivier, origan, ortie, peupliers, primevère, pulsatile, pavot, pins, raisin d'Amérique, renoncules, romarin, roseaux, sassafras salsepareille, sauge, stramoine, sureau, thé, thym, vigne (marc), vulvaire.

Rhume de cerveau. *V. Coryza.*

Rhume de poitrine. Affection qui cause de la toux. *V. Poitrine, Toux.* — Capillaire, cynoglosse, dattier, froment (son), hysope, polypode, réglisse, roseaux, tussilage, véronique.

Roborants. Qui donnent des forces. *V. Fortifiants, Toniques, Analeptiques, Stomachiques.* — Coriandre, fumeterre.

Rougeole. Maladie caractérisée par des petites taches rouges sur une grande partie du corps. — Aconit, ancolie, bardane, bourrache, busserole, figuier, groseillier, mauve, sureau, violette.

Rubéfiants. Plantes qui produisent de l'inflammation, de la rougeur, la rubéfaction de la peau. *V. Révulsifs, Corrosifs.* — Arum, bryone, camelée, ellébore noir, garou, ipéca, moutardes, piment, persicaire, raifort, renoncules, rue, thapsia.

S

Saignement de nez. *V. Epistaxis.* — Hémorrhagie nasale.

Salive. *V. Masticatoire, Sialagogue.*

Saleps. De Perse : orchis ; des Indes : galanga.

Salsépareille (Falsification, succédanés de la). — Laiche, lobélie.

Sang. (Pour arrêter l'écoulement du). V. *Epistaxis, Hémorrhagies.*

Sang (Pour purifier le). V. *Dépuratifs.*

Sang (Pour augmenter la circulation du). V. *Circulation.*

Sang (Pour rafraîchir le). — Berberis, Bouillon-blanc.

Santonine. V. *Semen-contra.*

Sapinette ou bière antiscorbutique. Pins.

Sarcocèle. Excroissance de chair qui s'engendre autour du testicule. V. *Hydrosarcocèle, Hydrocèle.*

Satyriasis. Violents désirs vénériens. V. *Priapisme, Antispasmodiques, Antiaphrodisiaques, Narcotiques.*

Scarlatine Maladie générale, fièvre causée par une angine spéciale, une rougeur très vive de la peau. — Belladone, bourrache, figuier, mauve, sureau, violette, vigne (vin).

Sciatique. Douleur très vive à la hanche. V. *Hanche.* — Aconit, aneth, anémone, asa-fœtida, asaret, aunée, ciguës, coloquinte, gayac, jusquiame, jasmins, moutardes, pins, (térébenthine), rosage, squine, stramoine, vigne (marc).

Scorbut. Maladie qui corrompt la masse du sang, qui produit des ulcères, en affectant tout l'organisme. V. *Antiscorbutiques.* — Aché, ail airelle, alliaire, ancolie, arrête-bœuf, arum, avoine, barbarée, ben, beccabunga, berle, berberis, betterave, bistorte, cachou, cochléaria, chèvrefeuille, capucine, chou, chou (colza, choucroûte), citronnier, cresson, cardamine, fumeterre, gentiane, groseillier, germandrée, houblon, joubarbe (petite), ményanthe, marrube, moutardes, navet, néflier, oignon, orge, oranger, oseille, oxalide, passerage, patience, pins, pomme de terre, pommier, pourpier, pissenlit, raifort, roquette, rave, sauge, salicorne, sang-dragon, sorbiers, vigne (vin).

Scrofules. Dégénérescences, tumeurs qui affectent le cou, les aisselles. V. *Ecrouelles, Humeurs froides.* — Aunée, ail, asclépiade, bardane, bignone, bouleau, belladone, carotte, camomille puante, capucine, clématite, chélidoine, chêne, cochléaria, cyclame, cynoglosse, citronnier, cresson, digitale, frêne, fucus, fumeterre, garou, genêts, gentiane, germandrée, gayac, houblon, houx (petit), iris fétide, marrube, ményanthe, noyer, œnanthe, passerage, roquette, romarin, sauge, scrofulaire, souci, serpolet, simarouba, tanaisie, thym, tussilage, varech, zostère.

Scrotum. Enveloppe du testicule. *V. Flaccidité du scrotum.*

Sédatifs. Qui calment les douleurs. — Asa-fœtida, camphre, cynoglosse, galbanum, jusquiame, laurier-cerise, mélisse, morelle, mélilot, pavot, primevère, safran.

Seins (Crevasses, inflammations, fissures, gerçures des) *V. Flaccidité, Engorgements.* — Benjoin, cacao (beurre), consoude, coignassier, chou rouge, ciguës, cumin, douce amère, froment (amidon), géranium, joubarbe, jusquiame, morelle, peuplier, persil, ratanhia, storax.

Semen-contra indigène. Absinthe, armoise.

Sénés divers. Séné de la Palthe ou d'Egypte : arguel ; Séné des Provençaux : globulaire.

Sensibilité. — Ortic.

Sérosités nasales. — Baguenaudier, iris des marais, iris germanique, marronnier d'Inde, tabac. *V. Sternutatoires.*

Serpents (Morsures, piqûres des). *V. Anguicide.*

Sevrage. — Coloquinte.

Sialagogues. Plantes qui provoquent la salivation. *V. Masticatoires.* — Asaret, bident, cataire, cresson, cochléaria, digitale, ellébore blanc, galanga, iris germanique, pyrèthre, raifort, staphisaigre.

Sinapismes (Pour remplacer les). — Alliaire, anémone, chou noir, moutardes, persicaire, pulsatille, rue.

Sirops. De nymphœa : nénuphar ; diacode : caroubier ; de chicorée composé: rhubarbe ; de longue vie : mercuriale ; de sève de Pin.

Soif. *V. Rafraîchissants.* — Café, chiendent, citronnier, groseillier, grenadier, houblon, laitue, melon, oranger, orge (bière), réglisse, tamarinier, vigne (raisin, vinaigre), les acidules.

Sommeil, Soporifiques. Substances qui procurent du sommeil, le provoquent. Coquelicot, gentiane, jusquiame, laitue, oranger (fleurs), pavot (opium, laudanum), primevère, valériane, tabac, vigne (alcool, vin).

Somnolence. Café.

Spasmes. Spasmes divers, maux de nerfs, contractions musculaires involontaires. *V. Antispasmodiques.* — Asafœtida, botrys, belladone, bouillon blanc, cardamine, ciguës, douce-amère, galbanum, iris fétide, lis blanc, laurier-cerise, lavande, matricaire, menthe poivrée, ményanthe, millefeuille, oranger, origan, pavot, pivoine, safran, sassafras, tanaisie, tilleul.

Splénique. Qui appartient à la rate. *V. Rate.*

Squirrhes. Tumeurs dures qui se forment dans certaines

parties du corps. — Aconit, belladone, ciguës, croisette, fucus, garou, lis blanc, persil.

Stérilité. Ache, ammi, lathrée, pêcher, staphisaigre.

Sternutatoires. Plantes qui provoquent l'éternuement, la sortie des mucosités du nez. *V. Apoplegmatique.* — Anémone, arnique, asaret, bétoine, betterave, basilic, cochléaria, curcuma, ellébore noir et blanc, germandrée, iris divers, jalap, laurier rose, lavande, marronnier d'Inde, muguet, pulsatille, pyrèthre, renoncules, tabac.

Stimulants. Qui stimulent, excitent, éveillent. — Anis, aurone, amome, anémone, angélique, aunée, avoine, astragale, belladone, basilic, camomille, chicorée, cochléaria, costus, cresson, capucine, cumin, daucus de Crète, germandrée, lentisque, myrte, persil, passerage, poivrier, rue, sabine, santoline, tanaisie, thé, vigne (vin, alcool).

Stomachiques. Qui fortifient, donnent du ton à l'estomac. *V. Estomac.* — Ambroisie, ammi, aunée, cacao, café, cannelle, carvi, cerfeuil, cerisier, chicorée, coriandre, cumin, cyprès, fenouil, gayac, genévrier houblon, hysope, ladanier, laurier, lavande, menthes, mélilot, matricaire, mélisse, nard, noyer (brou de noix), origan, oranger (feuilles, écorce), rhubarbe, roquette, romarin, sassafras, simarouba, souchet, santoline, sauge, tanaisie, verveine.

Strangurie. Grande difficulté d'uriner. *V. Ischurie, Rétention d'urine.* — Astragale, busserolle, camphre, chervi, guimauve, lin, olivier, pavot, pariétaire, pommier, pourpier, rosier, sebeste.

Strychine. Fève de Saint-Ignace, noix vomique.

Sucre de foie ou Sucre de diabète. Sucre.

Sudorifiques. Plantes qui provoquent la sueur, facilitent la transpiration. *V. Diaphorétique.* — Aurone, astragale, bourrache, balsamier, bouleau, buis, bignone, buglosse, bardane, caille-lait, capillaire, citronnier, calaguala, camphre, chèvrefeuille, cumin, chicorée, clématite, cresson, douce-amère, eupatoire, gayac, genévrier, hyssope, oranger (feuilles, fleurs), parisette, persil, polygala, peuplier, scabieuse, sassafras, sauge, safran, scrofulaire, salsepareille, souci, sureau, squine, tabac, tanaisie, thé, tilleul, valériane, véronique, vigne (vin).

Sueurs colliquatives. Sueurs abondantes qui ramollissent les chairs. *V. Diaphorèse.* — Clématite.

Sueurs nocturnes. Agaric de mélèze, sauge.

Sueurs des phtisiques. Agaric blanc, jusquiame, sauge.

Sueurs des pieds. Amandes amères, agaric amadouvier, alcanna, bouleau.

SUFFOCATIONS. Pareira brava.

SULFATE DE QUININE. Remplacé par l'écorce du Pommier.

SUPPOSITOIRE. Médicament introduit dans le rectum pour favoriser l'évacuation. — Cacao, mercuriale.

SURDITÉ. Aconit, cumin, garou, mercuriale, oignon, rue.

SYNCOPE. Défaillance, pamoison. — Camphre, mélisse, menthes, romarin, serpolet, les antispasmodiques.

SYPHILIS. *V. Vérole, Exostoses.* — Maladie grave produite à la suite de l'acte vénérien avec une femme qui la transmet à l'homme ou l'homme à la femme, par un virus syphilitique. Mal français, mal napolitain, mal des Allemands, des Turcs, des Polonais, du saint homme Job, etc., etc. — Aconit, anémone, asclépiade, astragale, arrête-bœuf, asa-fœtida, bardane, ben, bignone, bryone, bouleau, buis, clématite, calaguala, chèvrefeuille, ciguës, citronnier, colchique, douce-amère, frêne, garou, gayac, genévrier, gratiole, lobélie, mézéréon, pulsatile, sassafras, salsepareille, saponaire, squine, les sudorifiques.

T

TÆNIA. Ver solitaire. *V. Vermifuge.* — Ansérine, belle de nuit, citrouille (semences), ciguës, copahu, cousso, croton, ellébore blanc, fougères, framboisier (mûrier), grenadier, matricaire, romarin, santoline, tanaisie, vernis du Japon, vigne (crème de tartre).

TEIGNE. Ballote, bette, coque du Levant, ciguës, cresson, dentelaire, euphorbe, ellébore blanc, gutte, garou, joubarbe (petite), ményanthe, noyer, patience, pensée sauvage, raisin d'Amérique, scabieuse, sureau, tabac, tussilage.

TEMPÉRAMENT BILIEUX. Absinthe, chicorée, melon, oignon, pourpier, sebeste, vigne (raisin).

TEMPÉRAMENT LYMPHATIQUE. *V. Lymphatique.*

TEMPÉRAMENT SANGUIN. Absinthe, sebeste, vigne (raisin).

TENESME. Besoin d'aller à la selle, avec difficulté d'évacuer. — Bouillon-blanc, chervi, orchis.

TESTICULES (Tumeurs, Rétraction des). *V. Organes génito-urinaires, Scrotum.* — Cumin, plantain d'eau.

TÉTANOS. Convulsions d'un grand nombre de muscles et quelquefois de tous les muscles volontaires. — Belladone, ciguës, datura, lobélie, tabac.

THÉ. Plantes qui peuvent le remplacer ; sa sophistication. — Airelle, cascarille, coca, fraxinelle, mélisse, origan, polygala, pyrole, reine des prés, sauge, scabieuse, véronique.

Tʜé ᴅ'Eꜱᴘᴀɢɴᴇ, ᴅᴜ Mᴇxɪqᴜᴇ. Botrys (ansérine).

Tʜéʀɪᴀqᴜᴇ ᴅᴜ ꜰᴏɪᴇ. Rhubarbe.

Tʜéʀɪᴀqᴜᴇ ᴅᴇꜱ ᴘᴀʏꜱᴀɴꜱ, ᴅᴜ ᴘᴀᴜᴠʀᴇ. Ail.

Tʜéʀɪᴀqᴜᴇ ᴅ'Aɴɢʟᴇᴛᴇʀʀᴇ. Germandrée.

Tʜéʀɪᴀqᴜᴇ ᴅᴇꜱ Aʟʟᴇᴍᴀɴᴅꜱ. Genièvre.

Tʜéʀɪᴀqᴜᴇ. Balsamier.

Tɪᴄꜱ ᴅᴏᴜʟᴏᴜʀᴇᴜx. Ciguës, jusquiame, pins (térébenthine), staphisaigre.

Tɪꜱᴀɴᴇꜱ de dextrine. Froment (dextrine); d'Absinthe, de Baobab.

Tᴏɴɪqᴜᴇꜱ. Plantes qui fortifient l'action des organes, leur donnent du ton. — Absinthe, amome, angusture, aunée, basilic, bistorte, cachou, café, cascarille, cochléaria, cumin, cyprès, croisette, centaurée, citronnier, eupatoire, fumeterre, gentiane, galanga, garance, genévrier, germandrée, galbanum, ginseng, hysope, houblon, laurier, lentisque, matricaire, mélisse, menthe poivrée, millefeuille, ményanthe, nard, noyer, olivier, oranger, origan, polygala, quinquinas, rhubarbe, sauge, simarouba, serpolet, tamarix, tanaisie, thé, vins de liqueur, zédoaire.

Tᴏᴘɪqᴜᴇꜱ. Médicaments qu'on applique à l'extérieur sur la partie malade. *V. Epithème.* — Ail, alcanna, bardane, bette, bouleau (aune), carotte, casse, citrouille, céleri, chêne, ciguës, coignassier, colchique, cynoglosse, dentelaire, fenouil, lycopode, mercuriale, mélilot, olivier, pimprenelle, pomme de terre, pins (poix de Bourgogne), santoline, thapsia, tussilage, thuya.

Tᴏʀᴛɪᴄᴏʟɪꜱ. Douleur qu'on éprouve en tournant le cou, ce qui le fait porter de travers. — Origan.

Tᴏᴜx. Mouvement convulsif et bruyant de la poitrine, de la gorge, en rendant l'air aspiré. *V. Rhume de poitrine.* — Ail, airelle, ancolie, avoine, amandier, aunée, belladone, bouillon-blanc, carotte, cachou, capillaire, carragéen, ciguës, coquelicot, chou, caroubier, cynoglosse, dattier, figuier, frêne, froment (son), galbanum, garance, grindellia, guimauve, houblon, jujubier, jasmins, laitues, lierre terrestre, laurier-cerise, menthes, navet, olivier, oranger, pavot (lactucarium), pistachier, phellandre, pommier, polypode, pivoine, rave, réglisse, serpolet, safran, scille, scolopendre, sebeste, tilleul, tussilage, vélar, véronique, les béchiques.

Tʀᴀɴᴄʜéᴇꜱ. Douleurs, coliques du ventre et des entrailles. *V. Coliques, Diarrhées, Dysenterie, Lienterie.*

Tʀᴀɴꜱᴘɪʀᴀᴛɪᴏɴ. *V. Diaphorétique, Sueurs, Sueurs des pieds.* — Bétel, bourrache, framboisier, genévrier, hièble, menthe poivrée, oignon, pavot, romarin, safran, sassafras, salsepareille, scolopendre, scordium, serpolet, sureau, thé, zédoaire.

TREMBLEMENTS NERVEUX. *V. Delirium tremens, Chorée, Paralysie agitante, Ataxie locomotrice.* — Squine.

TUMEURS. Ail, aconit, anagyre, arnique, bardane, balisier, belladone, ben, buplèvre, camomille, ciguës, cassis, chanvre, carotte, cresson, citrouille, douce-amère, fenugrec, fenouil, figuier, gui, guimauve, hièble, lis blanc, lupin, mauve, menthe poivrée, oignon, origan, phellandre, persil, poireau, rosier, sauge, sebeste, souci, sureau, stramoine, vigne (verjus).

TYMPANITE. Tension, gonflement de l'abdomen, causés par l'accumulation de gaz dans l'estomac ou les intestins. — Cumin, menthe poivrée. valériane, les carminatifs.

TYPHUS. Maladie spéciale contagieuse, comme la peste, les fièvres des hôpitaux, des camps, des prisons, typhoïdes, adynamiques, jaunes, muqueuses. — Ail, betterave, camphre, camomille, canne à sucre (rhum), citronnier, groseillier, oranger, romarin, sauge, tamarin, valériane, vigne (alcool, vin, vinaigre).

U

ULCÉRATIONS DE LA BOUCHE. Citronnier. — *V. Aphtes, Angine.*

ULCÉRATIONS DE L'ESTOMAC. *V. Estomac, Atonie de l'estomac.*

ULCÉRATIONS DE LA PEAU. Bouillon-blanc, clématite, renoncules. *V. Peau.*

ULCÈRES DIVERS. Aigremoine, amandier, alchimille, alcanna, aristoloche, absinthe, ache, alliaire, anacardier, arrête-bœuf, arum, asclépiade, bardane, beccabunga, bette, bouillon-blanc, baumier du Pérou, chêne, ciguës, chou rouge, clématite, cochléaria, chardon-bénit, camphre, carotte, dentelaire, douce-amère, dictame, euphorbe, fraisier, genévrier, guimauve, impératoire, iris de Florence, joubarbe, joubarbe (petite), laurier, laurier-cerise, lierre, lycopode, mauve, menthe poivrée, mézéréon, millepertuis, noyer, pêcher, persil, persicaire, peupliers, patience, phellandre, rosage, sabine, saule, scordium, souci, scrofulaire, storax, sang-dragon, scabieuse, thym, véronique.

URÈTRE. Canal urinaire chez l'homme, la femme. — Ratanhia, scille.

URÉTHRITE. Inflammation de l'urètre. *V. Blennorrhagie.*

URINES (Sécrétion des). *V. Diurétiques, Diurèse.*
URINER (Difficulté d'). *V. Stranqurie.*
UROPOÉTIQUE. Qui concerne l'urine. — Asperge.
URTICAIRE. Plaques blanches ou rosées, avec démangeaisons, avec ou sans fièvre, qui apparaissent sur la peau, semblables à celles que produisent les piqûres d'ortie. — Aconit, les émollients.
URTICATION. Ortie.
UTÉRUS ou MATRICE. Organe de la conception. — *V. Organes génito-urinaires.* — Aunée, cataire, ciguës, cyprès, impératoire, ladanier, lis blanc, matricaire, mélilot, menthe poivrée, ményanthe, romarin, ratanhia, sabine, sauge, sureau, thym, vanille, vulvaire.

V

VAGIN. Canal membraneux chez la femme, entre la vessie et le rectum. Relâchement, catarrhe du vagin. *V. Organes génito-urinaires.* — Cacao, grenadier, ratanhia.
VAPEURS. Troubles de l'esprit. — Lavande.
VARICE. Tumeur formée par le relâchement des parois d'une veine dilatoire. — Bardane.
VARICOCÈLE. Tumeur formée par la dilatation des veines du testicule. — Ratanhia.
VARIOLE. Petite vérole. Maladie contagieuse caractérisée par une éruption générale de pustules sur la peau. — Ancolie, bourrache, camphre, groseillier, figuier, mauve, persil, sureau, vigne (alcool).
VENTS. Gaz contenus dans le corps de l'homme. *V. Carminatifs.*
VERGE. Membre viril. Organe de la copulation chez l'homme. *V. Organes génito-urinaires.*
VERMINE. *V. Poux.* — Aloès, berce, pied-d'alouette.
VÉROLE. *V. Syphilis.*
VÉROLE (PETITE). *V. Variole.*
VER SOLITAIRE. *V. Tænia.*
VERMIFUGES. *V. Anthelmintique.* — Ail, agripaume, ambroisie, azédarach, asa-fœtida, aloès, armoise, aurone, asaret, absinthe, ansérine, ballote, balsamite, belle de nuit, bouleau, bourdaine, cartame, crithme, centaurée, centaurée (petite), chélidoine, ciguës, citronnier, citrouille (semences), coloquinte, cousso, ellébores, fumeterre, fraxinelle, fougère mâle, fève de Saint-Ignace, galéga, gentiane, germandrée, gratiole, gutte, grenadier, houblon, hysope, liseron, lin, ményanthe, mousse de Corse, mercuriale, millepertuis, momordique, mou-

29*

tardes, noix vomique, nerprun, noyer, olivier, pêcher, poivrier, rhubarbe, ricin, rue, sabine, sariette, semen-contra, séneçon, santoline, saule, scordium, simarouba, staphisaigre, tabac, tanaisie, valériane, vernis du Japon, vigne (crème de tartre).

Verrue. *V. Table des matières.*

Vertiges. Euphraise, lavande, mélisse, muguet, poivrier, roseau aquatique, romarin, souci, tanaisie.

Vésanie. *V, Folie, Mélancolie, Manie.*

Vésicatoires, Vésicants. Qui déterminent des ampoules, le soulèvement de l'épiderme. — Anémone, bette, ca-melée, clématite, chou rouge, dentelaire, ellébore noir, euphorbe, froment (amidon), garou, pulsatile, renoncules, saxifrage.

Vessie. *V. Catarrhe de la Vessie, Cystite.* — Ail, alké-kenge, arrête-bœuf, arbousier, busserole, casse, culi-lawan, copahu, doradille, figuier, genévrier, guimauve, herniaire, lin, mauve, œnanthe, orchis, oranger, scille, sebeste, squine.

Vidanges. *V. Lochies.*

Vin de Palladius. Grenadier.

Vin de quinquina. Absinthe.

Virginité factice. *V. Table des matières.*

Voies digestives. *V. Atonie, Intestins.*

Voies urinaires. *V. Organes génito-urinaires.*

Volvulus. *V. Ileus.*

Vomissement de sang. *V. Hematémèse.*

Vomissements, Vomitifs. Plantes qui provoquent le vo-missement, Émétiques — Asclépiade, bétoine, bourdaine, chèvrefeuille, chélidoine, cytise, digitale, dentelaire, euphorbe, ellébore noir et blanc, frêne, genêts, gratiole, hièble, houx, ipéca, joubarbe (petite), lycopode, muguet, narcisse, nerprun, pensée sauvage, polygala, parisette, renoncules, sceau de Salomon, scrofulaire, staphisaigre, sureau, valériane, violette (racine), tabac.

Vomissement. Plantes qui arrêtent, calment (le). — Aneth, armoise, belladone, cascarille, coignassier, cannelle, coca, fenouil, garance, laurier-cerise, menthe poivrée, muscadier, oseille, pavot (opium), polygala, romarin, safran, sauge, tilleul, vigne (alcool, vin de Champagne).

Vulnéraire. Qui guérit les plaies, les blessures. *V. Plaies.* — Absinthe, agaric de mélèze, alchimille, anthyllide, agnus castus, azédarach, argentine, arnique, bardane, ballote, benoîte, brunelle, buplèvre, centaurée, centi-node, cyprès, conyze, dictame, géranium, lavande, lierre terrestre, mélisse, millefeuille, millepertuis, pervenche,

peupliers, pimprenelle, phellandre, pyrole, quintefeuille, sang-dragon, sauge, sanicle, storax, thalictron,
véronique.

VULVE (Relâchement de la). *V. Flaccidité; Vulvaire.*

VULVAIRE. Qui appartient à la vulve. — Botrys.

Y

YEUX LARMOYANTS. *V. Larmoiement, Epiphora.*

YEUX. *V. Amaurose, Cataracte, Ophthalmie, Rétine (névrose), Conjonctive, Collyres, Lithiasis, Pupille, Orgelet.* — Acacia, aconit, arnica, anémone, belladone,
basilic, centaurée, chélidoine, citrouille, céleri, coignassier, églantier, euphraise, fenugrec, fenouil, garou,
guimauve, herniaire, hysope, joubarbe, lavande, laitue,
lis blanc, linaire, mauve, mélilot, nard, persil, pied-
d'alouette, pulicaire, plantain, pommier, pulsatile, ricin,
romarin, rosier, safran, souci, staphisaigre, valériane,
vigne (sève).

Z

ZONA. Eruption de boutons pustuleux, dartreux, bulbeux,
qui affecte une moitié latérale du corps ou qui forme une
demi-ceinture autour du tronc. — Belladone, froment
(amidon), jusquiame, pavot (morphine).

TABLE

DES

NOMS DIVERS DES PLANTES MÉDICINALES

INDIQUÉES DANS CET OUVRAGE

TABLE DES MATIÈRES ET PRODUITS

Arche de Noé. Cyprès.

Arrow-root. Galanga.

Artichauts (conservation des). Artichaut.

Artichauts (plantes, racines qui se mangent comme les). Bardane, carline, chardon-marie.

Art ornemental. Acanthe, lis blanc.

Art vétérinaire. *V. Médecine vétérinaire.*

Asperges (plantes, racines qui se mangent comme les). Bardane, botrys (bon Henri), fougère mâle, houblon, houx (petit), massette.

Assaisonnements. Ail, aneth, arrête-bœuf, arachide, armoise, caprier, capucine, carvi, centaurée, cerfeuil, citronnier, cresson, crithme maritime, estragon, galanga, genêts, groseiller, maïs, muscadier, nigelle, oignon, olivier, persil, pimprenelle, poivrier, romarin. *V. Condiments.*

Atropine. Belladone,

Aveline. Noisetier.

Aviculaire. Qui sert à la nourriture des oiseaux. *V. Oiseaux.*

B

Bains. Bruyère, camomille (anthémise), froment (amidon, farine), laurier, lavande, noyer, romarin, sauge, saule, scabieuse, serpolet, squine, thym, vigne (vinaigres).

Baguette divinatoire. Coignassier, noisetier. *V. Sources.*

Balais. Bouleau, botryrs (ansérine), bruyère, chiendent, roseau.

Balane. Chêne (gland).

Balaustes, Grenadier.

Bale, bale ou balle. Avoine, froment.

Bandoline. Coignassier, pulicaire.

Bang. Boisson enivrante en usage chez les Indiens. Chanvre, jusquiame blanche.

Barbeau (œufs de). Anis étoilé.

Barras ou résine blanche. Pins.

Barszcz des Polonais. Berce, betterave

Bédéguard ou éponge d'églantier. Églantier, rosier.

Benjoin ou baume. Storax.

Berceaux et treillages. Bryone, houblon.

Beurres de Cacao, de Muscade.

Beurre (coloration du). Alkekenge, carotte, lis.

Bière antiscorbutique ou sapinette. Pin.

Bière. Plantes qui entrent dans sa fabrication, qui servent à sa falsification. Absinthe, belladone, benoîte, berce, bruyère, buis, chiendent, centaurée (petite), fougère mâle, houblon, isenglass du Japon, ivraie, lichen d'Islande, lierre terrestre, menyanthe, millefeuille, orge, origan, pulmonaire, quassia-amara, reine des prés, sauge, scolopendre, tamarix, tanaisie, trèfle d'eau.

BLATTES. Pour les chasser. Lédon.

BLINDAGE DES NAVIRES. Caoutchouc.

BOIS DE TRAVAIL. Acacia, alisier, anacardier, anagyre, aubépine, bois du Brésil, bouleau, buis, campêche, caroubier, châtaignier, chèvrefeuille, copayer, cyprès, chêne, cerisier, cytise, cerisier, courbaril, frène, gayac, genévrier, hêtre, houx, if, néflier, noyer, pins et sapins, peupliers, prunier, saule, sterculier, storax, sorbiers, sureau, sassafras, thuya, tilleul, troène.

BOUCHE (engorgement pâteux de la). Pervenche.

BOUGIE. Azédarach.

BROSSES. Chiendent.

BROSSES A DENTS. Ammi.

BROCHET (œufs de). Anis étoilé.

C

CABARETS (enseignes de). Lierre.

CACAHOUET. Arachide.

CACAOS. Cacaoyer.

CACHOU. Cachou.

CAFÉ. Mélanges, falsifications. Café (caféier), café de glands doux, chicorée, carotte, caroubier, chêne (gland), grateron.

CAMPHRE. Anis, aunée, basilic, camphrier, laurier-camphrier, les lauracées, lédon, matricaire, valériane.

CAOUTCHOUC. Caoutchouc, euphorbes.

CAPRES. Câprier.

CARACTÈRES INDÉLÉBILES. Anacardier.

CAROUBES, CAROUGES. Caroubier.

CASSONADE. Sucre.

CATARRHE DES ANIMAUX. Agaric du mélèze, amome.

CATHARTIQUE. Purgatif. Art vétérinaire. Asaret.

CERCUEILS ODORANTS. Storax.

CÉRÉMONIES RELIGIEUSES. Aloès.

CERISES D'HIVER. Alkékenge.

CERNEAUX. Noyer (noix).

CHAMEAUX (nourriture des). Dattier (noyau).

CHAPELETS. Azédarach, balisier, dattier.

CHARENÇONS. Pour les détruire. Hièble.

CHARDON VÉGÉTAL, dit de BELLOC. Peuplier, pins.

CHASTETÉ. Agnus castus, nénuphar. *V. Virginité factice.*

CHATIGNA, CHATIGNOS. Châtaigne.

CHATS (herbes aux). Cataire, germandrée, valériane.

CHENILLES. Pour les chasser. Sureau.

CHEVAUX. *V. Hippiatrie, Maquignonnage, Pulmonaire.*

CHEVAUX FOURBUS. Joubarbe.

CHEVEUX. Pour les faire pousser ou en arrêter la chute. *V. Alopécie,* à la Table des Maladies et *Teinture des cheveux, Cuir chevelu,* à la Table des Matières. Absinthe, azédarach, buis, canne à sucre (rhum), noyer, polytric.

CHIENS (puces des). Tanaisie.

CHICOTIN. Aloès, coloquinte.

CHINOIS. Oranger.

CHOUCROUTE, CHOU AIGRE, CHOU CONFIT. Chou, sauer-kraut des Allemands.

CHOU DE PALMIER. Arec.

CHOCOLATS. Arachide, cacao.

CHUFIA. Orgeat d'Espagne. Souchet.

CIDRE. Pommier.

CIGARETTES. Storax, stramoine.

CIGUE. Sa ressemblance avec le persil. *V. Persil.*

CINCHONINE. Quinquinas.

CIRCONCISION. Cyprès, thuya.

CIRES. Azédarach, cirier, olivier.

CLAVEAU. Maladie des moutons. Ancolie.

CLOUS ODORANTS. Ladanum, storax.

COCHENILLE. Benoîte, busserole.

COCO. Réglisse.

COLLE. Ail, marronnier d'Inde.

COLOPHANE. Pins.

COLORATION DU PAPIER. Acacia, belladone.

COLORATION DES CORPS GRAS, DES LIQUIDES, Alcanna.

COLORATION EN ROUGE DES OS DE L'HOMME, DES ANIMAUX, etc. Garance, grateron.

COMMARINE. Aspérule.

CONCRÉTIONS BILIAIRES. Art vétérinaire. Chiendent.

CONDIMENTS. Ail, asa-fœtida, basilic, balsamite, cannelle, caprier, carvi, citronnier, cochléaria, cumin, curcuma, centaurée, cerfeuil, concombre, fenouil, hysope, laurier-cerise, laurier, moutardes, oignon, poivrier, pouliot, pourpier, raifort, roquette, salicorne, sarriette, sauge, sumac, tanaisie, thym, vanille, vigne (raisin de Corinthe). *V. Assaisonnement.*

CONDUIT D'EAU. Bouleau (aune).

CONDYLOMES. Excroissances charnues. Anacardier, thuya.

CONFISERIE. Amandier, anis, arachide, aunée, angélique,

berbéris, cacao (chocolat), café, châtaignier (marron), chinois, cerisier, citronnier, , coignassier, coriandre, curcuma, fenouil, fraisier, framboisier, grenadier, guimauve, groseillier, jujubier, lichen d'Islande, menthe poivrée, muscadier, noyer (noix), oranger, pêcher, pistachier, pommier, poirier, prunier, réglisse, riz, safran, vanille, violette.

CONSOMPTION DU BÉTAIL. *V. Amaigrissement.*

CONTRE-POISON DE L'OPIUM, DE LA CIGUE, DES VÉGÉTAUX VÉNÉNEUX. Olivier, vigne (vin).

CONVALLAMARINE. Muguet.

CONVALLARIA MAIALIS. Muguet.

COPALINE, COPAL. Storax.

COPAHU. Copayer.

COQUE DU LEVANT. *V. ce mot.*

CORS. Chélidoine, dentelaire, figuier, joubarbe, joubarbe (petite).

COTON. Saule.

COURONNÉS. Chêne, lierre, laurier, romarin.

COUSSINS, COUSSINET. Avoine (balle), fougère mâle.

COUSCOU. Sagouier.

CRAPAUD. Art vétérinaire. Pin (goudron).

CRÉOSOTE. Pin.

CRESSON D'INDE. Capucine.

CRIN VÉGÉTAL. Laiche, zostère.

CUBÈBE. Cubèbe, copahu.

CUIR DE RUSSIE. Bouleau, lédon, peupliers.

CUIR CHEVELU (maladies du). Laurier rose.

CURAÇAO DE HOLLANDE. Oranger.

CURE AUX RAISINS. Vigne.

CYNORRHODON. Eglantier, rosier. *V. Pommes mousseuses.*

D

DAWASMEK. Chanvre.

DÉGÉNÉRATION DU BLÉ. Ivraie.

DÉGRAISSAGE DES ÉTOFFES. Pins (térébenthine), saponaire.

DELPHINE. Staphisaigre.

DESSICCATIF. Art vétérinaire. Qui dessèche les plaies, les ulcères. Agaric amadouvier.

DESSIN. Fusain.

DESTRUCTION DES CHIENS ERRANTS, LOUPS, RENARDS, FOUINES, etc. *V. Appâts.*

DÉTERSIFS. Art vétérinaire. Qui nettoie les plaies. Aigremoine, amandier.

DEXTRINE. Froment.

Dragées. Amandier, cacao, coriandre, fenouil, pistachier.
Drupe. Noyer (noix).
Durillons. Souci.
Duvet. Asclépiade, peupliers.
Dysurie. Art vétérinaire. Difficulté d'uriner. Agaric du
méléze.

E

Eau de mer. Pour atténuer ou faire disparaître sa saveur
salée, Orchis.
Eau panée. Froment (pain).
Eau de la reine de Hongrie. Romarin.
Eau d'ange. Myrte.
Eau de violette. Iris de Florence.
Eau de Cologne. Oranger.
Eaux-de-vie. D'avoine; de Dantzig: roseaux; de riz ou arac-
riz; de lavande, de gayac, de genièvre, de gentiane.
Eau-de-vie. Berce, betterave, busserole; chervi, prunier,
vigne (vin, marc). V. alcool.
Echalas. Anagyre, cerisier, châtaignier.
Eclairage. Arachide, cameline, lin.
Edredon végétal. Massette.
Elatérium. Momordique.
Emanations putrides, infectes. Arum (gouet), asa-fœtida,
ansérine fétide (botrys), chanvre, chou.
Embaumement des cadavres. Aloès, amome, storax. V. Mo-
mies, Cercueils odorants.
Emblèmes divers. De la force : chêne ; du deuil, de la tris-
tesse : cyprès ; de la modestie, de l'innocence : violette ;
du soleil et autres divinités païennes : nénuphar ; de la
fidélité : véronique. V. Symboles.
Emétine. Ipéca.
Encre d'imprimerie. Lin.
Encres. Anacardier, anémone, bois du Brésil, campêche,
chêne (galle), figuier, iris des marais, iris germanique.
Engelures. Châtaignier, chêne, jusquiame, lis blanc,
marronnier d'Inde, navet, rave, tanaisie.
Engorgements des articulations. Art vétérinaire. Persi-
caire.
Engrais. Lupin.
Enluminure. Astragale. V. Peinture.
Ephélides. V. Taches de rousseur.
Epinards. Plantes qui peuvent les remplacer. Botrys,
bistorte, morelle, ortie, patience, pommes de terre
(fanes).

Esprit (travaux, fonctions de l'). Ellébore blanc, serpolet.

Esrar. Chanvre indien. *V. Haschisch.*

Essences diverses. De rose ; d'amandes amères : laurier-cerise ; de spruce : pin ; de Portugal : oranger. *V. Parfumerie.*

Excroissances de chair. *V. Condylomes.*

F

Faines. Hêtre.

Faltrank, thé ou vulnéraire suisse. Absinthe, anthyllide, bétoine, calament, millefeuille, origan, pervenche, pyrole, sanicle, sauge, scordium, scolopendre, verge d'or, etc.

Farcin. Ulcères farineux, tumeurs, gale, du cheval, de l'âne, du mulet. Maladie contagieuse qui oblige à abattre tout animal qui en est affecté. Aigremoine, asaret, ciguës, ellébore noir.

Fard. Carthame, douce-amère.

Farines diverses. D'avoine, de seigle, de froment, de dattes, de lupin, filipendule, fucus, fougère femelle, galanga, orge, riz.

Fatigues. Cola, coca, piloselle.

Fécules. Bistorte, bryone, châtaigne, galanga, maïs, marronnier d'Inde, œnanthe, orchis, persil, pistachier, pomme de terre, riz.

Feux d'artifice. Lycopode.

Fève de Malac. Anacardier.

Filasse. Asclépiade, chanvre, ortie.

Flanelle hygiénique. Pins.

Fourchette pourrie. Art vétérinaire. Pins (goudron).

Fourrages. Nourriture et litière. Acacia, alchimille, alliaire, amandier, angélique, aspérule, astragale, arachide, avoine, anthyllide, betterave, brunelle, benoîte, berce, bistorte, bruyère, buglosse, carotte, citrouille, cochléria, caille-lait, céleri, chou (colza), consoude du Caucase, chicorée, fénugrec, frêne, fougère mâle, froment (paille), galéga, garance, genêts, géranium, gesse, houblon, ivraie, laiche, laminaire, maïs, mélilot, noyer, ortie, orge, panais cultivé, persicaire, pissenlit, pommes de terre (fanes), ray-grass (avoine élevée), scabieuse, saule, vigne (feuilles, marc de raisin).

Fromages. Pour les aromatiser : Impératoire.

Fromages du Mont-Dore. Vigne (feuilles).

Futailles. Châtaignier.

31*

G

GALE DES ANIMAUX. Aigremoine, aunée, euphorbes, fusain, pins, (goudron), séneçon, tabac. *V. Farcin.*
GALIPOT. Pins.
GALLES. Chêne.
GAUDE. Maïs.
GARROT (Ulcères du). Blessures plus ou moins graves de cette région, produites par la pression du collier ou de la selle. Agaric amadouvier, aigremoine, persicaire.
GÉANT DE LA VÉGÉTATION. Baobab.
GÉNÉPI. Millefeuille (achillée).
GENIÈVRE. Genévrier.
GIN. Avoine.
GLACES. Citronnier, oranger, vanille.
GLADIATEURS. Aneth.
GLANDS, GLANDS DOUX. Chêne.
GLU. Clématite, gui, houx, lin, sebeste.
GLUCOSE, GLYCOSE. Sucre.
GLUTEN. Froment.
GOBE-MOUCHE. Arum (gouet), drosera.
GOMME ARABIQUE. Acacia, ail.
GOMME-GUTTE. Gutte.
GOMME ADRAGANTE. Ail, astragales.
GOUDRON VÉGÉTAL. Pins.
GRAIN D'ÉCARLATE. Chêne.
GRAINE DE CAPUCIN. Staphisaigre.
GRAINES D'AVIGNON. Nerprun.
GRAINES DE TILLY OU DES MOLUQUES. Croton tyglium.
GRAINES DE PERROQUET. Carthame.
GRATTE-CUL. Églantiers, rosiers.
GRAVEURS. Buis.
GREFFES. Alisier, coignassier, églantier.
GRENOUILLES. Pour les chasser : Ortie.
GRUAU, GRUOTTE. Avoine, froment, orge.

H

HAIES, PALISSADES. Aubépine, houx, ronce, troène.
HASCHISCH ET HACHISCH-AL-FOKARA : Chanvre. *V. Esrar.*
HÉMATURIE DES VACHES. Pissement de sang. Centinode, géranium, prêle, tormentile.
HÉMORRAGIE. Art vétérinaire. Agaric amadouvier.
HIPPIATRE. Vétérinaire.
HIPPIATRIE. Médecine, nourriture des chevaux. Marron-

nier d'Inde, mélilot, ortie, panais cultivé, pulsatile, sabine, séneçon.

HIPPOCASTANUM, *V. Hippiatric.* Maronnier d'Inde.

HUILES DIVERSES. Arachide, azedarach, anacardier, amandier, ben, bryone, cacao, carvi, cameline, camomille, chanvre, chou (colza), giroflée, hêtre (faînes), lavande, lin, muscadier, noisetier, noyer, olivier, pavot (œillette), pistachier, ricin.

HUILE ANTIQUE. Pistachier.

HUILE EMPYREUMATIQUE. Bouleau, café.

HUILE OMPHACINE. Jadis en usage pour les onctions des athlètes. Olivier.

HUILE DE MARMOTTES. Rosage.

HYDROMEL. Framboisier,

HYGROMÈTRE. Plante qui indique l'humidité ou la sécheresse de l'air. Avoine (folle), carline.

I

IMMOBILITÉ. Art vétérinaire. Agaric du mélèze.

IMPORTATION DU THÉ EN ANGLETERRE, SON AUGMENTATION CROISSANTE. Thé.

INSECTICIDES. Aloès, camomille, fusain, pyrèthre, thym.

IODE. Laminaire sucrée, varech.

IVRESSE. Amandier, asaret, chou, hêtre (faines), ivraie, rosage, serpolet, stramoine, vigne (alcools, vins, vinaigres).

IVRESSE CHEZ LA FEMME. Vigne (vins, alcools).

J

JUSQUIAMINE. Jusquiame.

JOUANETTES. Œnanthe.

K

KERMÈS. Chêne.

KIF. Chanvre.

KIRSCH, KIRSCHENWASSER. Cerisier.

L

LADANUM. Ladanier (ciste de Crète).

LAINE VÉGÉTALE. Pins.

LAIT D'AMANDES. Amandier.

Lait. Pour retarder sa coagulation. Menthe.
Lait. Pour le faire cailler. Carline, caille-lait, carthame, figuier, grateron.
Lait. Pour l'augmenter, le rendre meilleur. Aspérule, astragale, avoine, betterave, carotte, consoude du Caucase, panais cultivé, polygala.
Lapin. Pour améliorer sa chair : Cerfeuil, mélilot, persil.
Lentille d'Espagne. Gesse.
Lessive. Fougères mâle et femelle, iris de Florence, iris germanique, vigne (sarment).
Liège. Chêne.
Liens. Houblon (sarments), souchet.
Limonade antiseptique. Avoine, citronnier, oranger.
Liqueurs, ratafias. Plantes qui entrent dans leur fabrication. Absinthe, angélique, ambroisie, airelle, alisier, anis, anis étoilé, bardane, balsamite, cassis, carvi, cerisier, citronnier, curcuma, coriandre, daucus de Crète, fenouil, genévrier, gentiane, grenadier, groseillier, laurier-cerise, menthe poivrée, millefeuille (achillée), millepertuis, noyer, oranger, orge, poivrier, prunellier, pistachier, primevère, quinquinas, riz, safran, tanaisie, vanille, vigne (alcool, vinaigre).
Liqueur d'Allah. Busserole.
Litière. V. Fourrage.
Looch. Amandier.
Lupinine ou lulupin. Houblon.
Lutte. Ail, aneth. V. Huile omphancine.
Luto des nègres. Baobab.
Lycopode. Pour le remplacer : Massette.

M

Madjoun. Chanvre.
Magma. Noyer, olivier.
Mal de taupe. Art vétérinaire. Aigremoine.
Manne. Chêne, frêne.
Mannite. Dattier.
Maquignonnage. Sabine, jusquiame noire. V. Hippiatrie.
Marasquin. Cerisier.
Mastic. Lentisque.
Matelas. Pins, fougère mâle.
Mazagran. Café.
Mèches. Bouillon-blanc.
Méchons. Ænanthe.
Médecine des chevaux. V. Hippiatrie, Chevaux, Maquignonnage.

MÉDECINE VÉTÉRINAIRE. Aigremoine, aunée, seigle ergoté, tabac. *V. Mots suivis de : Art vétérinaire:*
MÉLASSE. Sucre.
MÉMOIRE. Pour la rétablir. Euphraise.
MENTHOL. Menthes.
MÉTAUX. Pour les polir : Garance.
MEURTRISSURES. Phellandre.
MIEL. Caroubier, dattier, romarin (miel de Narbonne).
MIEL VÉNÉNEUX. Rosage.
MITES. Lavande, botrys. *V. Teignes.*
MOMIES. Alcanna, cyprès. *V. Embaumement, Cercueils odorants.*
MORILLES. Troëne.
MORPHINE. Pavot (opium).
MORTO-INSECTO DE JULIÈN. Pyrèthre.
MORVIAUX. If.
MOUTARDES. Chou noir, estragon, raifort, vigne (verjus, vinaigre).
MOUCHES. Pour s'en débarrasser, en préserver les animaux : Asa-fœtida, conyze, laurier (huile), noyer (feuilles).
MURES, MURONS, MAURES. Ronce.

N

NAVET SAUVAGE. Butome.
NAVETTE. Æuanthe.
NÉROLI. Oranger.
NETTOYAGE DU LINGE, DES ÉTOFFES. Bardane, saponaire.
NITRE. Buglosse, bourrache, pariétaire.
NOIR DE FUMÉE. Pins.
NOIX D'ACAJOU : anacardier ; D'AREC : arec ; DE GALLE : chêne.

O

ODEUR DE VIOLETTE. Iris germanique et iris de Florence.
OIES. Argentine, armoise.
OISEAUX. Leur nourriture. Centinode, chanvre (chènevis), if., millet, plantain, séneçon, etc. *V. Aviculaire.*
OISELEURS. Sureau. *V. Glu.*
ONGLES. (Teinture des). Alcanna.
OPÉRATIONS CHIRURGICALES. Pavot.
OPIUM ET SES EFFETS. Pavot, opium indigène (lactucarium) : pavot, laitue. Pour le remplacer : Coquelicot.
OR (Couleur d'). Aigremoine.
OREILLER. Fougère mâle. Houblon.

ORGEAT. Amandier, orge, pistachier, souchet. *V. Sirops.*
ORGE MONDÉE, PERLÉE, GRUÉE. Orge.
ORSEILLES ET ORSEILLE D'AUVERGNE. Lichens.
OUATE. Asclépiade, pins.
OXALATE DE POTASSE. Oxalide.

P

PAILLASSES. Avoine (balle), maïs, massette.
PAIN. Bistorte. Pain de noix : noyer. Pain de singe : baobab. Pains de tournesol : lichens.
PALAMOUD DES TURCS. Chêne (gland).
PALMA-CHRISTI. Ricin.
PANADE. Froment (pain).
PAPIER. Sa fabrication. Bardane, bouleau, lin, maïs, ortie, peupliers.
PARAGUAY-ROUX. Cresson de Para.
PARASITES. Géranium.
PARFUMERIE. Acacia, ail, alcanna, amandier, amôme, ben, benjoin, bergamote, carotte sauvage, carthame, cannelle, citronnier, citrouille, concombre, curcuma, esturgon, giroflée, fraxinelle, framboisier, hysope, iris de Florence, iris germanique, jasmins, ladanier, lavande, lis blanc, mélilot, myrte, menthe poivrée, nard, olivier, œillet rouge, oranger, persicaire, peupliers, pistachier, romarin, rosiers, saponaire, safran, serpolet, santal, souchet, souci, storax, thym, vanille, violette, vigne (alcools, vinaigres).
PATES ALIMENTAIRES. Froment (gluten).
PATISSERIE. Amandier, pistachier, etc.
PEINTURE. Aloès, astragale, belladone, baumier-myrrhe, bois du Brésil, buglosse, cachou, carthame, cameline, copahu, courbaril, fusain, gutte, nerprun, pins (térébenthine), safran, sang-dragon, tilleul.
PERDRIX, PIGEONS. Pour les attirer et les prendre : Cumin (graines).
PERSIL SUBSTITUÉ AU PAREIRA-BRAVA. Persil, pareira-brava.
PHÉNOMÈNE CURIEUX. Berberis.
PIED (Ulcères du). Art vétérinaire. Agaric amadouvier.
PIGNONS, PIGNES. Pins, pignons d'Inde, croton tiglium.
PILOTIS. Bouleau (aune).
PISSEMENT DE SANG. Art vétérinaire. *V. Hématurie des vaches.*
PLANTES FOURRAGÈRES. *V. Fourrages.*
PLANTES TEXTILES. Bananier, cameline, chanvre, framboisier (mûrier), genêts.

Plantes culinaires. Bardane (racine), etc. *V. Artichaut, Asperge, Epinard.*

Plantes insectivores. Arum (gouët), drosera.

Plante parasite, nuisible. Cuscute.

Poils et cheveux. *V. Cheveux.*

Pois de senteur. Gesse odorante, pois de brebis, pois d'Espagne, pois breton, petit pois (gesse).

Pois a cautères. Iris de Florence.

Poisson. Pour l'engraisser. Citrouille, maïs.

Poissons (Plantes enivrantes, mortelles pour les). Bouillon-blanc, coque du Levant, cyclame, galéga, if, jusquiame, staphisaigre.

Poivre. Sa sophistication. Poivrier.

Poivre des murailles. Joubarbe (petite).

Poivrette. Nigelle.

Poix noire, blanche et poix de Bourgogne. Pins.

Polenta. Châtaigne.

Pommes d'acajou. Anacardier. *V. Noix d'acajou.*

Pommes d'amour. Alkekenge.

Pommes mousseuses. Eglantier, rosier. *V. Cynorrhodon.*

Portes du temple d'Éphèse et de Saint-Pierre de Rome. Cyprès.

Potasse. Bardane. *V. Soude.*

Poudres de guerre et de chasse. Fusain, saule.

Poudre de Castilbon. Galanga.

Poules. Pour les faire pondre. Poivrier.

Poux. *V. Table des Maladies.*

Prairies artificielles. Astragale, ray-grass (avoine élevée).

Présure. Artichaut.

Propylamine. Vulvaire.

Proverbes. Vigne (vin).

Puces. Conyze, pulicaire, tanaisie.

Pycrotoxine. Coque du Levant.

Punaises. Actée, coloquinte, géranium, tanaisie.

Pyromel. Sucre.

Pulmonaire (affection) des chevaux. Marronnier d'Inde.

Purification de l'air de la chambre. Genévrier, sucre.

Purgatif. Art vétérinaire. Bryone.

R

Racahout des Arabes, des Turcs. Chêne (gland).

Raisin des bois. Airelle.

Raisins secs, confits ; raisins de Malaga, de Corinthe. Vigne (raisins).

Ratafia de Bologne. Anis étoilé.
Ratafias. *V. Liqueurs.*
Rats. Pour les chasser, les détruire. Bouillon-blanc, cataire, hièble, jusquiame, laurier-rose, renoncules, rue, scille.
Remède des Caraïbes. Gayac.
Renards. Pour les attirer. Douce amère.
Rhum. Sucre (canne à).
Rosette (craie rouge). Bois du Brésil.
Rouge végétal. Carthame.

S

Sabot (souplesse du). Art vétérinaire. Pin (goudron).
Sacrement d'extrême-onction. Olivier.
Sagou. Sagouier. Sagou indigène : pomme de terre (fécule).
Salicine. Saule.
Salicor (soude). Salicorne.
Salsepareille. (Succédanés, falsification de la). Laiche, lobélie.
Samsec, sakki. Riz.
Sandaraque. Genévrier, thuya.
Saponine. Saponaire.
Sauer-kraut. Choucroûte des Allemands. Berce, chou.
Savons. Arachide, baobab, cameline, chanvre, hièble,
Scillitine. Scille.
Sépulture chez les nègres. Baobab.
Serpents. Pour les éloigner : Aristoloche. *V. Anguicide, à la Table des Maladies.*
Sétons. Art vétérinaire. Ellébore noir.
Sirops. Amandier, armoise, citronnier, daucus de Crète, fraisier framboisier, grenadier, groseillier, guimauve, souchet (chufa des Espagnols), vigne (vinaigre). *V. Orgeat.*
Sorbet musulman. Caroubier.
Sorbets. Citronnier, framboisier, oranger, vanille.
Soude, potasse. Salicorne, tamarix, varech, zostère. *V. Potasse.*
Sources. Pour les découvrir : Coignassier, noisetier. *V. Baguette divinatoire.*
Souris. Pour les chasser. *V. Rats.*
Styptique (astringent). Art vétérinaire. Agaric amadouvier.
Sucre. Betterave, chervi, chiendent, etc. Sucre (produits, raffinerie, usages).
Sucre d'orge, sucre candi. Sucre.

Sucre noir. Réglisse.

Symboles, symbolisme. Arum (gouet). Symbole de la virginité, de la candeur, etc. : Lis. Symbole de la paix, de l'abondance : Olivier. *V. Emblèmes.*

T

Tabacs (Succédanés des). Cascarille, haschisch, origan, sauge, stramoine, tussilage, valériane.

Taches de rousseur. Amandier, anémone, citrouille, cresson, douce-amère, oignon, pulsatile. *V. Ephélides.*

Taches sur les étoffes. Saponaire.

Taches d'encre. Oseille, oxalide.

Tafia. Sucre (canne à).

Tan. Chêne.

Tangle. Laminaire.

Tannage. Acacia, airelle, angélique, argentine, bistorte, busserole, benoîte, baguenaudier, bouleau, bruyère, cachou, caroubier, consoude, chêne, filipendule, lichens, myrte, pins, pervenche, redoul, saule, sumac, sorbier, tormentille.

Taret. Aloès.

Tartres. Crème de tartre, lie de vin, vigne (tartres).

Taupe (Mal de). Art vétérinaire. Aigremoine.

Teignes. Botrys, lavande, lédon. *V. Mites.*

Teint (Blancheur, douceur, éclat du). Belladone, cacao (beurre), citronnier, citrouille, froment (farine), hysope, lavande, lis blanc, myrte.

Teinture des étoffes, des cuirs. Acacia, agaric du mélèze, aloès, angélique, aigremoine, asaret, alcanna, aspérule, astragale, aunée, artichaut, balisier, bident, bistorte, bois du Brésil, berbéris, bétel, bouillon-blanc, buglosse, benoîte, busserole, bouleau, bétoine, campêche, carthame, chélidoine, chêne (galle), chèvrefeuille, copahu, curcuma, cachou, centinode, consoude, fumeterre, garou, garance, grateron, genêts, gremil, hièble, iris des marais, lichens, lycopode, mélilot, millepertuis, nerprun, noyer, orseilles (lichens), origan, patience, persicaire, pulmonaire, rhapontic, redoul, sauge, safran, scutellaire, sassafras, scabieuse, sorbiers, souci, sumac, sureau, tamarix, vigne (tartres).

Teinture des cheveux. Alcanna, bouillon-blanc (molène), buis. Teinture des métaux : Curcuma. Teinture des ongles, du visage : Alcanna. Teinture des œufs : Anémone.

Térébenthines. Pins.

Terre du Japon. Cachou.

Thé du Mexique, d'Espagne, des Jésuites. Botrys (ansérine).

Thé. Plantes qu'on peut substituer au thé. Sophistication. Airelle, cascarille, coca, fraxinelle, mélisse, origan, polygala, pyrole, reine des prés, sauge, scabieuse, véronique.

Thé suisse. *V. Faltrank.* Thé de Blankenheim: Galéopsis.

Thymol. Thym.

Tissus divers. Lin, peupliers, pins.

Toiles peintes. Cachou.

Tonneaux (Rinçage des). Genévrier.

Topique. Art vétérinaire. Agaric amadouvier.

Torches. Bouleau, bouillon-blanc, lycopode, pins.

Toux des bestiaux. Bouillon-blanc.

Travail intellectuel. Café.

Tumeurs froides. Art vétérinaire. Pulsatile.

U

Ulcères. Art vétérinaire. Des bêtes à cornes: Vulvaire, Ulcères sanieux: Aigremoine, amandier, arum. Ulcères ichoreux: Amandier. Ulcères en général: Anacardier, pulsatile.

V

Vératrine. Ellébore blanc.

Verjus. Vigne (verjus).

Vermine des bestiaux. Lycopode selago.

Vernis. Aloès, copahu, courbaril, gutte, lavande, lin, pins (térébenthine), safran, sang-dragon.

Verrerie. Fougère mâle et femelle, zostère.

Verrues. Anacardier, chélidoine, chou rouge, colchique, euphorbe, figuier, saule, souci.

Vers. Art vétérinaire. Asaret, persicaire.

Vers a soie. Framboisier (mûrier), lierre terrestre, vernis du Japon.

Vert de vessie, vert végétal. Nerprun.

Vespetro. Angélique.

Vie sédentaire. Serpolet.

Vigne du nord. Houblon.

Vinaigres. Naturels et falsification. Vinaigres médicinaux. Hêtre (copeaux), moutardes, poivre, vigne (vinaigres).

Vinaigre des quatre voleurs. Absinthe, ail, camphre, lavande, etc., etc.

Vinaigres de toilette. *V. Parfumerie.*

Vinaigres. De café (contre-poison de l'opium), de cidre, de bière, etc.

Vins (Coloration, travail des). Airelle, alcée, bois du Brésil, glucose, hièble, hêtre (copeaux), iris de Florence, laurier-cerise, raisin d'Amérique, rosier, sureau, troëne, vigne (raisins).

Vins (Altération des). Absinthe, lycopode.

Vins de raisins secs. Vigne (raisins).

Vins divers. De muscat: Sauge. De genévrier ou genevrotte. De gentiane. D'airelle. De mûres: Mûres sauvage. ronce. De pêche. D'ananas. De palmier: Dattier. De prunelle (petite prune sauvage): Prunellier. De Frontignan: Sureau. Vins médicinaux ou œnolés. Vins pharmaceutiques. Vigne (vins).

Vin de galanga. Art vétérinaire. Galanga.

Vinum maïle. Aspérule.

Virginité factice. Alchimille, citron, consoude, laurier, sorbier.

Volaille. Nourriture, engraissement. Alisier, avoine, bistorte, bouillon-blanc, chènevis, carthame, grateron, hêtre (faînes), if, maïs, ortie, pomme de terre.

Vulnéraire suisse. V. Faltrank.

W-Z

Whisky. Avoine. V. Gin.

Zeste. Citronnier, noyer (noix), oranger

ROYAT

(PUY-DE-DOME).

Royat est situé à 2 kilomètres de Clermont-Ferrand. Altitude 450 mètres. La station thermale de Royat est l'une de celles qui enchantent le plus les étrangers par son paysage. Saison du 15 mai au 15 octobre.

Etablissement thermal un des mieux installés, 115 cabinets de bains avec baignoires en lave de Volvic et en marbre. Bains à eau thermale courante 35° c.

Douches, piscine de natation, bains et douches d'acide carbonique. Salle d'inhalations, de pulvérisations, hydrothérapie, gymnase.

Casino avec salle de théâtre, 700 places, éclairé à la lumière électrique, cercle, salons de jeux, de lecture, de conversation, concert à grand orchestre. — Luxueux hôtels, superbes villas, confortables maisons meublées.

Quatre sources : *Eugénie*, l'une des plus belles du monde entier, débit 1,000 litres à la minute, alimente l'établissement thermal. *Saint-Mart*, très efficace contre la **goutte, le rhumatisme, les affections des voies respiratoires, les maladies de la peau,** l'**eczéma.** *Saint-Victor* convient dans les cas d'**anémie,** de **chlorose,** de **diabète.** *César* est souveraine contre la **dyspepsie** et la **gastralgie.**

Les eaux minérales de Royat supportent les transports sans altération et se conservent très longtemps sans perdre leurs vertus curatives. On les prend à jeun ou aux repas mélangés au vin, au cidre, à la bière ou au lait.

Superbes excursions, poste, télégraphe, téléphone.

Renseignements et commandes : Compagnie des Eaux minérales de Royat, 5, rue Drouot, Paris.

CHATEL-GUYON

(PUY – DE – DOME).

Saison du 15 mai au 15 octobre.

Châtel-Guyon est situé à 5 kil. de Riom, à une altitude de 360 mètres. Les bains, dans la charmante vallée du Sardon, forment une petite cité à part, faite d'hôtels luxueux, de confortables villas, d'élégantes maisons meublées.

Les deux établissements thermaux sont parfaitement aménagés, ils comportent 50 cabinets de bains avec baignoires en lave de Volvic. Bains à eau thermale courante 35 degrés.

Douches écossaises, ascendantes, froides, hydrothérapie, massage, lavages de l'estomac, piscines de natation, gymnase.

Casino, théâtre, cercle, salons de jeux, de lecture, de conversation, concerts dans le parc.

Eaux thermales chlorurées-sodiques et magnésiennes, bicarbonatées mixtes, lithinées et fortement ferrugineuses.

Les indications thérapeutiques des eaux de Châtel-Guyon sont : affections des voies digestives, dyspepsie, constipation, atonie intestinale, congestions, affections du foie, fièvres paludéennes et anémies des pays chauds, neurasthénie.

Vingt-six sources : la source Gubler est la seule exportée.

Postes. — Télégraphe. — Téléphone.

Pour commandes, notices et renseignements : Société des Eaux minérales de Châtel-Guyon, 5, rue Drouot, Paris.

HYGIÈNE DE LA TOILETTE

*Les qualités désinfectantes, microbicides et cicatrisantes
qui ont valu au*

Coaltar Saponiné Le Beuf

Son admission dans les Hôpitaux de Paris
le rendent très précieux pour les soins sanitaires du corps, lotions, soins intimes, lavages des
nourissons, soins de la bouche *qu'il purifie*, du cuir chevelu *qu'il débarrasse des pellicules*, de
la barbe, etc. — Le flacon, 2 fr.; les 6 flacons, 10 fr. — Dans les pharmacies.

Se méfier des Imitations

EAU PARISIENNE HYGIÉNIQUE

ROQUEBLAVE

(35 MÉDAILLES)

Aux plantes aromatiques, sans acide, indispensable pour la toilette, le bien-être, à tous malaises ou accidents : vrai trésor des Familles. Flacon d'essai franco contre 2 fr.

HYGIÈNE DE LA VUE

EAU HYGIÉNIQUE PARISIENNE

ROQUEBLAVE

Eau spéciale de toilette, entièrement inoffensive, fortifie la vue, prévient, dissipe inflammations, larmoiement, etc. : limpidité, beauté des yeux. Franco contre 3 fr. 50. — Place Bréda, 12, Paris.

SAVON ROQUEBLAVE

HYGIÉNIQUE

Composition végétale au miel, sans mordant, antiseptique, souplesse, velouté et préservatif des affections de la peau.

Boîte de 2 pains d'essai franco contre 1 fr. 20 — 2 fr. 25 — 4 fr. 25.

ANTI-COR-FRANÇAIS

SANS ACIDE

Fait disparaître cors, durillons, etc. : soulagement instantané. — Franco contre 2 fr. 25. — Place Bréda, 12, Paris.

DIABÉTIQUES
Nouveau Pain de Gluten

PERFECTIONNÉ

Se distingue des produits similaires, par sa belle couleur dorée, son goût agréable
Reconnu le plus efficace par les sommités médicales

E. JULIARD 20, rue Plantagenet, ANGERS
(Maine-et-Loire)

10 Médailles d'Or et Diplômes d'Honneur — Hors Concours
— Plusieurs fois Membre du Jury —

FOURNISSEUR DES HOPITAUX